网站开发案例课堂

# CSS3+DIV 网页样式与布局案例课堂
# (第 2 版)

刘春茂 编 著

清华大学出版社
北 京

## 内 容 简 介

本书以零基础讲解为宗旨，用实例引导读者深入学习，采取"基础知识→核心技术→高级应用→网页布局→项目案例实战"的讲解模式，深入浅出地讲解 CSS3+DIV 的各项技术及实战技能。

本书第 I 篇主要讲解网页设计的必备技能、CSS 样式入门和 CSS3 样式的基本语法等；第 II 篇主要讲解设计网页字体与段落样式、设计网页图片样式、设计网页背景与边框样式、设计网页超级链接和鼠标样式、设计表格和表单样式、设计列表和菜单样式、使用滤镜美化网页元素等；第 III 篇主要讲解 CSS3 的高级特性、过渡和动画效果、2D 和 3D 变幻效果、CSS3 和 JavaScript 的搭配应用、CSS3 与 XML 的综合运用等；第 IV 篇主要讲解 CSS 定位与 DIV 布局核心技术、CSS+DIV 盒子的浮动与定位、固定宽度网页布局剖析与制作、自动缩放网页布局剖析与制作、创建响应式页面等；第 V 篇主要讲解设计商业门户类网页、设计图像影音类网页、设计娱乐休闲类网页、设计企业门户类网页和设计在线购物类网页。

本书适合任何想学习 CSS3+DIV 网页设计与布局的人员，无论您是否从事计算机相关行业，无论您是否接触过 CSS3 和 DIV，通过学习均可快速掌握 CSS3+DIV 的设计方法和技巧。

**图书在版编目(CIP)数据**

CSS3+DIV 网页样式与布局案例课堂/刘春茂编著. —2 版. —北京：清华大学出版社，2019
(网站开发案例课堂)
ISBN 978-7-302-51543-2

Ⅰ. ①C… Ⅱ. ①刘… Ⅲ. ①网页制作工具 Ⅳ. ①TP393.092.2

中国版本图书馆 CIP 数据核字(2018)第 250576 号

责任编辑：张彦青
装帧设计：李　坤
责任校对：李玉茹
责任印制：李红英
出版发行：清华大学出版社
　　　　网　　址：http://www.tup.com.cn, http://www.wqbook.com
　　　　地　　址：北京清华大学学研大厦 A 座　　邮　　编：100084
　　　　社 总 机：010-62770175　　　　　　邮　　购：010-62786544
　　　　投稿与读者服务：010-62776969, c-service@tup.tsinghua.edu.cn
　　　　质量反馈：010-62772015, zhiliang@tup.tsinghua.edu.cn
印 装 者：清华大学印刷厂
经　　销：全国新华书店
开　　本：190mm×260mm　　印　张：29.75　　字　数：720 千字
版　　次：2015 年 1 月第 1 版　2019 年 1 月第 2 版　印　次：2019 年 1 月第 1 次印刷
定　　价：89.00 元

产品编号：076544-01

# 前　　言

　　"网站开发案例课堂"系列图书是专门为网页设计初学者量身定制的一套学习用书。整套书具有以下特点。

### 前沿科技

　　无论是网站建设、数据库设计还是 HTML5、CSS3，我们都精选较为前沿或者用户群较大的领域推进，帮助大家认识和了解最新动态。

### 权威的作者团队

　　组织国家重点实验室和资深应用专家联手编著该套图书，编者具有丰富的教学经验与优秀的管理理念。

### 学习型案例设计

　　以技术的实际应用过程为主线，全程采用图解和同步多媒体结合的教学方式，生动、直观、全面地剖析使用过程中的各种应用技能，降低难度，提升学习效率。

## 为什么要写这样一本书

　　随着用户对页面体验要求的提高，页面前端技术日趋重要。CSS+DIV 技术成熟，在前端技术中凸显优势，在各大浏览器厂商的支持下，将会更加盛行，因此本书致力于帮助读者掌握目前流行的最新前端技术，使前端从外观上变得更炫、技术上更简易。通过本书的案例实训，读者可以很快地掌握流行的工具，提高职业化能力，从而帮助解决公司与求职者的双重需求问题。

## 本书特色

- 零基础、入门级的讲解

　　无论您是否从事计算机相关行业，无论您是否接触过网页制作和设计，都能从本书中找到最佳起点。

- 超多、实用、专业的范例和项目

　　本书在编排上紧密结合深入学习网页制作技术的先后过程，从基本概念开始，引导读者逐步深入地学习各种应用技巧；侧重实战技能，使用简单易懂的实际案例进行分析和操作指导，让读者读起来简明轻松，操作起来有章可循。

- 随时检测自己的学习成果

　　大部分章节最后的"跟我练练手"版块，均根据本章内容精选而成，读者可以随时检测自己的学习成果和实战能力，做到融会贯通。

- 细致入微、贴心提示

本书在讲解过程中，在各章使用了"注意""提示""技巧"等小贴士，使读者在学习过程中更清楚地了解相关操作和概念，并轻松掌握各种操作技巧。

- 技术支持

您在学习过程中遇到任何问题，可加入 QQ 群(案例课堂 VIP)：451102631 进行提问，专业人员会在线答疑。

## 超值资源大放送

- 全程同步教学录像

涵盖本书所有知识点，详细讲解每个实例及项目的过程与技术关键点。读者可更轻松地掌握书中所有的网页制作和设计知识，而且扩展的讲解部分可使读者得到比书中更多的收获。

- 超多容量王牌资源

赠送大量王牌资源，包括实例源代码、教学幻灯片、本书精品教学视频、88 个实用类网页模板、12 部网页开发必备参考手册、HTML5 标签速查手册、精选的 JavaScript 实例、CSS3 属性速查表、JavaScript 函数速查手册、CSS+DIV 布局赏析案例、精彩网站配色方案赏析、网页样式与布局案例赏析、Web 前端工程师常见面试题等。读者可以通过 QQ 群(案例课堂 VIP)451102631 获取赠送资源。

## 读者对象

- 没有任何网页设计基础的初学者。
- 有一定的基础，想精通网页制作和设计的人员。
- 有一定的基础，没有项目经验的人员。
- 正在进行毕业设计的学生。
- 大专院校及培训学校的老师和学生。

## 创作团队

本书由刘春茂编著，参加编写的人员还有刘玉萍、张金伟、蒲娟、周佳、付红、李园、郭广新、侯永岗、王攀登、刘海松、孙若淞、王月娇、包慧利、陈伟光、胡同夫、王伟、展娜娜、李琪、梁云梁和周浩浩。在编写过程中，我们尽所能地将最好的讲解呈现给读者，但也难免有疏漏和不妥之处，敬请不吝指正。若您在学习中遇到困难或疑问，或有何建议，可写信至信箱 357975357@qq.com。

编　者

# 目　　录

## 第 I 篇　基 础 知 识

# 第 II 篇 核 心 技 术

## 第 III 篇 高 级 应 用

# 第 IV 篇  网 页 布 局

# 第 1 篇

# 基 础 知 识

➥ 第 1 章　网页设计的必备技能

➥ 第 2 章　CSS 样式入门

➥ 第 3 章　CSS3 样式的基本语法

# 第1章
## 网页设计的必备技能

随着 Internet 的发展与普及，越来越多的人开始在网上通信、工作、购物、娱乐，甚至在网络上建立自己的网站。网站代表了企业和个人的形象。正确的布局可以让网站的结构更加合理，使网站的外观更加美观。本章重点讲解在网页设计中读者必须掌握的技能。

**本章要点(已掌握的在方框中打钩)**

☐ 了解网页和网站的基本概念

☐ 熟悉网页中需要包含的要素

☐ 熟悉网页的基本构成

☐ 掌握设计网页的总体流程

☑ 熟悉网站的种类与网页布局方式

☐ 掌握使用 Photoshop 设计网页结构的方法

# 1.1　认识网页和网站

现在，网站已经成为越来越重要的信息发布途径。拥有自己的网站，可以说是每个网页创作者的梦想。要学习网站建设，首先来认识一下网页和网站，了解它们的相关概念。

## 1.1.1　什么是网页

网页是 Internet 中最基本的信息单位，是把文字、图形、声音及动画等各种多媒体信息相互链接起来而构成的一种信息表达方式。

通常情况下，网页中有文字和图像等基本信息，有些网页中还有声音、动画和视频等多媒体内容。网页一般由站标、导航栏、广告栏、信息区和版权区等部分组成，如图 1-1 所示。

在访问一个网站时，首先看到的网页一般称为该网站的首页。有些网站的首页具有欢迎访问者的作用。首页只是网站的开场页，单击页面上的文字或图片，即可打开网站主页，而首页也随之关闭，如图1-2 所示。

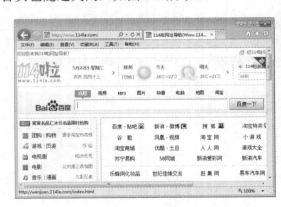

图 1-1　网页的外观

网站主页与首页的区别在于：主页设有网站的导航栏，是所有网页的链接中心。但多数网站的首页与主页通常合为一个页面，即省略了首页而直接显示主页，在这种情况下，它们指的是同一个页面，如图 1-3 所示。

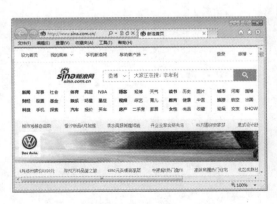

图 1-3　网站主页与首页合二为一

## 1.1.2　什么是网站

网站就是在 Internet 上通过超级链接的形式构成的相关网页的集合。简单地说，网站是一种通信工具，人们可以通过网页浏览器来访问网站，获取自己需要的资源或享受网络提供的服务。例如，人们可以通过淘宝网站查找自己需要的商品，如图1-4所示。

图1-4 淘宝网站

# 1.2 网页中需要包含的要素

在互联网中，网页是一个文件，存储在某一台与互联网相连的计算机或服务器中，经由统一资源定位器来识别与存取。本节就来介绍网页中需要包含的要素。

## 1.2.1 需要 HTML 文件

HTML(Hypertext Marked Language，超文本标记语言)是一种用来制作超文本文档的简单标记语言，是一种应用非常广泛的网页格式，也是被用来显示 Web 页面的语言之一。

网页当中所有定义的色彩、文字、表格，甚至是视频等元素的网页相关代码，都是编写在 HTML 文件中的，可以说 HTML 就是网站展示声音、图片、文字等元素的平台。如图1-5所示，该网页的源代码就是 HTML 相关代码。

图1-5 HTML 相关代码

## 1.2.2 需要 DIV 层

<div>标记是一个区块容器标记，在<div></div>标记中可以放置其他一些 HTML 元素，例如段落<p>、标题<h1>、表格<table>、图片<img>和表单等。使用 CSS3 相关属性将 div 容器标记中的元素作为一个独立对象进行修饰，这样就不会影响其他 HTML 元素。

形象地讲，在 HTML 网页文件中，DIV 就相当于一个"圈地者"，它将网页分成若干个小区域，每一个 DIV 在网页上占据了一定的位置，而在这个位置上用户可以放置特定的内容。如图1-6所示的"手机数码"区域，就是先用 DIV 来圈出一块地方，然后在上面放置

"手机数码"的分类信息，其他区域也是这样来放置网页元素的，最后放在一起就整合出了一个完美的网页。

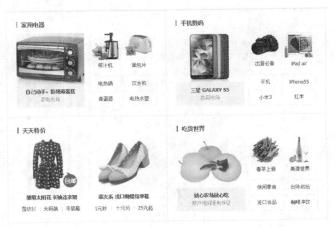

图 1-6　网页上的"手机数码"区域及其他区域

### 1.2.3　需要 CSS 定义网页样式

在网页中，设计者将元素都放置好后，要想给浏览者呈现出一个丰富多彩的网页效果，还需要利用 CSS 来定义网页样式。

在设计网页的过程中，CSS 扮演了一个"美术家"的角色，利用 CSS 可以定义网页文字、图片以及视频等元素的显示方式，如网页的文字以怎样的颜色、大小、字体来显示等。另外，通过 CSS 还可以将网页中指定的 DIV 部分变成我们所需要的风格、样式，使其能够更贴切地接近我们的要求。如图 1-7 所示，在该网页中就使用了 CSS 来定义网页样式。

图 1-7　使用 CSS 来定义网页样式

　CSS 样式一般是作用在 DIV 上的，它需要与 DIV 一起构成网页上的一个模块，而网页又由多个 DIV 构成，因此，从狭义上讲，HTML+DIV+CSS 就能构成一个网站。

### 1.2.4　需要 JavaScript 设置网页动画

JavaScript 是一种为了使网页能够具有交互性、包含更多活跃的元素而嵌入在网页中的技术。它使网页能够表现的内容更加生动，使网页的效果更加醒目。

JavaScript 作为一种可以给网页增加交互性的脚本语言，拥有近二十年的发展历史。它的简单、易学易用特性，使其立于不败之地。使用 JavaScript 可以轻易地制作出很多网页动画效果，如漂亮的时钟、广告效果的跑马灯等。如图 1-8 所示，网页中的广告图片会自动地切换，而且单击图片左右两侧的箭头形状，广告也会切换。

图 1-8　网页里的广告图片效果

## 1.2.5　需要域名与服务器空间

一个网站开发完成后，要想运营，需要给网站申请一个域名。申请域名的方法很多，用户可以登录域名服务商的网站，根据提示申请域名。域名有免费域名和收费域名两种，用户可以根据实际需要进行选择。

域名注册成功之后，就需要申请网站空间，应根据不同的网站类型选择不同的空间。网站空间有免费空间和收费空间两种。对于个人网站的用户来说，可以先申请免费空间使用。免费空间只需向空间的提供服务器提出申请，在得到答复后，按照说明上传主页即可，主页的域名和空间都不用设置。对于商业网站而言，用户需要考虑空间容量和安全性等因素，为此可以选择收费网站。

 注意　使用免费空间美中不足的是：网站的空间有限，提供的服务一般，空间的性能不是非常稳定，域名不能随心所欲设置。

域名与网站是一一对应的关系，用户只需要在浏览器里输入某个域名，就能进入到对应的站点里。如图 1-9 所示，在浏览器的地址栏中输入"www.baidu.com"这个域名，就能进入到百度的网站。

图 1-9　进入百度网站

# 1.3　一个简单网页的基本构成

任何一个网页都包含在<html>和</html>这对标签之内，在这对标签中通常包含三个要素，分别是 head 部分、body 部分以及注释部分。

### 1.3.1　Head 部分

头标记 head 用于说明文档头部相关信息，一般包括标题信息、元信息、定义 CSS 样式和脚本代码等。HTML 的头部信息是以<head>开始，以</head>结束，语法格式如下。

```
<head>
…
</head>
```

 　　<head>元素的作用范围是整篇文档，定义在 HTML 头部的内容往往不会在网页上直接显示。在 head 标记中一般可以设置 title 和 meta 等标记的内容。

### 1.3.2　Body 部分

网页所要显示的内容都放在网页的主体标记内，它是 HTML 文件的重点所在，HTML 所有标记都将放在这个标记内。然而它并不仅仅是一个形式上的标记，它本身也可以控制网页的背景颜色或背景图像。主体标记是以<body>开始，以</body>结束，语法格式如下。

```
<body>
…
</body>
```

注意，在构建 HTML 结构时，标记不允许交错出现，否则会造成错误。

例如，在下列代码中，<body>开始标记出现在<head>标记内。

```
<html>
<head>
<title>html 标记</title>
<body>
</head>
</body>
</html>
```

代码中的第 4 行<body>开始标记和第 5 行的</head>结束标记出现了交叉，这是错误的。HTML 中的所有代码都不允许交错出现。

### 1.3.3　注释部分

注释是在 HTML 代码中插入的描述性文本，用来解释该代码或提示其他信息。注释只出现在代码中，浏览器对注释代码不进行解释，并且在浏览器的页面中不显示。在 HTML 源代码中适当地插入注释语句是一种非常好的习惯。对于设计者日后的代码修改、维护工作很有好处。另外，如果将代码交给其他设计者，其他人也能很快读懂前者所撰写的内容。

语法：

```
<!--注释的内容-->
```

注释语句元素由前后两半部分组成，前半部分由一个左尖括号、一个半角感叹号和两个连字符组成，后半部分由两个连字符和一个右尖括号组成。例如：

```
<html>
<head>
<title>标记测试</title>
</head>
<body>
<!-- 这里是标题-->
<h1>网页</h1>
</body>
</html>
```

页面注释不但可以对 HTML 中一行或多行代码进行解释说明，而且还能注释掉这些代码。如果希望某些 HTML 代码在浏览器中不显示，可以将这部分内容放在<!--和-->之间，例如，修改上述代码，如下所示。

```
<html>
<head>
<title>标记测试</title>
</head>
<body>
<!--
<h1>网页</h1>
-->
</body>
</html>
```

修改后的代码，将<h1>标记作为注释内容处理，在浏览器中将不会显示这部分内容。

# 1.4  设计网页的总体流程

对于网站来说，除了放置网页内容外，还要对网站进行整体规划设计。格局凌乱的网站内容再精彩，也不能说是一个好网站。要设计出一个精美的网站，前期的规划是必不可少的。

## 1.4.1  网页规划

规划站点就像设计师设计大楼一样，图纸设计好了，才能建成一座漂亮的楼房。规划站点就是对站点中所使用的素材和资料进行管理和规划，对网站中栏目的设置、颜色的搭配、版面的设计、文字图片的运用等进行规划。

一般情况下，将站点中所用的图片和按钮等图形元素放在 Images 文件夹中，HTML 文件放在根目录下，而动画和视频等放在 Flash 文件夹中。对站点中的素材进行详细的规划，便于日后管理。

## 1.4.2  搜集资料

确定了网站风格和布局后，就要开始搜集素材了。常言道："巧妇难为无米之炊"，要让自己的网站有声有色、能吸引人，就要尽量搜集素材，素材包括文字、图片、音频、动画及视频等。搜集到的素材越充分，制作的网站就越漂亮。素材既可以从图书、报刊、光盘及多媒体上得来，也可以从网上搜集，还可以自己制作，然后把搜集到的素材去粗取精，选出制作网页所需的素材。如图 1-10 所示，就是百度图库里面的精彩图片。

图 1-10　搜索素材图片

不过，在搜集图片素材时，一定要注意图片的大小，因为在网络中传输时，图片的容量越小，传输的速度就越快，所以应尽量搜集容量小、画面精美的图片。

## 1.4.3　设计网页的总体效果

制作网页是一个复杂而细致的过程，一定要按照先大后小、先简单后复杂的顺序来制作。所谓先大后小，就是在制作网页时，先把大的结构设计好，然后再逐步完善小的结构设计。所谓先简单后复杂，就是先设计出简单的内容，然后再设计复杂的内容，以便出现问题能及时修改。使用 Photoshop 可以设计网页的总体效果。如图 1-11 所示，就是使用 Photoshop 制作出的网页效果。

图 1-11　网页总体效果图

## 1.4.4　制作网页素材文件

在得到网页的总体效果后，还需要通过切图，得到网页素材文件。最常用的切图工具还是 Photoshop，在掌握切图原则后，就可以动手实际操作了。

切图并保存素材文件的操作步骤如下。

**step 01** 打开 Photoshop 软件，在工作界面中选择【文件】|【打开】菜单命令，在打开的对话框中选择制作好的网页总体效果图，如图 1-12 所示。

**step 02** 在工具箱中单击【切片工具】按钮，根据需要在网页中选择需要切割的图片，如图 1-13 所示。

图 1-12　网页效果图

图 1-13　开始进行切片

**step 03** 选择【文件】|【存储为 Web 所用格式】菜单命令，打开【存储为 Web 和设备所用格式】对话框，在其中选中所有的切片图像，如图 1-14 所示。

**step 04** 单击【存储】按钮，即可打开【将优化结果存储为】对话框，在【切片】下拉列表框中选择【所有切片】选项，如图 1-15 所示。

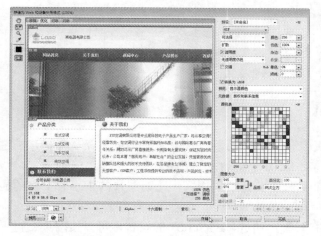

图 1-14　【存储为 Web 和设备所用格式】对话框

图 1-15　【将优化结果存储为】对话框

step 05 单击【保存】按钮，即可将所有切片中的图像保存起来，如图1-16所示。

提示 在切图过程中，如果有格式一致的重复项，我们只需切一次，其他重复项可以通过调整 table 表格，使其正常。这样做的好处有两点，一是避免重复劳动，二是保证每个重复项表格图片大小一致。

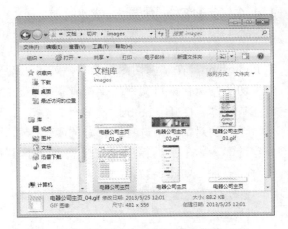

图 1-16 保存的切片图像

## 1.4.5 搭建网页 DIV 层

开发网站的首要任务就是搭建网页 DIV 层，搭建 DIV 层的方法是在 HTML 里的 body 部分，先用一些空白的 DIV 层，说明某个位置应该放某个特定的模块，如图1-17 所示。我们通过 Photoshop 得到了网页的整体效果后，下面就可以在 HTML 页面中，用 DIV 搭建起其中的"产品分类""联系我们""友情链接"等模块，最后再向 DIV 层添加相应的内容就可以实现效果了。

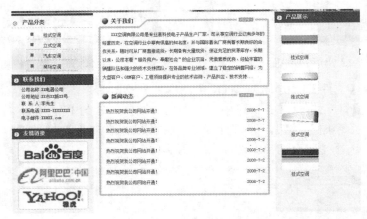

图 1-17 DIV 效果演示

## 1.4.6 使用 CSS 与 JavaScript

搭建好网页的 DIV 层后，就能在网页中通过 HTML 标签来定义页面的效果。在搭建的过程中，需要使用 CSS 来定义样式，用 JavaScript 来定义动态的效果。

CSS 的作用主要是定义网页中的各个部分以及元素的样式，比如图片的大小、文字的显示方式、边框的样式等。

JavaScript 的作用主要是定义网页动态效果，通过 JavaScript 的设置，可以使网页变得更加灵活、亲切，能够吸引更多的眼球。如图 1-18 所示，在页面中添加了 JavaScript 效果，实现的效果就是图片自动循环切换。

图 1-18 某页面添加 JavaScript 效果

## 1.4.7 测试网页

网页制作完毕后，上传网站之前，要在浏览器中打开网站，逐一对站点中的网页进行测试，发现问题要及时修改，然后再上传。

### 1. 文字、图片的测试

网页的主要元素就是文字与图片，在网页中，适当的图片和动画既能起到广告宣传的作用，又能起到美化页面的作用。一个网页的元素可以包括图片、动画、边框、颜色、字体、背景、按钮等。测试的内容主要包括以下几个部分。

(1) 要确保图形有明确的用途，图片或动画不要凌乱地堆在一起，以免浪费传输时间。

(2) 验证所有页面字体的风格是否一致，以及文字表述信息是否有误。

(3) 背景颜色应该与字体颜色和前景颜色相搭配。

(4) 图片的大小和质量也是一个很重要的因素，一般采用 JPG 或 GIF 压缩。

### 2. 测试链接

一个网页中一般存在多个超级链接，测试链接的主要内容可分为以下三个方面。

(1) 测试所有链接是否按指示的那样确实链接到了该链接的页面。

(2) 测试所链接的页面是否存在。

(3) 保证 Web 应用系统上没有孤立的页面，所谓孤立页面是指没有链接指向该页面，只有知道正确的 URL 地址才能访问。

### 3. 浏览器兼容性测试

浏览器是 Web 客户端最核心的构件，来自不同厂商的浏览器对 Java、JavaScript、ActiveX、 plug-ins 或不同的 HTML 规格有不同的支持。例如，ActiveX 是 Microsoft 公司的产品，是为 Internet Explorer 而设计的，JavaScript 是 Netscape 公司的产品，Java 是 Sun 公司的产品，等等。另外，框架和层次结构风格在不同的浏览器中也有不同的显示，甚至根本不显示。不同的浏览器对安全性和 Java 的设置也不一样。

测试浏览器兼容性的一个方法是创建一个兼容性矩阵。在这个矩阵中，测试不同厂商、不同版本的浏览器对某些构件和设置的适应性。

## 1.5　网站的种类与网页布局方式

当用户在网络中遨游时，一个个精彩的网页会呈现在我们面前。网页的精彩因素有哪些呢？色彩的搭配、文字的变化、图片的处理等，这些当然是不可忽略的因素，除了这些，还有一个重要的因素，那就是网页的布局设计。

### 1.5.1　网站的种类

按照内容形式的不同，网站可以分为门户网站、职能网站、专业网站和个人网站 4 大类。

#### 1．门户网站

门户网站是指涉及领域非常广泛的综合性网站，如国内著名的 3 大门户网站：网易、搜狐和新浪。如图 1-19 所示为网易网站的首页。

#### 2．职能网站

职能网站是指一些公司为展示其产品或对其所提供的售后服务进行说明而建立的网站。如图 1-20 所示为联想集团的中文官方网站。

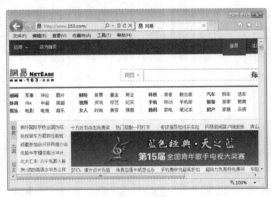

图 1-19　门户网站

图 1-20　职能网站

#### 3．专业网站

专业网站指的是专门以某个主题为内容而建立的网站，这种网站都是以某一题材作为网站内容的。如图 1-21 所示为赶集网站，该网站主要为用户提供租房、二手货交易等同城相关服务。

#### 4．个人网站

个人网站是由个人开发建立的网站，在内容和形式上具有很强的个性化，通常用来宣传自己或展示个人的兴趣爱好。如现在比较流行的淘宝网，在淘宝网上注册一个账户，开一家自己的小店，在一定程度上就宣传了自己和展示了个人兴趣与爱好，如图 1-22 所示。

图 1-21　专业网站

图 1-22　个人网站

## 1.5.2　网页布局方式

常见的网页布局有"同"字型、"厂"字型、标题正文型、分栏型、封面型和 Flash 型等。

### 1．"同"字型

"同"字型是大型网站常用的页面布局，特点是内容丰富、链接多、信息量大。网页的上部分是徽标和导航栏，下部分为 3 列，两边区域是图片或文字链接和小图片广告，中间是网站的主要内容，最下面是版权信息等，如图 1-23 所示。

### 2．"厂"字型

"厂"字型网页布局的特点是内容清晰、一目了然，网页顶端是徽标和导航栏，左侧是文本和图片链接，右边是正文信息区，如图 1-24 所示。

图 1-23　"同"字型网站

图 1-24　"厂"字型网站

### 3．标题正文型

标题正文型网页布局的特点是内容简单，网页上部是网站徽标和标题，下部是网页正文，如图 1-25 所示。

### 4．分栏型

分栏型网页布局一般分为左右(或上下)两栏或多栏。一栏是导航链接，另一栏是正文信息，如图 1-26 所示。

图 1-25　标题正文型网站　　　　　图 1-26　分栏型布局网站

### 5．封面型

封面型网页布局更接近于平面设计艺术，主要应用在首页上，一般为设计精美的图片或动画，多用于个人网页，如果处理得好，会给人带来赏心悦目的感觉，如图 1-27 所示。

### 6．Flash 型

Flash 型网页布局采用 Flash 技术完成，页面所表达的信息极富感染力，其视觉效果和听觉效果与传统页面不同，能给浏览者以很大的冲击。Flash 网页很受年轻人的喜爱，如图 1-28 所示。

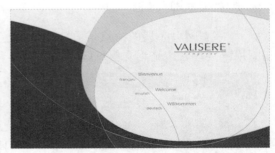

图 1-27　封面型布局网站　　　　　图 1-28　Flash 型布局网站

## 1.6　在 Photoshop 中构建网页结构

设计网页之前，设计者可以先在 Photoshop 中勾画出框架，后来的设计就可以在此框架基础上进行了，具体的操作步骤如下。

step 01 ▶ 打开 Photoshop 软件，如图 1-29 所示。

step 02 ▶ 选择【文件】|【新建】菜单命令，打开【新建】对话框，在其中设置文档的宽

度为 1024 像素、高度为 800 像素，如图 1-30 所示。

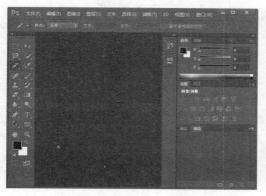

图 1-29　Photoshop 工作界面

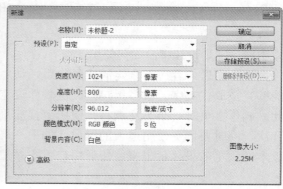

图 1-30　【新建】对话框

step 03　单击【确定】按钮，创建一个 1024 像素×800 像素的文档，如图 1-31 所示。

step 04　选择左侧工具箱中的矩形工具，并调整为路径状态，绘制一个矩形框，如图 1-32 所示。

图 1-31　空白文档

图 1-32　绘制矩形框

step 05　使用文字工具，创建一个文本图层，输入"网站的头部"，如图 1-33 所示。

step 06　依次绘制出中左、中右和底部，网页的结构布局最终如图 1-34 所示。

图 1-33　输入文字

图 1-34　网页布局效果

## 1.7 大 神 解 惑

**小白**：网页设计中，如何使用图像？

**大神**：图像内容应有一定的实际作用，切忌虚饰浮夸。图片可以弥补文字的不足，但并不能够完全取代文字。很多用户把浏览软件设定为略去图像，他们只看文字以求节省时间。因此，制作主页时，必须注意将图像所链接的重要信息或链接其他页面的指示用文字重复表达几次，同时要避免使用过大的图像，如果不得不在网站上放置大的图像，应该把图像的缩小版本的预览效果显示出来，这样用户就不必浪费金钱和时间去下载他们根本不想看的大图像。

**小白**：在网页设计中，如何使用动画？

**大神**：大家都喜欢用 GIF 动画来装饰网页，它的确很吸引人，但在选择时，是否能确定必须用 GIF 动画，如果答否，那么就选择静止的图片，因为它的容量要小得多。同样尺寸的 Logo，GIF 动画的容量有 5KB，而静止 Logo 的只有 3KB。虽然只有 2KB 之差，但多了就会影响下载的速度，所以，如果有些不是必需的，就选择最小的。

**小白**：网页设计对 HTML 代码要求多么？

**大神**：为了成功地设计网站，必须理解 HTML 是如何工作的。建议新手从 HTML 的书中去寻找答案，用记事本制作网页。因为用 HTML 设计网站，可以控制设计的整个过程。

## 1.8 跟我练练手

练习 1: 上网查询网页所包含的要素。

练习 2: 使用 HTML 制作一个简单的网页。

练习 3: 使用 Photoshop 设计一个网页结构布局图。

# 第 2 章
## CSS 样式入门

一个美观大方简约的页面以及高访问量的网站，是网页设计者的追求。然而，仅通过 HTML 实现是非常困难的，HTML 仅仅定义了网页结构，对于文本样式却没有过多涉及。这就需要一种技术对页面布局、字体、颜色、背景和其他图文效果的实现提供更加精确的控制，这种技术就是 CSS。

**本章要点(已掌握的在方框中打钩)**

☐ 了解 CSS 的基本概念

☐ 熟悉 CSS 的常用单位

☐ 熟悉编辑和浏览 CSS 的方法

☐ 掌握在 HTML 中调用 CSS 的方法

☐ 掌握调用 CSS 方法的优先级

☐ 掌握制作产品销售统计表的方法

# 2.1 认识 CSS

CSS 指层叠样式表(Cascading Style Sheets)，对于设计者来说，CSS 是一个非常灵活的工具，使用户不必再把复杂的样式定义编写在文档结构当中，而将有关文档的样式内容全部脱离出来。这样做的最大优势就是在后期维护中只需要修改相应的代码即可。

## 2.1.1 CSS 功能

随着 Internet 的不断发展，用户对页面效果的需求越来越强烈，只依赖 HTML 这种结构化标记，实现样式已经不能满足网页设计者的需要。其表现有以下几个方面。

(1) 维护困难。为了修改某个特殊标记格式，需要花费很多时间，尤其对整个网站而言，后期修改和维护成本较高。

(2) 标记不足。HTML 本身标记十分少，很多标记都是为网页内容服务，而关于内容样式标记，例如文字间距、段落缩进很难在 HTML 中找到。

(3) 网页过于臃肿。由于没有统一对各种风格样式进行控制，HTML 页面往往体积过大，占用掉很多宝贵的空间。

(4) 定位困难。在整体布局页面时，HTML 对于各个模块的位置调整显得捉襟见肘，过多的 table 标记将会导致页面的复杂和后期维护的困难。

在这种情况下，就需要寻找一种可以将结构化标记与丰富的页面表现相结合的技术。CSS 样式技术就产生了。

CSS 称为层叠样式表，也可以称为 CSS 样式表或样式表，其文件扩展名为.css。CSS 是用于增强或控制网页样式，并允许将样式信息与网页内容分离的一种标记性语言。

引用样式表的目的是将"网页结构代码"和"网页样式风格代码"分离开，从而使网页设计者可以对网页布局进行更多的控制。利用样式表，可以将整个站点上所有网页都指向某个 CSS 文件，设计者只需要修改 CSS 文件中的某一行，整个网页上对应的样式就会随之发生改变。

## 2.1.2 浏览器与 CSS

CSS 制定完成之后，具有了很多新功能，即新样式。但这些新样式在浏览器中不能获得完全支持。主要在于各个浏览器对 CSS 很多细节处理上存在差异，例如某个标记的属性有些浏览器支持，而有些浏览器不支持，或者虽然两种浏览器都支持，但是其显示效果却不一样。

各主流浏览器，为了自己产品的利益和推广，定义了很多私有属性，以便加强页面显示样式和效果，导致现在每种浏览器都存在大量的私有属性。虽然使用私有属性可以快速构建效果，但是对网页设计者却是一个很大的麻烦，设计一个页面，就需要考虑在不同浏览器上显示的效果，一不注意就会导致同一个页面在不同浏览器上的显示效果不一致。甚至有的浏览器不同版本之间，也具有不同的属性。

如果所有浏览器都支持 CSS 样式，那么网页设计者只需要使用一种统一标记，就会在不同浏览器上显示同一样式效果。

当 CSS 被所有浏览器接受和支持的时候，网页设计将会变得非常容易，其布局更加合理，样式更加美观，到那个时候，整个 Web 页面显示会焕然一新。虽然现在 CSS 还没有完全普及，各个浏览器对 CSS 的支持还处于发展阶段，但 CSS 是一个新的、发展潜力很大的技术，在样式修饰方面，是其他技术无可替代的。此时学习 CSS 技术，才能保证技术不落伍。

## 2.1.3　CSS 发展历史

万维网联盟(W3C)是一个非营利的标准化联盟，在 1996 年制定并发布了一个网页排版样式标准，即层叠样式表，用来对 HTML 有限的表现功能进行补充。

随着 CSS 的广泛应用，CSS 技术越来越成熟。CSS 现在有三个不同层次的标准，CSS1、CSS2 和 CSS3。

CSS1(CSS Level 1)是 CSS 的第一层次标准，它正式发布于 1996 年 12 月 17 日，1999 年 1 月 11 日进行了修改。该标准提供简单的样式表机制，使网页的编者通过附属的样式对 HTML 文档的表现进行描述。

CSS2(CSS Level 2)于 1998 年 5 月 12 日被正式作为标准发布，CSS2 基于 CSS1，包含了 CSS1 的所有特色和功能，并在多个领域进行完善，将表现样式文档和文档内容进行分离。CSS2 支持多媒体样式表，使得我们能够根据不同的输出设备给文档制定不同的表现形式。

2001 年 5 月 23 日，W3C 完成了 CSS3 的工作草案，在该草案中制订了 CSS 的发展路线图，详细列出了所有模块，并计划在未来逐步进行规范。在以后的时间内，W3C 逐渐发布了不同模块。

CSS1 主要定义了网页的基本属性，如字体、颜色、空白边等。CSS2 在此基础上添加了一些高级功能，如浮动和定位，以及一些高级的选择器，如子选择器、相邻选择器和通用选择器等。CSS3 开始遵循模块化开发，这将有助于厘清模块化规范之间的不同关系，减少完整文件的大小。以前的规范是一个完整的模块，结构庞大，而且比较复杂，所以，新的 CSS3 规范将其分为了多个模块。

# 2.2　CSS 常用单位

CSS 中常用的单位包括颜色单位与长度单位两种，利用这些单位可以完成网页元素的搭配与网页布局的设定，如网页图片颜色的搭配、网页表格长度的设定等。

## 2.2.1　颜色单位

在 CSS 中设置颜色的方法很多，有命名颜色、RGB 颜色、十六进制颜色、网络安全色几种，相较以前版本，CSS 新增了 HSL 色彩模式、HSLA 色彩模式、RGBA 色彩模式。

### 1. 命名颜色

CSS 中可以直接用英文单词命名与之相应的颜色，这种方法的优点是简单、易记、易掌握。此处预设了 16 种颜色以及这 16 种颜色的衍生色，这 16 种颜色是 CSS 规范推荐的，而且一些主流的浏览器都能够识别它们，如表 2-1 所示。

表 2-1　CSS 推荐颜色

| 颜　　色 | 名　　称 | 颜　　色 | 名　　称 |
|---|---|---|---|
| aqua | 水绿色 | black | 黑色 |
| blue | 蓝色 | fuchsia | 紫红色 |
| gray | 灰色 | green | 绿色 |
| lime | 浅绿色 | maroon | 褐色 |
| navy | 深蓝色 | olive | 橄榄色 |
| purple | 紫色 | red | 红色 |
| silver | 银色 | teal | 深青色 |
| white | 白色 | yellow | 黄色 |

这些颜色最初来源于基本的 Windows VGA 颜色，而且浏览器还可以识别这些颜色。例如，在 CSS 定义字体颜色时，便可以直接使用这些颜色的名称。

```
p{color:red}
```

直接使用颜色的名称，简单易记。但是，除了这 16 种颜色外，还可以使用其他 CSS 预定义颜色。多数浏览器都能够识别 140 多种颜色名，其中包括这 16 种颜色，例如，orange、PaleGreen 等。

　　在不同的浏览器中，命名颜色种类也是不同的，即使使用了相同的颜色名，它们的颜色也有可能存在差异，所以，虽然每一种浏览器都命名了大量的颜色，但是大多数颜色在其他浏览器上却是不能被识别的，而真正通用的标准颜色只有 16 种。

### 2. RGB 颜色

如果要使用十进制表示颜色，则需要使用 RGB 颜色。十进制表示颜色，最大值为 255，最小值为 0。要使用 RGB 颜色，必须使用 rgb(R,G,B)表示方法，其中 R、G、B 分别表示红、绿、蓝的十进制值，通过这三个值的变化结合，便可以形成不同的颜色。例如，rgb(255,0,0)表示红色，rgb(0,255,0)表示绿色，rgb(0,0,255)则表示蓝色。黑色表示为 rgb(0,0,0)，白色则可以表示为 rgb(255,255,255)。

RGB 设置方法一般分为两种：百分比设置和直接用数值设置，例如用 p 标记设置颜色，有两种方法：

```
p{color:rgb(123,0,25)}
p{color:rgb(45%,0%,25%)}
```

这两种方法都是用三个值表示"红""绿"和"蓝"三种颜色。这三种基本色的取值范围都是 0～255。通过定义这三种基本色分量，可以定义出各种各样的颜色。

### 3. 十六进制颜色

除了 CSS 预定义的颜色外，设计者为了使页面色彩更加丰富，可以使用十六进制颜色。十六进制颜色的基本格式为#RRGGBB，其中 R 表示红色，G 表示绿色，B 表示蓝色。而 RR、GG、BB 最大值为 FF，表示十进制中的 255，最小值为 00，表示十进制中的 0。例如，#FF0000 表示红色，#00FF00 表示绿色，#0000FF 表示蓝色。#000000 表示黑色，那么白色的表示就是#FFFFFF，而其他颜色分别是通过这三种基本色的结合而形成的。例如，#FFFF00 表示黄色，#FF00FF 表示紫红色。

对于浏览器不能识别的颜色名称，可以使用所需颜色的十六进制值或 RGB 值。如表 2-2 所示，列出了几种常见的预定义颜色值的十六进制值和 RGB 值。

表 2-2　颜色对照表

| 颜 色 名 | 十六进制值 | RGB 值 |
|---|---|---|
| 红色 | #FF0000 | rgb(255,0,0) |
| 橙色 | #FF6600 | rgb(255,102,0) |
| 黄色 | #FFFF00 | rgb(255,255,0) |
| 绿色 | #00FF00 | rgb(0,255,0) |
| 蓝色 | #0000FF | rgb(0,0,255) |
| 紫色 | #800080 | rgb(128,0,128) |
| 紫红色 | #FF00FF | rgb(255,0,255) |
| 水绿色 | #00FFFF | rgb(0,255,255) |
| 灰色 | #808080 | rgb(128,128,128) |
| 褐色 | #800000 | rgb(128,0,0) |
| 橄榄色 | #808000 | rgb(128,128,0) |
| 深蓝色 | #000080 | rgb(0,0,128) |
| 银色 | #C0C0C0 | rgb(192,192,192) |
| 深青色 | #008080 | rgb(0,128,128) |
| 白色 | #FFFFFF | rgb(255,255,255) |
| 黑色 | #000000 | rgb(0,0,0) |

### 4. HSL 色彩模式

CSS 新增加了 HSL 颜色表现方式。HSL 色彩模式是工业界的一种颜色标准，它通过对色调(H)、饱和度(S)、亮度(L)三个颜色通道的改变以及它们相互之间的叠加来获得各种颜色。这个标准几乎包括了人类视力可以感知的所有颜色，在屏幕上可以重现 16 777 216 种颜色，是目前运用最广泛的颜色系统之一。

在 CSS3 中，HSL 色彩模式的表示语法如下：

```
hsl(<length> , <percentage> , <percentage>)
```

hsl()函数的三个参数说明如表 2-3 所示。

表 2-3　HSL 函数属性说明表

| 属性名称 | 说　明 |
| --- | --- |
| length | 表示色调(Hue)。Hue 衍生于色盘，取值可以为任意数值，其中 0(或 360，或-360)表示红色，60 表示黄色，120 表示绿色，180 表示青色，240 表示蓝色，300 表示洋红，当然也可以设置为其他数值来确定不同的颜色 |
| percentage | 表示饱和度(Saturation)。表示该色彩被使用了多少，即颜色的深浅程度和鲜艳程度。取值为 0%～100%，其中 0%表示灰度，即没有使用该颜色；100%的饱和度最高，即颜色最鲜艳 |
| percentage | 表示亮度(Lightness)。取值为 0%～100%，其中 0%最暗，显示为黑色，50%表示均值，100%最亮，显示为白色 |

其使用示例如下所示。

```
p{color:hsl(0,80%,80%);}
p{color:hsl(80,80%,80%);}
```

### 5. HSLA 色彩模式

HSLA 也是 CSS 新增颜色模式，它是 HSL 色彩模式的扩展，在色相、饱和度、亮度三要素的基础上增加了不透明度参数。使用 HSLA 色彩模式，设计师能够更灵活地设计不同的透明效果。其语法格式如下。

```
hsla(<length> , <percentage> , <percentage> , <opacity>)
```

其中前 3 个参数与 hsl()函数的参数的意义和用法相同，第 4 个参数<opacity>表示不透明度，取值在 0 到 1 之间。

使用示例如下。

```
p{color:hsla(0,80%,80%,0.9);}
```

### 6. RGBA 色彩模式

RGBA 也是 CSS 新增颜色模式，它是 RGB 色彩模式的扩展，在红、绿、蓝三原色的基础上增加了不透明度参数。其语法格式如下。

```
rgba(r, g , b , <opacity>)
```

其中 r、g、b 分别表示红色、绿色和蓝色三种原色所占的比重。r、g、b 的值可以是正整数或者百分数，正整数值的取值范围为 0～255，百分数值的取值范围为 0.0%～100.0%，超出范围的数值将被截至其最接近的取值极限。注意，并非所有浏览器都支持使用百分数值。第四个参数<opacity>表示不透明度，取值在 0 到 1 之间。

使用示例如下。

```
p{color:rgba(0,23,123,0.9);}
```

### 7. 网络安全色

网络安全色由 216 种颜色组成，被认为在任何操作系统和浏览器中都是相对稳定的，也就是说显示的颜色是相同的，因此，这 216 种颜色被称为网络安全色。这 216 种颜色都是由红、绿、蓝三种基本色从 0、51、102、153、204、255 这六个数值中取值，组成的 6×6×6 种颜色。

## 2.2.2　长度单位

为保证页面元素能够在浏览器中完全显示，又要布局合理，就需要设定元素间的间距，以及元素本身的边界等，这都离不开长度单位的使用。在 CSS 中，长度单位可以被分为两类：绝对单位和相对单位。

### 1. 绝对单位

绝对单位用于设定绝对位置，主要有下列五种绝对单位。

1）　英寸(in)

英寸对于中国设计师而言，使用比较少，它是国外常用的量度单位。1in=2.54cm，而 1cm=0.394 英寸。

2）　厘米(cm)

厘米是常用的长度单位。它可以用来设定距离比较大的页面元素框。

3）　毫米(mm)

毫米可以用来比较精确地设定页面元素距离或大小。10mm=1cm。

4）　磅(pt)

磅一般用来设定文字的大小。它是标准的印刷量度，广泛应用于打印机、文字程序等。72pt=1in，也就是说等于 2.54cm。另外，英寸、厘米和毫米也可以用来设定文字的大小。

5）　pica(pc)

pica 是另一种印刷量度。1pica=12pt，该单位也不被经常使用。

### 2. 相对单位

相对单位是指在量度时需要参照其他页面元素的单位值。使用相对单位所量度的实际距离可能会随着这些单位值的改变而改变。CSS 提供了三种相对单位：em、ex 和 px。

1）　em

在 CSS 中，em 用于给定字体的 font-size 值，例如，一个元素字体大小为 12pt，那么 1em 就是 12pt，如果该元素字体大小改为 15pt，则 1em 就是 15pt。简单来说，无论字体大小是多少，1em 总是字体的大小值。em 的值总是随着字体大小的变化而变化。

例如，分别设定页面元素 h1、h2 和 p 的字体大小为 20pt、15pt 和 10pt，各元素的左边距为 1em，样式规则如下。

```
h1{font-size:20pt}
h2{font-size:15pt}
p{font-size:10pt}
```

25

```
h1,h2,p{margin-left:1em}
```

对于 h1，1em=20pt；对于 h2，1em=15pt；对于 p，1em=10pt，所以 em 的值会随着相应元素字体大小的变化而变化。

另外，em 值有时还相对于其上级元素的字体大小。例如，上级元素字体大小为 20pt，设定其子元素字体大小为 0.5em，则子元素显示出的字体大小为 10pt。

2)　ex

ex 是以给定字体的小写字母"x"高度作为基准，对于不同的字体来说，小写字母"x"高度是不同的，所以 ex 单位的基准也不同。

3)　px

px 也叫像素，这是目前使用最为广泛的一种单位，1px 也就是屏幕上的一个小方格，这个通常是看不出来的。由于显示器有多种不同的尺寸，它的每个小方格大小是有所差异的，所以像素单位的标准也不都是一样的。在 CSS 的规范中假设 90px=1in，但是在通常的情况下，浏览器都会使用显示器的像素值来做标准。

# 2.3　编辑和浏览 CSS

CSS 文件是纯文本格式文件，在编辑 CSS 时，就有了多种选择，可以使用一些简单的纯文本编辑工具，例如记事本等，同样可以选择专业的 CSS 编辑工具，例如 Dreamweaver 等。记事本编辑工具适合于初学者，不适合大项目的编辑。但专业工具软件通常占用的空间较大，打开不太方便。

## 2.3.1　案例 1——手工编写 CSS

【例 2.1】 (案例文件：ch02\2.1html)

使用记事本编写 CSS，和使用记事本编写 HTML 文档基本一样。首先需要打开一个记事本，然后在里面输入相应的 CSS 代码即可，具体步骤如下。

step 01 打开记事本，输入 HTML 代码，如图 2-1 所示。

step 02 添加 CSS 代码，修饰 HTML 元素。在 head 标记中间，添加 CSS 样式代码，如图 2-2 所示。从窗口中可以看出，在 head 标记中间，添加了一个 style 标记，即 CSS 样式标记。在 style 标记中间，对 p 样式进行了设定，设置段落居中显示并且颜色为红色。

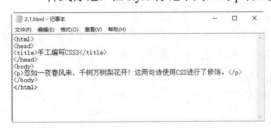

图 2-1　用记事本开发 HTML　　　图 2-2　添加样式代码

step 03 运行网页文件。网页编辑完成后，使用 IE 11.0 浏览器打开，如图 2-3 所示，可以看到段落在页面中间以红色字体显示。

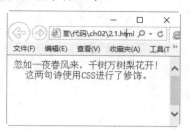

图 2-3　CSS 样式显示窗口

## 2.3.2　案例 2——使用 Dreamweaver 编写 CSS

【例 2.2】 (案例文件：ch02\2.2html)

除了可以使用记事本手工编写 CSS 代码外，还可以使用专用的 CSS 编辑器，例如 Dreamweaver 的 CSS 编辑器和 Visual Studio 的 CSS 编辑器，这些编辑器有语法着色，带输入提示，甚至有自动创建 CSS 的功能，因此深受开发人员喜爱。

使用 Dreamweaver 创建 CSS 的步骤如下。

step 01 创建 HTML 文档。使用 Dreamweaver 创建 HTML 文档，此处创建了一个名称为 2.2.html 的文档，输入内容如图 2-4 所示。

图 2-4　新建 HTML 文档

step 02 添加 CSS 样式。在设计模式中，选中"春花秋月何时了……"段落后，右击并在弹出的快捷菜单中选择【CSS 样式】|【新建】命令，将弹出【新建 CSS 规则】对话框，在【为 CSS 规则选择上下文选择器类型】下拉列表框中，选择【标签(重新定义 HTML 元素)】选项，如图 2-5 所示。

step 03 设置完成后，单击【确定】按钮，打开【body 的 CSS 规则定义】对话框，在其中设置相关的类型，如图 2-6 所示。

step 04 单击【确定】按钮，即可完成 p 样式的设置。设置完成后 HTML 文档内容发生了变化，如图 2-7 所示。从代码模式窗口中，可以看到在 head 标记中，增加了一个 style 标记，用来放置 CSS 样式。其样式用来修饰段落 p。

step 05 运行 HTML 文档。在 IE 11.0 浏览器中预览该网页，其显示结果如图 2-8 所示，可以看到字体颜色设置为浅红色，大小为 12px，字体较粗。

图 2-5 【新建 CSS 规则】对话框

图 2-6 【body 的 CSS 规则定义】对话框

图 2-7 设置完成显示

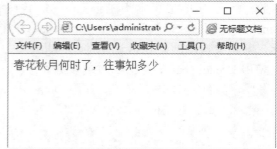

图 2-8 CSS 样式显示

# 2.4 在 HTML 中调用 CSS 的方法

CSS 样式表能很好地控制页面显示，以达到分离网页内容和样式代码的目的。CSS 样式表控制 HTML 页面达到好的样式效果，其方式通常包括行内样式、内嵌样式、链接样式和导入样式。

## 2.4.1 案例 3——行内样式

行内样式是所有样式中比较简单、直观的方法，就是直接把 CSS 代码添加到 HTML 的标记中，即作为 HTML 标记的属性标记存在。通过这种方法，可以很简单地对某个元素单独定义样式。

使用行内样式方法是直接在 HTML 标记中使用 style 属性，该属性的内容就是 CSS 的属性和值。例如：

```
<p style="color:red">段落样式</p>
```

【例 2.3】(案例文件：ch02\2.3.html)

```
<!DOCTYPE html>
<html>
<head>
<title>行内样式</title>
</head>
<body>
<p style="color:red;font-size:20px;text-decoration:underline;text-
align:center">此段落使用行内样式修饰</p>
<p style="color:blue;font-style:italic">群山万壑赴荆门，生长明妃尚有村。一去紫台连
朔漠，独留青冢向黄昏。画图省识春风面，环佩空归夜月魂。千载琵琶作胡语，分明怨恨曲中论。
</p>
</body>
</html>
```

在 IE 11.0 浏览器中浏览效果如图 2-9 所示，可以看到两个 p 标记中都使用了 style 属性，并且设置了 CSS 样式，各个样式之间互不影响，分别显示自己的样式效果。第一个段落设置为红色字体，居中显示，带有下画线。第二个段落为蓝色字体，以斜体显示。

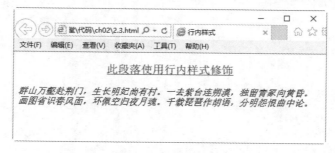

图 2-9　行内样式显示

　　　尽管行内样式简单，但这种方法却不常使用，因为它无法完全发挥样式表"内容结构和样式控制代码"分离的优势。而且这种方式也不利于样式的重用，如果需要为每一个标记都设置 style 属性，后期维护成本很高，网页容易过胖，故不推荐使用。

## 2.4.2　案例 4——内嵌样式

内嵌样式就是将 CSS 样式代码添加到<head>与</head>之间，并且用<style>和</style>标记进行声明。这种写法虽然没有完全实现页面内容和样式控制代码分离，但可以设置一些比较简单的样式，并统一页面样式。

其格式如下。

```
<head>
  <style type="text/css">
    p
    {
      color:red;
      font-size:12px;
    }
  </style>
</head>
```

有些较低版本的浏览器不能识别<style>标记，因而不能正确地将样式应用到页面显示上，而是直接将标记中的内容以文本的形式显示。为了解决此类问题，可以使用 HTML 注释将标记中的内容隐藏。如果浏览器能够识别<style>标记，则标记内被注释的 CSS 样式定义代码依旧能够发挥作用。

```
<head>
 <style type="text/css">
 <!--
   p
   {
    color:red;
    font-size:12px;
   }
 -->
 </style>
</head>
```

【例 2.4】(案例文件：ch02\2.4.html)

```
<!DOCTYPE html>
<html>
<head>
<title>内嵌样式</title>
<style type="text/css">
p{
    color:orange;
    text-align:center;
    font-weight:bolder;
    font-size:25px;
}
</style>
</head><body>
<p>此段落使用内嵌样式修饰</p>
<p>故人具鸡黍，邀我至田家。绿树村边合，青山郭外斜。开轩面场圃，把酒话桑麻。待到重阳日，还来就菊花。</p>
</body>
</html>
```

在 IE 11.0 浏览器中浏览效果如图 2-10 所示，可以看到两个 p 标记中都被 CSS 样式修饰，其样式保持一致，段落居中、加粗并以橙色字体显示。

图 2-10　内嵌样式显示

在上面的例子中，所有的 CSS 编码都在 style 标记中，方便了后期维护，页面相较行内样式大大瘦身了。但如果一个网站拥有很多页面，对于不同页面 p 标记都希望采用同样风格时，内嵌方式就显得有点麻烦。此种方法只适用于特殊页面设置单独的样式风格。

## 2.4.3 案例 5——链接样式

链接样式是 CSS 中使用频率最高，也是最实用的方法。它很好地将"页面内容"和"样式风格代码"分离成两个文件或多个文件，实现了页面框架 HTML 代码和 CSS 代码的完全分离，使前期制作和后期维护都十分方便。

链接样式是指在外部定义 CSS 样式表并形成以.css 为扩展名的文件，然后在页面中通过<link>链接标记链接到页面中，而且该链接语句必须放在页面的<head>标记区，如下所示。

```
<link rel="stylesheet" type="text/css" href="1.css" />
```

(1) rel 指定链接到样式表，其值为 stylesheet。

(2) type 表示样式表类型为 CSS 样式表。

(3) href 指定了 CSS 样式表所在位置，此处表示当前路径下名称为 1.css 的文件。

这里使用的是相对路径。如果 HTML 文档与 CSS 样式表没有在同一路径下，则需要指定样式表的绝对路径或引用位置。

【例 2.5】(案例文件：ch02\2.5.html)

```
<!DOCTYPE html>
<html>
<head>
<title>链接样式</title>
<link rel="stylesheet" type="text/css" href="2.5.css" />
</head><body>
<h1>CSS 的链接样式</h1>
<p>荆溪白石出，天寒红叶稀。山路元无雨，空翠湿人衣。</p>
</body>
</html>
```

【例 2.5】(案例文件：ch02\2.5.css)

```
h1{text-align:center;}
p{font-weight:29px;text-align:center;font-style:italic;}
```

在 IE 11.0 浏览器中浏览效果如图 2-11 所示，可以设置标题和段落以不同样式显示，标题居中显示，段落以斜体居中显示。

图 2-11　链接样式显示

链接样式的最大优势就是将 CSS 代码和 HTML 代码完全分离，并且同一个 CSS 文件能被不同的 HTML 页面所链接使用。

　　　　　　在设计整个网站时，可以将所有页面链接到同一个 CSS 文件，使用相同的样式风格。如果整个网站需要修改样式，只修改 CSS 文件即可。

## 2.4.4　案例6——导入样式

导入样式和链接样式基本相同，都是创建一个单独的 CSS 文件，然后再引入到 HTML 文件中，只不过语法和运行方式有差别。采用导入样式的样式表，在 HTML 文件初始化时，会被导入到 HTML 文件内，作为文件的一部分，类似于内嵌效果。而链接样式是在 HTML 标记需要样式风格时才以链接方式引入。

导入外部样式表是指在内部样式表的<style>标记中，使用@import 导入一个外部样式表。例如：

```
<head>
  <style type="text/css">
  <!--
  @import "1.css"
  --> </style>
</head>
```

导入外部样式表相当于将样式表导入到内部样式表中，其方式更有优势。导入外部样式表必须在样式表的开始部分、其他内部样式表上面。

【例 2.6】(案例文件：ch02\2.6.html)

```
<!DOCTYPE html>
<html>
<head>
<title>导入样式</title>
<style>
@import "2.6.css"
</style>
</head>
<body>
<h1>江雪</h1>
<p>千山鸟飞绝，万径人踪灭。孤舟蓑笠翁，独钓寒江雪。</p>
</body>
</html>
```

【例 2.6】(案例文件：ch02\2.6.css)

```
h1{text-align:center;color:#0000ff}
p{font-weight:bolder;text-decoration:underline;font-size:20px;}
```

在 IE 11.0 浏览器中浏览效果如图 2-12 所示，可以设置标题和段落以不同样式显示，标题居中显示，颜色为蓝色，段落以字号大小 20px 并加粗显示。

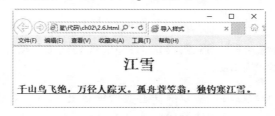

图 2-12　导入样式显示

导入样式与链接样式相比，最大的优点就是可以一次导入多个 CSS 文件，其格式如下。

```
<style>
@import "2.6.css"
@import "test.css"
</style>
```

## 2.5 调用 CSS 方法的优先级问题

如果同一个页面，采用了多种 CSS 使用方式，例如使用行内样式、链接样式和内嵌样式，它们共同作用于同一个标记，就会出现优先级问题，即究竟哪种样式设置有效。例如内嵌样式设置字体为宋体，链接样式设置为红色，那么二者会同时生效，假如都设置字体颜色，情况就会复杂。

### 2.5.1 案例 7——行内样式和内嵌样式比较

例如，有这样一种情况：

```
<style>
.p{color:red}
</style>
<p style = " color:blue ">段落应用样式</p>
```

在样式定义中，段落标记<p>匹配了两种样式规则，一种使用内嵌样式定义颜色为红色，一种使用 p 行内样式定义颜色为蓝色。但是，标记内容最终会以哪一种样式显示呢？

**【例 2.7】** (案例文件：ch02\2.7.html)

```
<!DOCTYPE html>
<html>
<head>
<title>优先级比较</title>
<style>
.p{color:red}
</style>
</head>
<body>
<p style = " color:blue ">解落三秋叶，能开二月花。过江千尺浪，入竹万竿斜。</p>
</body>
</html>
```

在 IE 11.0 浏览器中浏览效果如图 2-13 所示，段落以蓝色字体显示，可以知道行内样式优先级大于内嵌样式优先级。

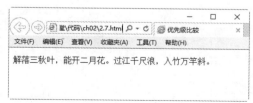

图 2-13 行内样式和内嵌样式优先级比较

### 2.5.2 案例 8——内嵌样式和链接样式比较

以相同例子测试内嵌样式和链接样式的优先级，将设置颜色样式的代码单独放在一个 CSS 文件中，使用链接样式引入。

【例 2.8】(案例文件：ch02\2.8.html)

```
<!DOCTYPE html>
<html>
<head>
<title>优先级比较</title>
<link href="2.8.css" type="text/css" rel="stylesheet">
<style>p{color:red}
</style></head>
<body>
<p>远上寒山石径斜，白云深处有人家。停车坐爱枫林晚，霜叶红于二月花。</p>
</body>
</html>
```

【例 2.8】(案例文件：ch02\2.8.css)

```
p{color:yellow}
```

在 IE 11.0 浏览器中浏览效果如图 2-14 所示，段落以红色字体显示。

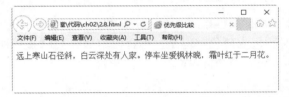

图 2-14　内嵌样式与链接样式优先级比较

从上面的代码中可以看出，内嵌样式和链接样式同时对段落 p 修饰，段落显示红色字体。可以知道，内嵌样式优先级大于链接样式。

### 2.5.3 案例 9——链接样式和导入样式比较

现在进行链接样式和导入样式比较测试，分别创建两个 CSS 文件，一个作为链接，一个作为导入。

【例 2.9】(案例文件：ch02\2.9.html)

```
<!DOCTYPE html>
<html>
<head>
<title>优先级比较</title>
<style>
@import "2.9_2.css"
</style>
<link href="2.9_1.css" type="text/css" rel="stylesheet">
```

```
</head><body>
<p>尚有绨袍赠，应怜范叔寒。不知天下士，犹作布衣看。</p>
</body>
</html>
```

**【例 2.9】**(案例文件：ch02\2.9_1.css)

```
p{color:green}
```

**【例 2.9】**(案例文件：ch02\2.9_2.css)

```
p{color:purple}
```

在 IE 11.0 浏览器中浏览效果如图 2-15 所示，段落以绿色显示。从结果中可以看出，此时链接样式优先级大于导入样式优先级。

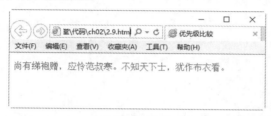

图 2-15　链接样式与导入样式优先级比较

## 2.6　综合案例——制作产品销售统计表

本案例综合测试在 HTML 中使用 CSS 方法当中的优先级问题，制作一个产品销售统计表，具体的操作步骤如下。

**step 01** 打开记事本，在其中输入如下代码。

```
<!DOCTYPE HTML>
<html>
<head>
<title>产品销售统计表</title>
<style type="text/css">
<!--
    #dataTb
    {
      font-family:宋体, sans-serif;
      font-size:20px;
      background-color:#66CCCC;
      border-top:1px solid #000000;
      border-left:1px solid #FF00BB;
      border-bottom:1px solid #FF0000;
      border-right:1px solid #FF0000;
    }
    table
    {
      font-family:楷体_GB2312, sans-serif;
      font-size:20px;
```

```css
    background-color:#EEEEEF;
    border-top:1px solid #FFFF00;
    border-left:1px solid #FFFF00;
    border-bottom:1px solid #FFFF00;
    border-right:1px solid #FFFF00;
  }
    .tbStyle
  {
    font-family:隶书, sans-serif;
    font-size:16px;
    background-color:#EEEEEF;
    border-top:1px solid #000FFF;
    border-left:1px solid #FF0000;
    border-bottom:1px solid #0000FF;
    border-right:1px solid #000000;
  }
//-->
</style>
</head>
<body>
  <form name="frmCSS" method="post" action="#">
    <table width="400" align="center" border="1" cellspacing="0"
        id="dataTb" class= "tbStyle">
        <tr>
            <th>编号</th>
            <th>名称</th>
            <th>销售区域</th>
            <th>销售额</th>
        </tr>
        <tr>
            <td>001</td>
            <td>冰箱</td>
            <td>北京</td>
            <td>136 万</td>
                        </tr>
        <tr>
            <td>002</td>
            <td>洗衣机</td>
            <td>上海</td>
            <td>226 万</td>
                    </tr>
        <tr>
            <td>004</td>
            <td>空调</td>
            <td>北京</td>
            <td>368 万</td>
        </tr>
    </table>
  </form>
</body>
</html>
```

step 02 保存网页，在 IE 11.0 浏览器中预览效果如图 2-16 所示。

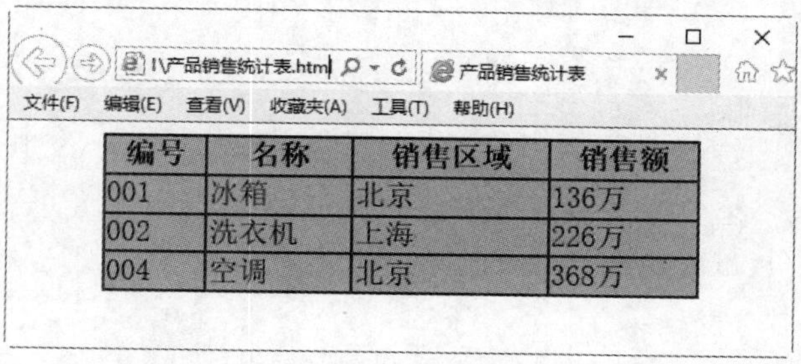


| 编号 | 名称 | 销售区域 | 销售额 |
| --- | --- | --- | --- |
| 001 | 冰箱 | 北京 | 136万 |
| 002 | 洗衣机 | 上海 | 226万 |
| 004 | 空调 | 北京 | 368万 |

图 2-16　最终效果

## 2.7　大神解惑

小白：CSS 在网页制作中一般有四种方式的用法，那么具体在使用时该采用哪种用法？

**大神**：当有多个网页要用到 CSS 时，采用外连 CSS 文件的方式，这样网页的代码大大减少，修改起来非常方便；当只在单个网页中使用 CSS 时，采用文档头部方式；当只在一个网页一两个地方才用到 CSS 时，采用行内插入方式。

小白：CSS 的行内样式、内嵌样式和链接样式可以在一个网页中混用吗？

**大神**：三种用法可以混用，且不会造成混乱。这就是它为什么称为“层叠样式表”的原因，浏览器在显示网页时是这样处理的：首先检查有没有行内插入的 CSS，有就执行了，针对本句的其他 CSS 就不去管它了；其次检查内嵌方式的 CSS，有就执行了；在前两者都没有的情况下再检查外连文件方式的 CSS。因此可看出，三种 CSS 的执行优先级是：行内样式、内嵌样式、链接样式。

## 2.8　跟我练练手

练习 1：上网查询 CSS 的功能和版本。

练习 2：使用手工和 Dreamweaver 两种方式编辑 CSS 样式表。

练习 3：制作一个使用行内样式和内嵌样式的网页。

练习 4：制作一个使用链接样式和导入样式的网页。

练习 5：制作一个员工信息统计表。

# 第 3 章
## CSS3 样式的
## 基本语法

通过 CSS 可以轻松地设置网页元素的显示位置和格式，还可以产生滤镜、图像淡化、网页淡入淡出等渐变效果，这将大大提升网站的美观程度，本章就来介绍 CSS 样式的基本语法知识。

**本章要点(已掌握的在方框中打钩)**

☐ 了解 CSS 的基本语法
☐ 掌握标签选择器的使用方法
☐ 掌握类选择器的使用方法
☐ 掌握 ID 选择器的使用方法
☐ 掌握选择器的声明方法
☐ 掌握制作网站 Logo 的方法

# 3.1 CSS 基本语法

在网页中加入 CSS 样式的目的是将网页内容代码与网页格式风格代码分离开来，从而使网页设计者可以对网页的布局进行更多的控制。

## 3.1.1 CSS 构造规则

CSS 样式表由若干条样式规则组成，这些样式规则可以应用到不同的元素或文档来定义它们显示的外观。每一条样式规则由三部分构成：选择符(selector)、属性(property)和属性值(value)，基本格式如下。

```
selector{property: value}
```

(1) selector 可以采用多种形式，可以为文档中的 HTML 标记，例如<body>、<table>、<p>等，也可以是 XML 文档中的标记。

(2) property 则是选择符指定的标记所包含的属性。

(3) value 指定了属性的值。如果定义选择符的多个属性，则属性和属性值为一组，组与组之间用分号(;)隔开。基本格式如下。

```
selector{property1: value1; property2: value2;… }
```

下面就给出一条样式规则，如下所示。

```
p{color:red}
```

该样式规则的选择符为 p，为段落标记<p>提供样式，color 为指定文字颜色属性，red 为属性值。此样式表示标记<p>指定的段落文字为红色。

如果要为段落设置多种样式，则可以使用下列语句。

```
p{font-family:"隶书"; color:red; font-size:40px; font-weight:bold}
```

## 3.1.2 CSS 的注释

CSS 注释可以帮助用户对自己写的 CSS 文件进行说明，如说明某段 CSS 代码所作用的地方、功能、样式等，以便后期维护一看即懂，同时在团队开发网页的时候，合理适当地注释有利于团队看懂 CSS 样式是对应 HTML 哪里的，以便顺利快速地开发 DIV CSS 网页。

CSS 的注释样式如下。

```
./* body 定义 */
.body{ text-align:center; margin:0 auto;}
/* 头部 css 定义 */
.#header{ width:960px; height:120px;}
```

# 3.2 CSS 的常用选择器

选择器(selector)也被称为选择符，所有 HTML 中的标记都是通过不同的 CSS3 选择器进行控制的。选择器不只是 HTML 文档中的元素标记，它还可以是类、ID 或是元素的某种状态。根据 CSS 选择符的用途可以把选择器分为标签选择器、类选择器、ID 选择器、全局选择器和伪类选择器等。

## 3.2.1　案例 1——标签选择器

HTML 文档由多个不同标记组成，而 CSS3 选择器就是声明哪些标记采用样式。例如 p 选择器，就是用于声明页面中所有<p>标记的样式风格。同样也可以通过 h1 选择器来声明页面中所有<h1>标记的 CSS 风格。

标签选择器最基本的形式如下所示：

```
tagName{property:value}
```

其中 tagName 表示标记名称，例如 p、h1 等 HTML 标记；property 表示 CSS3 属性；value 表示 CSS3 属性值。

【例 3.1】(案例文件：ch03\3.1.html)

```
<!DOCTYPE html>
<html>
<head>
<title>标签选择器</title>
<style>
p{color:blue;font-size:20px;}
</style>
</head>
<body>
<p>枯藤老树昏鸦，小桥流水人家，古道西风瘦马。夕阳西下，断肠人在天涯。</p>
</body>
</html>
```

在 IE 11.0 浏览器中浏览效果如图 3-1 所示，可以看到段落以蓝色字体显示，大小为 20px。

如果在后期维护中需要调整段落颜色，只需要修改 color 属性值即可。

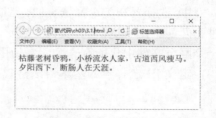

图 3-1　标签选择器显示

CSS3 语言对于所有属性和值都有严格要求，如果声明的属性在 CSS3 规范中没有，或者某个属性值不符合属性要求，都不能使 CSS 语句生效。

## 3.2.2　案例 2——类选择器

在一个页面中，使用标签选择器，会控制该页面中所有此标记显示样式。如果需要为此类标记中其中一个标记重新设定，此时仅使用标签选择器是不能达到效果的，还需要使用类(class)选择器。

类选择器用来为一系列标记定义相同的呈现方式，常用语法格式如下：

```
.classValue {property:value}
```

classValue 是选择器的名称，具体名称由 CSS 制定者自己命名。

**【例 3.2】**(案例文件：ch03\3.2.html)

```
<!DOCTYPE html>
<html>
<head><title>类选择器</title>
<style>
.aa{
   color:blue;
   font-size:20px;
}
.bb{
    color:red;
    font-size:22px;
}
</style></head><body>
<h3 class="bb">学习类选择器</h3>
<p class="aa">此处使用类选择器 aa 控制段落样式</p>
<p class="bb">此处使用类选择器 bb 控制段落样式</p>
</body>
</html>
```

在 IE 11.0 浏览器中浏览效果如图 3-2 所示，可以看到第一个段落以蓝色字体显示，大小为 20px，第二段落以红色字体显示，大小为 22px，标题同样以红色字体显示，大小为22px。

### 3.2.3 案例 3——ID 选择器

**图 3-2 类选择器显示**

ID 选择器和类选择器类似，都是针对特定属性的属性值进行匹配。ID 选择器定义的是某一个特定的 HTML 元素，一个网页文件中只能有一个元素使用某一 ID 的属性值。

定义 ID 选择器的基本语法格式如下。

```
#idValue{property:value}
```

在上述语法格式中，idValue 是选择器名称，可以由 CSS 定义者自己命名。

**【例 3.3】**(案例文件：ch03\3.3.html)

```
<!DOCTYPE html>
<html>
<head>
<title>ID 选择器</title>
<style>
#fontstyle{
   color:blue;
   font-weight:bold;
}
```

```
#textstyle{
    color:red;
    font-size:22px;
}
</style>
</head>
<body>
<h3 id=textstyle>学习 ID 选择器</h3>
<p id=textstyle>此处使用 ID 选择器 textstyle 控制段落样式</p>
<p id=fontstyle>此处使用 ID 选择器 fontstyle 控制段落样式</p>
</body>
</html>
```

在 IE 11.0 浏览器中浏览效果如图 3-3 所示，可以看到第一个段落以红色字体显示，大小为 22px，第二个段落以蓝色字体显示，字体加粗，标题同样以红色字体显示，大小为22px。

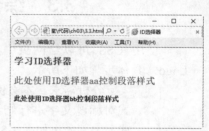

图 3-3　ID 选择器显示

## 3.2.4　案例 4——选择器的声明

在 CSS 中，除了常规的选择器声明外，还有集体声明和嵌套声明两种方式。在"集体声明"中，我们可以为多个 HTML 标签声明同一个 CSS 样式，如下面的代码，就是同时为 h1、h2、p 三个标签声明了相同的样式。

```
h1,h2,p{
 color:red;
font-size:20px;
font-weight:bolder;
}
```

此外，还有嵌套声明方式，即对指定位置的 HTML 标记进行修饰，例如当<p>与</p>之间包含<a></a>标记时，就可以使用这种嵌套声明方式对 HTML 标记进行修饰。

【例 3.4】(案例文件：ch03\3.4.html)

```
<!DOCTYPE html>
<html>
<head>
<title>多重嵌套声明</title>
<style>
p{font-size:20px;}
p a{color:red;font-size:30px;font-weight:bolder;}
</style>
</head>
<body>
<p>头上红冠不用裁，满身雪白走将来。平生不敢轻言语，一叫千门万户开。<a href="">画鸡
</a></p>
</body>
</html>
```

在 IE 11.0 浏览器中浏览效果如图 3-4 所示，可以看到在段落中，超级链接显示红色字体，大小为30px，其原因是使用了嵌套声明。

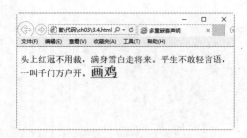

图 3-4 多重嵌套声明

## 3.3 综合案例——制作炫彩网站 Logo

使用 CSS 可以给网页中的文字设置不同的字体样式，下面就来制作一个网站的文字 Logo，具体步骤如下所示。

**step 01** 分析需求。本案例要求简单，使用标记 h1 创建一个标题文字，然后使用 CSS 样式对标题文字进行修饰，可以从颜色、尺寸、字体、背景、边框等方面入手。案例完成后，其效果如图 3-5 所示。

**step 02** 构建 HTML 页面。创建 HTML 页面，完成基本框架并创建标题，其代码如下所示。

```html
<html>
<head>
<title>炫彩 Logo</title>
</head>
<body>
<h1>
<span class=c1>缤</span>
<span class=c2>纷</span>
<span class=c3>夏</span>
<span class=c4>衣</span></h1>
</body>
</html>
```

在 IE 11.0 浏览器中浏览效果如图 3-6 所示，可以看到标题 h1 在网页中显示，没有任何修饰。

图 3-5 五彩标题显示

图 3-6 标题显示

**step 03** 使用内嵌样式。如果要对 h1 标题修饰，需要添加 CSS，此处使用内嵌样式，在 <head>标记中添加 CSS，其代码如下所示。

```
<style>
h1 {}
</style>
```

在 IE 11.0 浏览器中浏览效果如图 3-7 所示，可以看到此时没有任何变化，只是在代码中引入了<style>标记。

step 04 改变颜色、字体和尺寸。添加 CSS 代码，改变标题样式，其样式在颜色、字体和尺寸上面设置，代码如下所示。

```
h1 {
font-family: Arial, sans-serif;
font-size: 50px;
color: #369;
}
```

在 IE 11.0 浏览器中浏览效果如图 3-8 所示，可以看到字体大小为 50 像素，颜色为浅蓝色，字形为 Arial。

图 3-7 引入 style 标记          图 3-8 添加文本修饰标记

step 05 加入灰色底线。为 h1 标题加入底线，其代码如下所示。

```
padding-bottom: 4px;
border-bottom: 2px solid #ccc;
```

在 IE 11.0 浏览器中浏览效果如图 3-9 所示，可以看到"缤纷夏衣"文字下面添加了一个边框，边框和文字距离是 4 像素。

step 06 增加背景图。使用 CSS 样式为标记<h1>添加背景图片，其代码如下所示。

```
background: url(01.jpg) repeat-x bottom;
```

在 IE 11.0 浏览器中浏览效果如图 3-10 所示，可以看到"缤纷夏衣"文字下面添加了一个背景图片，图片在水平(X)轴方向进行平铺。

图 3-9 添加边框样式          图 3-10 添加背景

step 07 定义标题背景图片宽度。使用 CSS 属性将标题背景图片变短，使其长度正好符合四个字的宽度，其代码如下。

```
width:250px;
```

在 IE 11.0 浏览器中浏览效果如图 3-11 所示，可以看到"缤纷夏衣"文字下面背景图缩短，正好和文字宽度相同。

step 08 定义字体颜色。在 CSS 样式中，为每个字定义颜色，其代码如下。

```
.c1{
    color:  #B3EE3A;
}
.c2{
    color:#71C671;
}
.c3{
    color:  #00F5FF;
}
.c4{
    color:#00EE00;
}
```

在 IE 11.0 浏览器中浏览效果如图 3-12 所示，可以看到每个字显示不同的颜色。

图 3-11 定义背景图片宽度

图 3-12 定义字体颜色

## 3.4 大神解惑

小白：CSS 定义的字体在不同浏览器中显示的大小不一样，怎么办？

大神：例如，使用 font-size:14px 定义的宋体文字，在 IE 浏览器下实际高度是 16px，下空白是 3px，在 Firefox 浏览器下实际高度是 17px、上空 1px、下空 3px。其解决办法是在文字定义时设定 line-height，并确保所有文字都有默认的 line-height 值。

小白：如何下载网页中的 CSS 文件？

大神：下面以在 IE 11.0 浏览器中下载 CSS 文件为例进行讲解。

在网页上选择【查看】|【源】菜单命令，即可打开该网页的源代码。在源代码中即可寻找 CSS 文件，然后下载即可。

注意：大多数 CSS 文件的地址是相对地址。例如：

```
<link href="/index.css" rel="stylesheet" type="text/css">
```

这里的 index.css 就是 CSS 文件，需要在打开网页的网址后面加"/index.css"，即可得到该文件的下载地址。

## 3.5　跟我练练手

练习 1：对 CSS 进行注释操作。

练习 2：使用标签选择器控制文本的颜色和大小。

练习 3：使用类选择器控制文本的颜色和大小。

练习 4：使用 ID 选择器控制文本的颜色和大小。

练习 5：制作一个网站 Logo 效果。

# 第 II 篇

# 核 心 技 术

# 第 4 章
## 设计网页字体
## 与段落样式

常见的网站、博客通常使用文字或图片来阐述自己的观点，其中文字是传递信息的主要手段。而美观大方的网站或者博客，需要使用 CSS 样式修饰。设置文本样式是 CSS 技术的基本功能。

**本章要点(已掌握的在方框中打钩)**

☐ 掌握 CSS 美化字体样式的方法
☐ 掌握 CSS3 中新增的文本高级样式标记的使用方法
☐ 掌握通过 CSS 控制文本间距与对齐方式的方法
☐ 掌握设置网页标题的方法
☐ 掌握制作新闻页面的方法

网站开发案例课堂

# 4.1 美化字体样式

在 HTML 中，CSS 字体属性用于定义文字的字体、大小、粗细的表现等。常见的字体属性包括字体、字号、字体风格、字体颜色等。

## 4.1.1 案例 1——控制字体类型

font-family 属性用于指定文字字体类型，例如宋体、黑体、隶书、Times New Roman 等，即在网页中，展示字体不同的形状。具体的语法如下所示。

```
{font-family : name}
{font-family : cursive | fantasy | monospace | serif | sans-serif}
```

从语法格式可以看出，font-family 有两种声明方式。第一种声明方式使用 name 字体名称，按优先顺序排列，以逗号隔开。如果字体名称包含空格，则应使用引号括起。在 CSS3 中，比较常用的是第一种声明方式。第二种声明方式使用所列出的字体序列名称。如果使用 fantasy 序列，将提供默认字体序列。

【例 4.1】(案例文件：ch04\4.1.html)

```
<!DOCTYPE html>
<html>
<style type=text/css>
p{font-family:黑体}
</style>
<body>
<p align=center>天行健，君子应自强不息。</p>
</body>
</html>
```

在 IE 11.0 浏览器中浏览效果如图 4-1 所示，可以看到文字居中并以黑体显示。

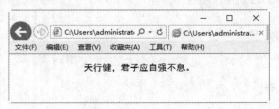

图 4-1　字形显示

　　　　在设计页面时，一定要考虑字体的显示问题，为了保证页面能达到预期的显示效果，最好提供多种字体类型，而且最好以最基本的字体类型作为最后一个。

其样式设置如下所示。

```
p
{
  font-family:华文彩云,黑体,宋体
}
```

当 font-family 属性值中的字体类型由多个字符串和空格组成时，如 Times New Roman，那么，该值就需要使用双引号引起来。

```
p
{
  font-family: "Times New Roman"
}
```

## 4.1.2　案例 2——定义字体大小

在 CSS3 新规定中，通常使用 font-size 设置文字大小。其语法格式如下所示。

```
{font-size : 数值| inherit | xx-small | x-small | small | medium | large |
x-large | xx-large | larger | smaller | length}
```

其中，可以通过数值来定义字体大小，例如用 font-size:10px 的方式定义字体大小为 12 像素。此外，还可以通过 medium 之类的参数定义字体的大小，其参数含义如表 4-1 所示。

表 4-1　font-size 参数列表

| 参　数 | 说　明 |
| --- | --- |
| xx-small | 绝对字体尺寸。根据对象字体进行调整。最小 |
| x-small | 绝对字体尺寸。根据对象字体进行调整。较小 |
| small | 绝对字体尺寸。根据对象字体进行调整。小 |
| medium | 默认值。绝对字体尺寸。根据对象字体进行调整。正常 |
| large | 绝对字体尺寸。根据对象字体进行调整。大 |
| x-large | 绝对字体尺寸。根据对象字体进行调整。较大 |
| xx-large | 绝对字体尺寸。根据对象字体进行调整。最大 |
| larger | 相对字体尺寸。相对于父对象中字体尺寸进行相对增大。使用成比例的 em 单位计算 |
| smaller | 相对字体尺寸。相对于父对象中字体尺寸进行相对减小。使用成比例的 em 单位计算 |
| length | 百分数或由浮点数字和单位标识符组成的长度值，不可为负值。其百分比取值是基于父对象中字体的尺寸 |

【例 4.2】(案例文件：ch04\4.2.html)

```
<!DOCTYPE html>
<html>
<body>
<div style="font-size:10pt">停车坐爱枫林晚，霜叶红于二月花。
    <p style="font-size:small">停车坐爱枫林晚，霜叶红于二月花。</p>
    <p style="font-size:larger">停车坐爱枫林晚，霜叶红于二月花。</p>
    <p style="font-size:x-small">停车坐爱枫林晚，霜叶红于二月花。</p>
    <p style="font-size:x-larger">停车坐爱枫林晚，霜叶红于二月花。</p>
    <p style="font-size:50%">停车坐爱枫林晚，霜叶红于二月花。</p>
    <p style="font-size:25pt">停车坐爱枫林晚，霜叶红于二月花。</p>
</div>
</body>
</html>
```

在 IE 11.0 浏览器中浏览效果如图 4-2 所示，可以看到网页中文字被设置成不同的大小，其设置方式采用了绝对数值、关键字和百分比等形式。

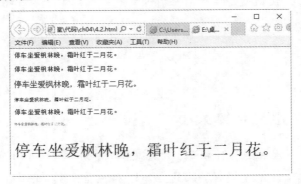

图 4-2　字体大小显示

在上面的例子中，**font-size** 字体大小为 50%时，其比较对象是上一级标签中的 10pt。同样，我们还可以使用 inherit 值，直接继承上级标记的字体大小。例如：

```
<div style="font-size:50pt">上级标记
 <p style="font-size: inherit ">继承</p>
</div>
```

## 4.1.3　案例 3——定义字体风格

**font-style** 通常用来定义字体风格，即字体的显示样式。在 CSS3 新规定中，语法格式如下所示。

```
font-style : normal | italic | oblique |inherit
```

其属性值有四个，具体含义如表 4-2 所示。

表 4-2　font-style 参数表

| 属 性 值 | 含　义 |
| --- | --- |
| normal | 默认值。浏览器显示一个标准的字体样式 |
| italic | 浏览器会显示一个斜体的字体样式 |
| oblique | 对没有斜体变量的特殊字体，浏览器会显示一个倾斜的字体样式 |
| inherit | 规定应该从父元素继承字体样式 |

【例 4.3】(案例文件：ch04\4.3.html)

```
<!DOCTYPE html>
<html>
<body>
 <p style="font-style:italic">梅花香自苦寒来</p>
 <p style="font-style:normal">梅花香自苦寒来</p>
 <p style="font-style:oblique">梅花香自苦寒来</p>
</body>
</html>
```

在 IE 11.0 浏览器中浏览效果如图 4-3 所示，可以看到文字分别显示不同的样式，例如斜体。

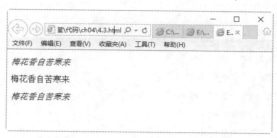

图 4-3　字体风格显示

## 4.1.4　案例 4——控制文字的粗细

通过 CSS3 中的 font-weight 属性可以定义字体的粗细程度，其语法格式如下所示。

```
{font-weight:100-900|bold|bolder|lighter|normal}
```

font-weight 属性有 13 个有效值，分别是 bold、bolder、lighter、normal、100~900。如果没有设置该属性，则使用其默认值 normal。属性值设置为 100~900，值越大，加粗的程度就越高。其具体含义如表 4-3 所示。

表 4-3　font-weight 属性表

| 属 性 值 | 描　述 |
| --- | --- |
| bold | 定义粗体字体 |
| bolder | 定义更粗的字体，相对值 |
| lighter | 定义更细的字体，相对值 |
| normal | 默认，标准字体 |

浏览器默认的字体粗细是 400，另外，也可以通过参数 lighter 和 bolder 使得字体在原有基础上显得更细或更粗。

【例 4.4】(案例文件：ch04\4.4.html)

```
<!DOCTYPE html>
<html>
<body>
  <p style="font-weight:bold">梅花香自苦寒来(bold)</p>
  <p style="font-weight:bolder">梅花香自苦寒来(bolder)</p>
  <p style="font-weight:lighter">梅花香自苦寒来(lighter)</p>
  <p style="font-weight:normal">梅花香自苦寒来(normal)</p>
  <p style="font-weight:100">梅花香自苦寒来(100)</p>
  <p style="font-weight:400">梅花香自苦寒来(400)</p>
  <p style="font-weight:900">梅花香自苦寒来(900)</p>
</body>
</html>
```

在 IE 11.0 浏览器中浏览效果如图 4-4 所示,可以看到文字显示出不同的加粗效果,其中使用了关键字加粗和数值加粗。

图 4-4　字体粗细显示

## 4.1.5　案例 5——将小写字母转为大写字母

font-variant 属性设置大写字母的字体显示文本,这意味着所有的小写字母均会被转换为大写,但是所有使用大写字体的字母与其余文本相比,其字体尺寸更小。在 CSS3 中,其语法格式如下所示。

```
font-variant : normal | small-caps |inherit
```

font-variant 有三个属性值,分别是 normal、small-caps 和 inherit。其具体含义如表 4-4 所示。

表 4-4　font-variant 属性表

| 属 性 值 | 说　明 |
| --- | --- |
| normal | 默认值。浏览器会显示一个标准的字体 |
| small-caps | 浏览器会显示小型大写字母的字体 |
| inherit | 规定应该从父元素继承 font-variant 属性的值 |

【例 4.5】(案例文件:ch04\4.5.html)

```
<!DOCTYPE html>
<html>
<body>
<p style="font-variant:normal">Happy BirthDay to You</p>
<p style="font-variant:small-caps">Happy BirthDay to You</p>
</body>
</html>
```

在 IE 11.0 浏览器中浏览效果如图 4-5 所示,可以看到字母以大写形式显示。

通过对图 4-5 中两个属性值产生的效果进行比较可以看到,设置为 normal 属性值的文本以正常文本显示,而设置为 small-caps 属性值的文本中有稍大的大写字母,也有小的大写字母，也就是说，使用了 small-caps 属性值的段落文本全部变成了大写，只是大写字母的尺寸不同。

图 4-5　字母大小写转换

### 4.1.6　案例6——设置字体的复合属性

在设计网页时，为了使网页布局合理且文本规范，字体设计时需要使用多种属性，例如定义字体粗细，并定义字体大小。但是，多个属性分别书写相对比较麻烦，CSS3 样式表提供的 font 属性就解决了这一问题。

font 属性可以一次性地使用多个属性的属性值定义文本字体。其语法格式如下所示。

`{font:font-style font-variant font-weight font-size font-family}`

font 属性中的属性排列顺序是 font-style、font-variant、font-weight、font-size 和 font-family，各属性的属性值之间使用空格隔开，但是，如果 font-family 属性要定义多个属性值，则需使用逗号(,)隔开。

 属性排列中，font-style、font-variant 和 font-weight 这三个属性值是可以自由调换的。而 font-size 和 font-family 则必须按照固定的顺序出现，而且还必须都出现在 font 属性中。如果这两者的顺序不对，或缺少一个，那么，整条样式规则可能会被忽略。

**【例 4.6】**(案例文件：ch04\4.6.html)

```
<!DOCTYPE html>
<html>
<style type=text/css>
p{
    font:normal small-caps bolder 20pt "Cambria","Times New Roman",宋体
}
</style>
<body>
<p>
众里寻他千百度，蓦然回首，那人却在灯火阑珊处。
</p>
</body>
</html>
```

在 IE 11.0 浏览器中浏览效果如图 4-6 所示，可以看到文字被设置成宋体并加粗。

图 4-6  复合属性 font 显示

## 4.1.7  案例 7——定义文字的颜色

在 CSS3 样式中，通常使用 color 属性来设置颜色。其属性值通常使用如表 4-5 所示的方式设定。

表 4-5  color 属性值

| 属 性 值 | 说　明 |
|---|---|
| color_name | 规定颜色值为颜色名称的颜色(例如 red) |
| hex_number | 规定颜色值为十六进制值的颜色(例如#ff0000) |
| rgb_number | 规定颜色值为 RGB 代码的颜色(例如 rgb(255,0,0)) |
| inherit | 规定应该从父元素继承颜色 |
| hsl_number | 规定颜色值为 HSL 代码的颜色(例如 hsl(0,75%,50%))，此为 CSS3 新增加的颜色表现方式 |
| hsla_number | 规定颜色值为 HSLA 代码的颜色(例如 hsla(120,50%,50%,1))，此为 CSS3 新增加的颜色表现方式 |
| rgba_number | 规定颜色值为 RGBA 代码的颜色(例如 rgba(125,10,45,0.5))，此为 CSS3 新增加的颜色表现方式 |

【例 4.7】(案例文件：ch04\4.7.html)

```
<!DOCTYPE html>
<html>
<head>
<style type="text/css">
body {color:red}
h1 {color:#00ff00}
p.ex {color:rgb(0,0,255)}
p.hs{color:hsl(0,75%,50%)}
p.ha{color:hsla(120,50%,50%,1)}
p.ra{color:rgba(125,10,45,0.5)}
</style>
</head>
<body>
<h1>《青玉案 元夕》</h1>
<p>众里寻他千百度，蓦然回首，那人却在灯火阑珊处。
```

```
</p>
<p class="ex">众里寻他千百度，蓦然回首，那人却在灯火阑珊处。(该段落定义了
class="ex"。该段落中的文本是蓝色的。)</p>
<p class="hs">众里寻他千百度，蓦然回首，那人却在灯火阑珊处。(此处使用了 CSS3 中的新增加
的 HSL 函数，构建颜色。)</p>
<p class="ha">众里寻他千百度，蓦然回首，那人却在灯火阑珊处。(此处使用了 CSS3 中的新增加
的 HSLA 函数，构建颜色。)</p>
<p class="ra">众里寻他千百度，蓦然回首，那人却在灯火阑珊处。(此处使用了 CSS3 中的新增加
的 RGBA 函数，构建颜色。)</p>
</body>
</html>
```

在 IE 11.0 浏览器中浏览效果如图 4-7 所示，可以看到文字以不同颜色显示，并采用了不同的颜色取值方式。

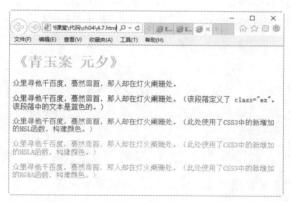

图 4-7　color 属性显示

# 4.2　CSS3 中新增的文本高级样式

对于一些特殊要求的文本，例如文字存在阴影、字体种类发生变化，如果再使用上面所介绍的 CSS 样式进行定义，其结果就不会正确显示，这时就需要一些特定的 CSS 标记来实现这些要求。

## 4.2.1　案例 8——添加文本的阴影效果

在显示字体时，有时根据需求，需要给出文字的阴影效果，以增强网页整体的吸引力，并且为文字阴影添加颜色。这时就需要用到 CSS3 样式中的 text-shadow 属性。实际上，在 CSS2.1 中，W3C 就已经定义了 text-shadow 属性，但在 CSS3 中又重新定义了它，并增加了不透明度效果。其语法格式如下所示。

```
{text-shadow : none | <length> none | [<shadow>, ] * <opacity> 或 none |
<color> [, <color> ]* }
```

其属性值如表 4-6 所示。

表 4-6　text-shadow 属性值

| 属 性 值 | 说 明 |
|---|---|
| <color> | 指定颜色 |
| <length> | 由浮点数字和单位标识符组成的长度值。可为负值。指定阴影的水平延伸距离 |
| <opacity> | 由浮点数字和单位标识符组成的长度值。不可为负值。 指定模糊效果的作用距离。如果仅仅需要模糊效果，可将前两个 length 全部设定为 0 |

　　text-shadow 属性有四个属性值，最后两个是可选的，第一个属性值表示阴影的水平位移，可取正负值；第二个值表示阴影垂直位移，可取正负值；第三个值表示阴影模糊半径，该值可选；第四个值表示阴影颜色值，该值可选。如下所示。

```
text-shadow:阴影水平偏移值(可取正负值)；阴影垂直偏移值(可取正负值)；阴影模糊值；阴影颜色
```

【例 4.8】(案例文件：ch04\4.8.html)

```html
<!DOCTYPE html>
<html>
<body>
<p align=center style="text-shadow:0.1em 2px 6px blue;font-size:80px;">这是
TextShadow 的阴影效果</p>
</body>
</html>
```

　　在 IE 11.0 浏览器中浏览效果如图 4-8 所示，可以看到文字居中并带有阴影效果。

图 4-8　阴影显示结果

　　通过上面的案例，可以看出阴影偏移由两个 length 值指定到文本的距离。第一个长度值指定到文本右边的水平距离，负值会把阴影放置在文本左边。第二个长度值指定到文本下边的垂直距离，负值会把阴影放置在文本上方。在阴影偏移之后，可以指定一个模糊半径。

### 4.2.2　案例 9——设置文本溢出效果

　　text-overflow 属性用来定义当文本溢出时是否显示省略标记，即定义省略文本的处理方式，并不具备其他样式属性定义。要实现溢出时产生省略号的效果还需定义：强制文本在一行内显示(white-space:nowrap)及溢出内容为隐藏(overflow:hidden)，只有这样才能实现溢出文本显示省略号的效果。

text-overflow 语法如下所示。

```
text-overflow : clip | ellipsis
```

其属性值含义如表 4-7 所示。

表 4-7　text-overflow 属性表

| 属 性 值 | 说　　明 |
| --- | --- |
| clip | 不显示省略标记(...)，而是简单的裁切 |
| ellipsis | 当对象内文本溢出时显示省略标记(...) |

【例 4.9】(案例文件：ch04\4.9.html)

```html
<!DOCTYPE html>
<html>
<body>
<style type="text/css">
 .test_demo_clip{text-overflow:clip; overflow:hidden; white-space:nowrap;
width:200px; background:#ccc;}
 .test_demo_ellipsis{text-overflow:ellipsis; overflow:hidden; white-
space:nowrap; width:200px; background:#ccc;}
</style>
<h2>text-overflow : clip </h2>
 <div class="test_demo_clip">
 不显示省略标记，而是简单的裁切条
</div>
<h2>text-overflow : ellipsis </h2>
 <div class="test_demo_ellipsis">
 显示省略标记，不是简单的裁切条
</div>
</body>
</html>
```

在 IE 11.0 浏览器中浏览效果如图 4-9 所示，可以看到文字在指定位置被裁切，但 ellipsis 属性被执行，以省略号形式出现。

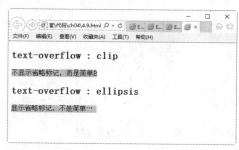

图 4-9　文本省略处理

### 4.2.3　案例 10——控制文本的换行

当在一个指定区域显示一整行文字时，如果文字在一行显示不完时，需要进行换行。如果不进行换行，则会超出指定区域范围，此时我们可以采用 CSS3 中新增加的 **word-wrap** 文本样式，来控制文本换行。

word-wrap 语法格式如下所示。

```
word-wrap : normal | break-word
```

其属性值含义比较简单，如表 4-8 所示。

表 4-8　word-wrap 属性表

| 属 性 值 | 说 明 |
| --- | --- |
| normal | 控制连续文本换行 |
| break-word | 内容将在边界内换行。如果需要，词内换行(word-break)也会发生 |

【例 4.10】(案例文件：ch04\4.10.html)

```
<!DOCTYPE html>
<html>
<body>
<style type="text/css">
    div{ width:300px;word-wrap:break-word;border:1px solid #999999;}
</style>
<div>wordwrapbreakwordwordwrapbreakwordwordwrapbreakwordwordwrapbreakword
</div><br>
        <div>全中文的情况，全中文的情况，全中文的情况全中文的情况全中文的情况
</div><br>
        <div>This is all English,This is all English,This is all
English,This is all English,</div>
</body>
</html>
```

在 IE 11.0 浏览器中浏览效果如图 4-10 所示，可以看到文字在指定位置被控制换行。

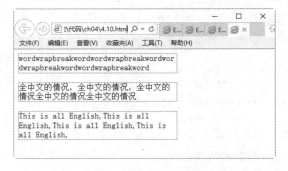

图 4-10　文本强制换行

可以看出，word-wrap 属性可以控制换行，当属性取值 break-word 时，将强制换行，中文文本没有任何问题，英文语句也没有任何问题。但是对于长串的英文就不起作用了，也就是

说，break-word 属性用于控制是否断词，而不是断字符。

## 4.2.4 案例 11——设置字体尺寸

有时候在同一行的文字，由于所采用的字体种类不一样或者修饰样式不一样，而导致其字体尺寸即显示大小不一样，整行文字看起来杂乱。此时需要 CSS3 的属性标签 font-size-adjust 处理。

font-size-adjust 用来定义整个字体序列中，所有字体的大小是否保持同一个尺寸。其语法格式如下所示。

```
font-size-adjust : none | number
```

其属性值含义如表 4-9 所示。

表 4-9 font-size-adjust 属性表

| 属 性 值 | 说 明 |
| --- | --- |
| none | 默认值。允许字体序列中每一字体遵守自己的尺寸 |
| number | 为字体序列中所有字体强制指定同一尺寸 |

【例 4.11】(案例文件：ch04\4.11 html)

```
<!DOCTYPE html>
<html>
 <style>
  .big { font-family: sans-serif; font-size: 40pt; }
  .a { font-family: sans-serif; font-size: 15pt; font-size-adjust: 1; }
  .b { font-family: sans-serif; font-size: 30pt; font-size-adjust: 0.5; }
 </style>
<body>
 <p class="big"><span class="b">厚德载物</span></p>
 <p class="big"><span class="a">厚德载物</span></p>
</body>
</html>
```

在 IE 11.0 浏览器中浏览效果如图 4-11 所示，可以看到同一行的字体大小相同。

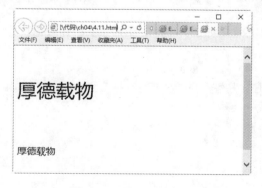

图 4-11 尺寸一致显示

## 4.3 通过 CSS 控制文本间距与对齐方式

网页由文字组成，而用来表达同一个意思的多个文字组合，可以称为段落。段落是文章的基本单位，同样也是网页的基本单位。段落的放置与效果的显示会直接影响到页面的布局及风格。CSS 样式表提供了文本属性来实现对页面中段落文本的控制。

### 4.3.1 案例 12——设置单词之间的间隔

单词之间的间隔如果设置合理，不但能节省整个网页布局空间，还可以给人赏心悦目的感觉，提高访问率。在 CSS 中，可以使用 word-spacing 属性直接定义指定区域或者段落中字符之间的间隔。

word-spacing 属性用于设定词与词之间的间距，即增加或者减少词与词之间的间隔。其语法格式如下所示。

```
word-spacing : normal | length
```

其中属性值 normal 和 length 的含义如表 4-10 所示。

表 4-10　单词间隔属性表

| 属 性 值 | 说　明 |
| --- | --- |
| normal | 默认值，定义单词之间的标准间隔 |
| length | 定义单词之间的固定空间，可以接受正值或负值 |

【例 4.12】(案例文件：ch04\4.12.html)

```
<!DOCTYPE html>
<html>
<body>
<p style="word-spacing:normal">Welcome to my home</p>
<p style="word-spacing:15px">Welcome to my home</p>
<p style="word-spacing:15px">欢迎来到我家</p>
</body>
</html>
```

在 IE 11.0 浏览器中浏览效果如图 4-12 所示，可以看到段落中单词以不同间隔显示。

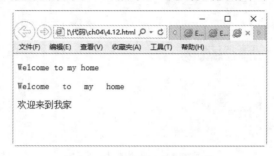

图 4-12　设定单词间隔显示

从上面的显示结果可以看出，word-spacing 属性不能用于设定文字之间的间隔。

## 4.3.2　案例13——设置字符之间的间隔

在一个网页中，词与词之间可以通过 word-spacing 进行设置，那么字符之间使用什么设置呢？在 CSS3 中，可以通过 letter-spacing 来设置字符文本之间的距离。即在文本字符之间插入多少空间，这里允许使用负值，这会让字母之间更加紧凑。其语法格式如下所示。

```
letter-spacing : normal | length
```

其属性值含义如表 4-11 所示。

表 4-11　字符间隔属性表

| 属 性 值 | 说 明 |
| --- | --- |
| normal | 默认间隔，即以字符之间的标准间隔显示 |
| length | 由浮点数字和单位标识符组成的长度值，允许为负值 |

【例 4.13】(案例文件：ch04\4.13.html)

```
<!DOCTYPE html>
<html>
<body>
<p style="letter-spacing:normal">Welcome to my home</p>
<p style="letter-spacing:5px">Welcome to my home</p>
<p style="letter-spacing:1ex">这里的字间距是1ex</p>
<p style="letter-spacing:-1ex">这里的字间距是-1ex</p>
<p style="letter-spacing:1em">这里的字间距是1em</p>
</body>
</html>
```

在 IE 11.0 浏览器中浏览效果如图 4-13 所示，可以看到字符间距以不同大小显示。

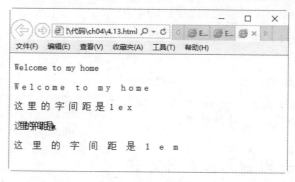

图 4-13　字符间距效果

从上述代码中可以看出，通过 letter-spacing 定义了多个字符间距的效果，特别注意，当设置的字间距是-1ex 时，文字就会重叠。

### 4.3.3 案例 14——为文本添加下画线、上画线、删除线

在 CSS3 中，text-decoration 属性用于文本修饰，该属性可以为页面提供多种文本修饰效果，例如，下画线、删除线、闪烁等。

text-decoration 属性语法格式如下所示。

```
text-decoration:none|underline|blink|overline|line-through
```

其属性值含义如表 4-12 所示。

表 4-12 text-decoration 属性值

| 属 性 值 | 说 明 |
| --- | --- |
| none | 默认值，对文本不进行任何修饰 |
| underline | 下画线 |
| overline | 上画线 |
| line-through | 删除线 |
| blink | 闪烁 |

【例 4.14】(案例文件：ch04\4.14.html)

```
<!DOCTYPE html>
<html>
<body>
 <p style="text-decoration:none">采得百花成蜜后，为谁辛苦为谁甜？</p>
 <p style="text-decoration:underline">采得百花成蜜后，为谁辛苦为谁甜？</p>
 <p style="text-decoration:overline">采得百花成蜜后，为谁辛苦为谁甜？</p>
 <p style="text-decoration:line-through">采得百花成蜜后，为谁辛苦为谁甜？</p>
 <p style="text-decoration:blink">采得百花成蜜后，为谁辛苦为谁甜？</p>
</body>
</html>
```

打开 IE 11.0 浏览器，其显示效果如图 4-14 所示。可以看到段落中出现了下画线、上画线和删除线等。

 blink(闪烁)效果只有 Mozilla 和 Netscape 浏览器支持，而 IE 和其他浏览器（如 Opera）都不支持该效果。

### 4.3.4 案例 15——设置垂直对齐方式

在 CSS 中，可以直接使用 vertical-align 属性设置垂直对齐方式。该属性定义行内元素的基线相对于该元素所在行的基线的垂直对齐。允许指定负长度值和百分比值，这会使元素降低而不是升高。在表单元格中，这个属性用于设置

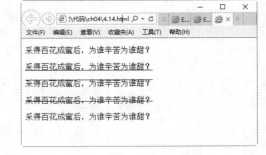

图 4-14 文本修饰显示

单元格中的单元格内容的对齐方式。

vertical-align 属性语法格式如下所示。

```
{vertical-align:属性值}
```

vertical-align 属性值有 9 个预设值可使用，也可以使用百分比。这 9 个预设值和百分比的含义如表 4-13 所示。

表 4-13  vertical-align 属性值

| 属 性 值 | 说　　明 |
|---|---|
| baseline | 默认值。元素放置在父元素的基线上 |
| sub | 垂直对齐文本的下标 |
| super | 垂直对齐文本的上标 |
| top | 把元素的顶端与行中最高元素的顶端对齐 |
| text-top | 把元素的顶端与父元素字体的顶端对齐 |
| middle | 把此元素放置在父元素的中部 |
| bottom | 把元素的顶端与行中最低的元素的顶端对齐 |
| text-bottom | 把元素的底端与父元素字体的底端对齐 |
| length | 设置元素的堆叠顺序 |
| % | 使用 line-height 属性的百分比值来排列此元素。允许使用负值 |

【例 4.15】(案例文件：ch04\4.15.html)

```
<!DOCTYPE html>
<html>
<body>
<p>
    世界杯<b style="font-size:8pt;vertical-align:super">2014</b>!
    中国队<b style="font-size:8pt;vertical-align:sub">[注]</b>!
    加油! <img src="1.gif" style="vertical-align:baseline">
</p>
<p><img src="2.gif" style="vertical-align:middle"/>
    世界杯! 中国队! 加油! <img src="1.gif" style="vertical-align:top">
</p>
<hr/>
<p><img src="2.gif" style="vertical-align:middle"/>
    世界杯! 中国队! 加油! <img src="1.gif" style="vertical-align:text-top">
</p>
<p><img src="2.gif" style="vertical-align:middle"/>
    世界杯! 中国队! 加油! <img src="1.gif" style="vertical-align:bottom">
</p>
<hr/>
<p><img src="2.gif" style="vertical-align:middle"/>
    世界杯! 中国队! 加油! <img src="1.gif" style="vertical-align:text-bottom">
</p>
<p>
    世界杯<b style="font-size:8pt;vertical-align:100%">2008</b>!
    中国队<b style="font-size:8pt;vertical-align:-100%">[注]</b>!
```

```
    加油! <img src="1.gif" style="vertical-align: baseline">
</p>
</body>
</html>
```

在 IE 11.0 浏览器中浏览效果如图 4-15 所示，可以看到文字在垂直方向以不同的对齐方式显示。

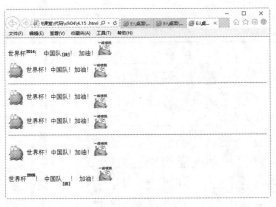

图 4-15　垂直对齐显示

从上面案例中可以看出，上下标在页面中的数学运算或注释标号使用得比较多。顶端对齐有两种参照方式，一种是参照整个文本块，另一种是参照文本。底部对齐同顶端对齐方式相同，分别参照文本块和文本块中包含的文本。

 vertical-align 属性值还能使用百分比来设定垂直高度，该高度具有相对性，它是基于行高的值来计算的。而且百分比还能使用正负号，正百分比使文本上升，负百分比使文本下降。

### 4.3.5　案例 16——转换文本的大小写

根据需要，将小写字母转换为大写字母，或者将大写字母转换为小写字母，在文本编辑中都是很常见的。在 CSS 样式中，text-transform 属性可用于设置文本字体的大小写转换。text-transform 属性语法格式如下所示。

```
text-transform : none | capitalize | uppercase | lowercase
```

其属性值含义如表 4-14 所示。

表 4-14　text-transform 的属性值

| 属 性 值 | 说　　明 |
| --- | --- |
| none | 无转换发生 |
| capitalize | 将每个单词的第一个字母转换成大写，其余无转换发生 |
| uppercase | 转换成大写 |
| lowercase | 转换成小写 |

因为文本转换属性仅作用于字母型文本，相对来说比较简单。

【例 4.16】(案例文件：ch04\4.16.html)

```
<!DOCTYPE html>
<html>
<body style="font-size:15pt; font-weight:bold">
  <p style="text-transform:none">welcome to home</p>
  <p style="text-transform:capitalize">welcome to home</p>
  <p style="text-transform:lowercase">WELCOME TO HOME</p>
  <p style="text-transform:uppercase">welcome to home</p>
</body>
</html>
```

在 IE 11.0 浏览器中浏览效果如图 4-16 所示，可以看到大小写字母转换显示。

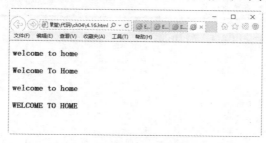

图 4-16　大小写字母转换显示

## 4.3.6　案例 17——设置文本的水平对齐方式

一般情况下，居中对齐适用于标题类文本，其他对齐方式可以根据页面布局来选择使用。根据需要，可以设置多种对齐，例如水平方向上的居中、左对齐、右对齐或者两端对齐等。在 CSS 中，可以通过 text-align 属性进行设置。

text-align 属性用于定义对象文本的对齐方式，与 CSS2.1 相比，CSS3 增加了 start、end 和 string 属性值。text-align 语法格式如下所示。

```
{ text-align: sTextAlign }
```

其属性值含义如表 4-15 所示。

在新增加的属性值中，start 和 end 属性值主要是针对行内元素的，即在包含元素的头部或尾部显示；而<string>属性值主要用于表格单元格中，将根据某个指定的字符对齐。

表 4-15　text-align 属性表

| 属 性 值 | 说 明 |
| --- | --- |
| start | 文本向行的开始边缘对齐 |
| end | 文本向行的结束边缘对齐 |
| left | 文本向行的左边缘对齐。在垂直方向的文本中，文本在 left-to-right 模式下向开始边缘对齐 |

续表

| 属 性 值 | 说 明 |
|---|---|
| right | 文本向行的右边缘对齐。在垂直方向的文本中，文本在 left-to-right 模式下向结束边缘对齐 |
| center | 文本在行内居中对齐 |
| justify | 文本根据 text-justify 的属性设置方法分散对齐。即两端对齐，均匀分布 |
| match-parent | 继承父元素的对齐方式，但有个例外：继承的 start 或者 end 值是根据父元素的 direction 值进行计算的，因此计算的结果可能是 left 或者 right |
| <string> | string 是一个单个的字符，否则，就忽略此设置。按指定的字符进行对齐。此属性可以跟其他关键字同时使用，如果没有设置字符，则默认值是 end 方式 |
| inherit | 继承父元素的对齐方式 |

【例 4.17】(案例文件：ch04\4.17.html)

```
<!DOCTYPE html>
<html>
<body>
<h1 style="text-align:center">登幽州台歌</h1>
<h3 style="text-align:left">选自：</h3>
<h3 style="text-align:right">
  <img src="1.gif" />
  唐诗三百首</h3>
<p style="text-align:justify">
  前不见古人
  后不见来者
  (这是一个测试，这是一个测试，这是一个测试，)
</p>
<p style="text-align:start">念天地之悠悠</p>
<p style="text-align:end">独怆然而涕下</p>
</body>
</html>
```

在 IE 11.0 浏览器中浏览效果如图 4-17 所示，可以看到文字在水平方向上以不同的对齐方式显示。

图 4-17　对齐效果

 text-align 属性只能用于文本块，而不能直接应用到图像标记<img>。如果要使图像同文本一样应用对齐方式，那么就必须将图像包含在文本块中。如上例，由于向右对齐方式作用于<h3>标记定义的文本块，图像包含在文本块中，所以图像能够同文本一样向右对齐。

提示
CSS 只能定义两端对齐方式，并按要求显示，但对于具体的两端对齐文本如何分配字体空间以实现文本左右两边均对齐，CSS 并不规定。这就需要设计者自行定义了。

## 4.3.7  案例18——设置文本的缩进效果

在普通段落中，通常首行缩进两个字符，用来表示这是一个段落的开始。同样在网页的文本编辑中可以通过指定属性来控制文本缩进。CSS 的 text-indent 属性就是用来设定文本块中首行的缩进。

text-indent 属性语法格式如下所示。

```
text-indent : length
```

其中，length 属性值表示百分比数字或由浮点数字和单位标识符组成的长度值，允许为负值。可以这样认为，text-indent 属性可以定义两种缩进方式，一种是直接定义缩进的长度，另一种是定义缩进百分比。使用该属性，HTML 任何标记都可以让首行以给定的长度或百分比缩进。

【例 4.18】(案例文件：ch04\4.18.html)

```
<!DOCTYPE html>
<html>
<body>
<p style="text-indent:10mm">
    此处直接定义长度，直接缩进。
</p>
<p style="text-indent:10%">
  此处使用百分比，进行缩进。
</p>
</body>
</html>
```

在 IE 11.0 浏览器中浏览效果如图 4-18 所示，可以看到文字以首行缩进方式显示。

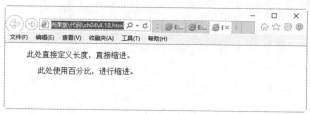

图 4-18  缩进显示效果

如果上级标记定义了 text-indent 属性，那么子标记可以继承其上级标记的缩进长度。

## 4.3.8  案例19——设置文本的行高

在 CSS 中，line-height 属性用来设置行间距，即行高。其语法格式如下所示。

```
line-height : normal | length
```

其属性值的具体含义如表 4-16 所示。

表 4-16  行高属性值

| 属 性 值 | 说 明 |
|---|---|
| normal | 默认行高，即网页文本的标准行高 |
| length | 百分比数字或由浮点数字和单位标识符组成的长度值，允许为负值。其百分比取值是基于字体的高度尺寸 |

【例 4.19】(案例文件：ch04\4.19.html)

```html
<!DOCTYPE html>
<html>
<body>
  <div style="text-indent:10mm;">
    <p style="line-height:50px">
        世界杯(World Cup, FIFA World Cup)，国际足联世界杯，世界足球锦标赛是世界上最高
水平的足球比赛，与奥运会、F1 并称为全球三大顶级赛事。
    </p>    <p style="line-height:50%">
        世界杯(World Cup, FIFA World Cup)，国际足联世界杯，世界足球锦标赛是世界上最高
水平的足球比赛，与奥运会、F1 并称为全球三大顶级赛事。
    </p>
  </div>
</body>
</html>
```

在 IE 11.0 浏览器中浏览效果如图 4-19 所示，可以看到有段文字重叠在一起，即行高设置较小。

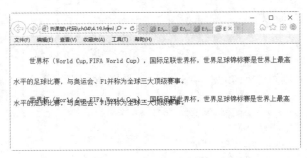

图 4-19   设定文本行高显示效果

## 4.3.9  案例 20——文本的空白处理

在 CSS 中，white-space 属性用于设置对象内空格字符的处理方式。与 CSS2.1 相比，CSS3 新增了两个属性值。white-space 属性对文本的显示有着重要的影响。在标记上应用 white-space 属性可以影响浏览器对字符串或文本间空白的处理方式。

white-space 属性语法格式如下所示。

```
white-space : normal | pre | nowrap | pre-wrap | pre-line | inherit
```

其属性值含义如表 4-17 所示。

表 4-17　空白属性值

| 属 性 值 | 说　明 |
|---|---|
| normal | 默认值。空白会被浏览器忽略 |
| pre | 空白会被浏览器保留。其行为方式类似 HTML 中的 <pre> 标签 |
| nowrap | 文本不会换行，文本会在同一行上继续存在，直到遇到 <br> 标签为止 |
| pre-wrap | 保留空白符序列，但是正常地进行换行 |
| pre-line | 合并空白符序列，但是保留换行符 |
| inherit | 规定应该从父元素继承 white-space 属性的值 |

【例 4.20】(案例文件：ch04\4.20.html)

```
<!DOCTYPE html>
<html>
<body>
  <h1 style="color:red; text-align:center;white-space:pre">蜂 蜜 的 功 效 与
作 用! </h1>
  <div>
    <p style="white-space:nowrap;text-indent:10mm">
      蜂蜜，是昆虫蜜蜂从开花植物的花中采得的花蜜在蜂巢中酿制的蜜。<br>
蜂蜜的成分除了葡萄糖、果糖之外还含有各种维生素、矿物质和氨基酸。1千克的蜂蜜含有 2940 卡的热量。
    </p>
    <p style="white-space:pre-wrap;text-indent:10mm">
      蜂蜜的成分除了葡萄糖、果糖之外还含有各种维生素、矿物质和氨基酸。
      1 千克的蜂蜜含有 2940 卡的热量。<br/>
      蜂蜜是糖的过饱和溶液，低温时会产生结晶，生成结晶的是葡萄糖，不产生结晶的部分主要是
果糖。
    </p>
    <p style="white-space:pre-line;text-indent:10mm">
        蜂蜜的成分除了葡萄糖、果糖之外还含有各种维生素、矿物质和氨基酸。
      1 千克的蜂蜜含有 2940 卡的热量。<br/>
        蜂蜜是糖的过饱和溶液，低温时会产生结晶，生成结晶的是葡萄糖，不产生结晶的部分主要是
果糖。

    </p>
  </div>
</body>
</html>
```

在 IE 11.0 浏览器中浏览效果如图 4-20 所示，可以看到处理文字空白的不同方式。

## 4.3.10 案例 21——文本的反排

在网页文本编辑中，通常英语文档的基本方向是从左至右。如果文档中某一段的多个部分包含从右至左阅读的语言，则该语言

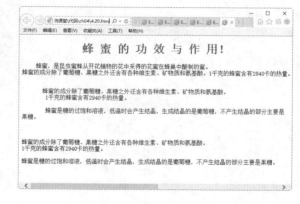

图 4-20　处理空白显示

的方向将正确地显示为从右至左。此时可以通过 CSS 提供的两个属性 unicode-bidi 和 direction 解决这个文本反排的问题。

unicode-bidi 属性语法格式如下所示。

```
unicode-bidi : normal | bidi-override | embed
```

其属性值含义如表 4-18 所示。

表 4-18　unicode-bidi 属性值

| 属 性 值 | 说　明 |
| --- | --- |
| normal | 默认值。元素不会打开一个额外的嵌入级别。对于内联元素，隐式的重新排序将跨元素边界起作用 |
| bidi-override | 与 embed 值相同，但除了这一点外，在元素内，重新排序依照 direction 属性严格按顺序进行。此值替代隐式双向算法 |
| embed | 元素将打开一个额外的嵌入级别。 direction 属性的值指定嵌入级别。重新排序在元素内是隐式进行的 |

direction 属性用于设定文本流的方向，其语法格式如下所示。

```
direction : ltr | rtl | inherit
```

其属性值含义如表 4-19 所示。

表 4-19　direction 属性值

| 属 性 值 | 说　明 |
| --- | --- |
| ltr | 文本流从左到右 |
| rtl | 文本流从右到左 |
| inherit | 文本流的值不可继承 |

【例 4.21】(案例文件：ch04\4.21.html)

```
<!DOCTYPE html>
<html>
<head>
<style type="text/css">
a {color:#000;}
</style>
</head>
<body>
<h3>文本的反排</h3>
<div style="direction:rtl; unicode-bidi:bidi-override; text-align:left">秋
风吹不尽，总是玉关情。
</div>
</body>
</html>
```

在 IE 11.0 浏览器中浏览效果如图 4-21 所示，可以看到文字以反排形式显示。

图 4-21　文本反排显示

# 4.4　综合案例 1——设置网页标题

本节创建一个网站的网页标题，主要利用了文字和段落方面的 CSS 属性。具体的操作步骤如下。

step 01　分析需求。本综合案例的要求如下：在网页的最上方显示出标题，标题下方是正文，正文部分是文字段落部分。在设计这个网页标题时，需要将网页标题加粗，并将标题居中显示。用大号字体显示标题，以便和下面的正文区分。上述要求使用 CSS 样式属性实现。其案例效果如图 4-22 所示。

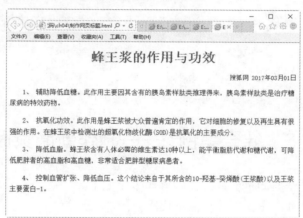

图 4-22　网页标题显示

step 02　分析布局并构建 HTML。需要创建一个 HTML 页面，并用 DIV 将页面划分为两个层，一个是网页标题层，一个是正文部分。

step 03　导入 CSS 文件。在 HTML 页面，将 CSS 文件使用 link 方式，导入到 HTML 页面中。这个 CSS 文件定义了页面的所有样式，其导入代码如下所示。

```
<link href="index.css" rel="stylesheet" type="text/css" />
```

step 04　完成标题样式设置。设置标题的 HTML 代码，此处使用 DIV 构建，其代码如下所示。

```
<div>
    <h1>蜂王浆的作用与功效</h1>
```

```
<div class="ar">搜狐网    2017 年 03 月 01 日<span></div>
</div>
```

**step 05** 使用 CSS 代码对其进行修饰，其代码如下所示。

```
h1{text-align:center;color:red}
.ar{text-align:right;font-size:15px;}
```

**step 06** 开发正文部分代码和样式。使用 HTML 代码完成网页正文部分，此处使用 DIV 构建，其代码如下所示。

```
   <div>
    <P>
1、 辅助降低血糖。此作用主要因其含有的胰岛素样肽类推理得来，胰岛素样肽类是治疗糖尿病的特效
药物。
</P>
<P>
2、 抗氧化功效。此作用是蜂王浆被大众普遍肯定的作用，它对细胞的修复以及再生具有很强的作用。
在蜂王浆中检测出的超氧化物歧化酶(SOD)是抗氧化的主要成分。
</P>
<P>
3、 降低血脂。蜂王浆含有人体必需的维生素达 10 种以上，能平衡脂肪代谢和糖代谢，可降低肥胖者
的高血脂和高血糖，非常适合肥胖型糖尿病患者。
</P>
<P>
4、 控制血管扩张、降低血压。这个结论来自于其所含的 10-羟基-癸烯酸(王浆酸)以及王浆主要蛋白
-1。</P>
</div>
```

**step 07** 使用 CSS 代码进行修饰，其代码如下所示。

```
p{text-indent:8mm;line-height:7mm;}
```

# 4.5  综合案例 2——制作新闻页面

本案例用来制作一个新闻页面，具体的操作步骤如下。

**step 01** 打开记事本，在其中输入如下代码。

```
<!DOCTYPE html>
<html>
<head>
<title>新闻页面</title>
<style type="text/css">
<!--
h1{font-family:黑体;
text-decoration:underline overline;
text-align:center;
   }
p{ font-family: Arial, "Times New Roman";
   font-size:20px;
   margin:5px 0px;
   text-align:justify;
   }
```

```
#p1{
    font-style:italic;
    text-transform:capitalize;
    word-spacing:15px;
    letter-spacing:-1px;
        text-indent:2em;
    }
#p2{
    text-transform:lowercase;
    text-indent:2em;
    line-height:2;
    }
#firstLetter{
    font-size:3em;
    float:left;
    }
h1{
    background:#678;
    color:white;
    }
-->
</style>
</head>
<body>
<h1>英国现两个多世纪来最多雨冬天</h1>
<p id="p1">在 3 月的第一天，阳光"重返"英国大地，也预示着春天的到来。</p>
<p id="p2">英国气象局发言人表示："今天的阳光很充足，这才像春天的感觉。这是春天的一个非
常好的开局。"前几天英国气象局发布的数据显示，刚刚过去的这个冬天是过去近 250 年来最多雨的
冬天。</p>
</body>
</html>
```

**step 02** 保存网页，在 IE 11.0 浏览器中预览效果如图 4-23 所示。

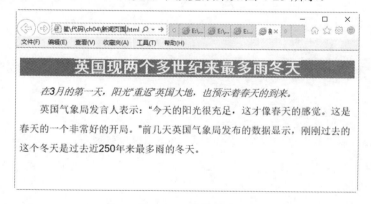

图 4-23　浏览效果

# 4.6　大 神 解 惑

小白：字体为什么在别的电脑上不显示？

**大神：** 楷体很漂亮，草书也不逊色于宋体。但不是所有人的电脑都安装有这些字体。所以在设计网页时，不要为了追求漂亮美观，而采用一些比较新奇的字体。有时这样往往达不到效果。用最基本的字体，是最好的选择。

不要使用难以阅读的花哨字体。当然，某些字体可以让网站精彩纷呈。不过它们方便阅读吗？制作网页的主要目的是传递信息并让读者阅读，我们应该让读者的阅读过程舒服些。不要用小字体。如上一条所述，虽然 Firefox 有放大功能，但如果必须放大才能看清一个网站的话，以后读者就再也不会去访问它了。

**小白：** 网页中需要留空白吗？

**大神：** 注意不要留空白。不要用图像、文本和不必要的动画 GIF 来充斥网页，即使有足够的空间，在设计时也应该避免使用。

**小白：** 文字和图片相比，导航速度谁快呀？

**大神：** 使用文字做导航栏。文字导航不仅速度快，而且更稳定。例如，有些用户上网时会关闭图片浏览功能。在处理文本时，不要在普通文本上添加下画线或者颜色，除非特别需要。就像用户需要识别哪些能点击一样，读者不应将本不能点击的文字误认为能够点击。

# 4.7 跟我练练手

练习 1：使用 CSS 控制字体的样式，包括字体类型、大小、粗细和颜色等属性。

练习 2：使用 CSS3 中新增的标记为文本添加阴影效果和换行效果。

练习 3：使用 CSS 样式表来控制段落的对齐方式。

练习 4：制作一个网页的标题效果。

练习 5：制作一个新闻的网页。其中标题需要居中并加粗显示。

# 第 5 章
## 设计网页图片样式

一个网页如果都是文字，时间长了会给浏览者枯燥的感觉，而一张恰如其分的图片，会给网页带来许多生趣。图片是直观、形象的，一张好的图片会给网页带来很高的点击率。在 CSS3 中，定义了很多属性用来美化和设置图片。

**本章要点(已掌握的在方框中打钩)**

☐ 掌握控制图片缩放的方法

☐ 掌握设置图片对齐方式的方法

☐ 掌握图文混排的方法

☐ 掌握制作学校宣传单的方法

☐ 掌握制作简单图文混排网页的方法

# 5.1 图 片 缩 放

网页上显示一张图片时,默认情况下都是以图片的原始大小显示。如果要对网页进行排版,通常情况下,还需要对图片进行大小的重新设定。如果对图片设置不恰当,会造成图片的变形和失真,所以一定要保持宽度和高度的比例适中。对于图片大小设定,可以采用三种方式完成。

## 5.1.1 案例 1——通过描述标记 width 和 height 缩放图片

在 HTML 中,通过 img 的描述标记 height 和 width 可以设置图片大小。width 和 height 分别表示图片的宽度和高度,二者的值可以是数值或百分比,单位可以是 px。需要注意的是,高度属性 height 和宽度属性 width 设置要求相同。

【例 5.1】(案例文件:ch05\5.1.html)

```
<!DOCTYPE html>
<html>
<head>
<title>缩放图片</title>
</head>
<body>
<img src="01.jpg" width=200 height=120>
</body>
</html>
```

图 5-1　使用标记缩放图片

在 IE 11.0 浏览器中浏览效果如图 5-1 所示,可以看到网页显示了一张图片,其宽度为 200px,高度为 120px。

## 5.1.2 案例 2——使用 CSS3 中的 max-width 和 max-height 缩放图片

max-width 和 max-height 分别用来设置图片宽度最大值和高度最大值。在定义图片大小时,如果图片默认尺寸超过了定义的大小时,那么就以 max-width 所定义的宽度值显示,而图片高度将同比例变化,如果定义的是 max-height,以此类推。但是如果图片的尺寸小于最大宽度或者高度,那么图片就按原尺寸大小显示。max-width 和 max-height 的值一般是数值类型。

其语法格式如下所示。

```
img{
    max-height:180px;
}
```

【例 5.2】(案例文件:ch05\5.2.html)

```
<!DOCTYPE html>
<html>
<head>
<title>缩放图片</title>
```

```
<style>
img{
    max-height:300px;
}
</style>

</head>
<body>
<img src="01.jpg">
</body>
</html>
```

在 IE 11.0 浏览器中浏览效果如图 5-2 所示，可以看到网页显示了一张图片，其显示高度是 300px，宽度将做同比例缩放。

图 5-2　同比例缩放图片

在本例中，也可以只设置 max-width 来定义图片最大宽度，而让高度自动缩放。

## 5.1.3　案例 3——使用 CSS3 中的 width 和 height 缩放图片

在 CSS3 中，可以使用属性 width 和 height 来设置图片的宽度和高度，从而达到对图片的缩放效果。

【例 5.3】(案例文件：ch05\5.3.html)

```
<!DOCTYPE html>
<html>
<head>
<title>缩放图片</title>
</head>
<body>
<img src="01.jpg">
<img src="01.jpg"  style="width:150px;height:100px">
</body>
</html>
```

在 IE 11.0 浏览器中浏览效果如图 5-3 所示，可以看到网页显示了两张图片，第一张图片以原大小显示，第二张图片以指定大小显示。

图 5-3　CSS 指定图片大小

网站开发案例课堂

当仅仅设置了图片的 width 属性，而没有设置 height 属性时，图片本身会自动等比例缩放，如果只设定 height 属性也是一样的道理。只有当同时设定 width 和 height 属性时才会不等比例缩放。

# 5.2　设置图片的对齐方式

一个凌乱的图文网页，是每一个浏览者都不喜欢看的。而一个图文并茂，排版格式整洁简约的页面，更容易让网页浏览者接受。可见图片的对齐方式，是非常重要的。本节将介绍使用 CSS3 属性定义图文对齐方式。

## 5.2.1　案例4——设置图片横向对齐

所谓图片横向对齐，就是在水平方向上进行对齐，其对齐样式和文字对齐比较相似，都有三种对齐方式，分别为"左""右"和"中"。

如果要定义图片的对齐方式，不能在样式表中直接定义图片样式，需要在图片的上一个标记级别，即父标记定义对齐方式，让图片继承父标记的对齐方式。之所以这样定义父标记对齐方式，是因为 img(图片)本身没有对齐属性，需要使用 CSS 继承父标记的 text-align 来定义对齐方式。

【例 5.4】(案例文件：ch05\5.4.html)

```
<!DOCTYPE html>
<html>
<head>
<title>图片横向对齐</title>
</head>
<body>
<p style="text-align:left"><img
src="02.jpg" style="max-
width:140px;">图片左对齐</p>
<p style="text-align:center"><img
src="02.jpg" style="max-
width:140px;">图片居中对齐</p>
<p style="text-align:right"><img
src="02.jpg" style="max-
width:140px;">图片右对齐</p>
</body>
</html>
```

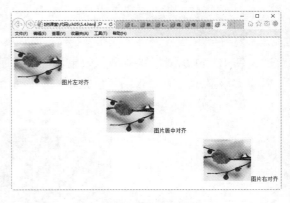

图 5-4　图片横向对齐

在 IE 11.0 浏览器中浏览效果如图 5-4 所示，可以看到网页上显示三张图片，大小一样，但对齐方式分别是左对齐、居中对齐和右对齐。

## 5.2.2　案例 5——设置图片纵向对齐

纵向对齐就是垂直对齐，即在垂直方向上和文字进行搭配使用。通过对图片的垂直方向上的设置，可以设定图片和文字的高度一致。在 CSS3 中，对于图片纵向设置，通常使用 vertical-align 属性来定义。

vertical-align 属性设置元素的垂直对齐方式，即定义行内元素的基线相对于该元素所在行的基线的垂直对齐。允许指定负长度值和百分比值。这会使元素降低而不是升高。在表单元格中，使用这个属性可设置单元格中的单元格内容的对齐方式。其语法格式为：

```
vertical-align : baseline|sub|super|top|text-top|middle|bottom|text-bottom|length
```

其参数含义如表 5-1 所示。

表 5-1　纵向对齐参数含义

| 参数名称 | 说　明 |
|---|---|
| baseline | 支持 valign 特性的对象的内容与基线对齐 |
| sub | 垂直对齐文本的下标 |
| super | 垂直对齐文本的上标 |
| top | 将支持 valign 特性的对象的内容与对象顶端对齐 |
| text-top | 将支持 valign 特性的对象的文本与对象顶端对齐 |
| middle | 将支持 valign 特性的对象的内容与对象中部对齐 |
| bottom | 将支持 valign 特性的对象的文本与对象底端对齐 |
| text-bottom | 将支持 valign 特性的对象的文本与对象顶端对齐 |
| length | 由浮点数字和单位标识符组成的长度值或者百分数，可为负数。定义由基线算起的偏移量。基线对于数值来说为 0，对于百分数来说就是 0% |

【例 5.5】(案例文件：ch05\5.5.html)

```html
<!DOCTYPE html>
<html>
<head>
<title>图片纵向对齐</title>
<style>
img{
max-width:100px;
}
</style>
</head>
<body>
<p>纵向对齐方式:baseline<img src=02.jpg style="vertical-align:baseline"></p>
<p>纵向对齐方式:bottom<img src=02.jpg style="vertical-align:bottom"></p>
<p>纵向对齐方式:middle<img src=02.jpg style="vertical-align:middle"></p>
<p>纵向对齐方式:sub<img src=02.jpg style="vertical-align:sub"></p>
<p>纵向对齐方式:super<img src=02.jpg style="vertical-align:super"></p>
```

```
<p>纵向对齐方式:数值定义<img src=02.jpg style="vertical-align:20px"></p>
</body>
</html>
```

在 IE 11.0 浏览器中浏览效果如图 5-5 所示,可以看到网页显示 6 张图片,垂直方向上分别是 baseline、bottom、middle、sub、super 和数值对齐。

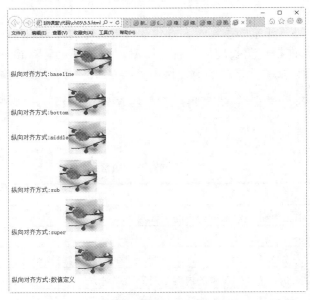

图 5-5   图片纵向对齐

 读者仔细观察图片和文字的不同对齐方式,即可深刻理解各种纵向对齐的不同之处。

## 5.3   图 文 混 排

一个普通的网页,最常见的排版方式就是图文混排,文字说明主题,图像显示新闻情境,二者结合起来相得益彰。本节将介绍图片和文字的排版方式。

### 5.3.1   案例 6——设置文字环绕效果

在网页中进行排版时,可以将文字设置成环绕图片的形式,即文字环绕。文字环绕应用非常广泛,如果再配合背景可以达到绚丽的效果。

在 CSS3 中,可以使用 float 属性定义该效果。float 属性主要定义元素在哪个方向浮动。一般情况下这个属性总应用于图像,使文本围绕在图像周围,有时它也可以定义其他元素浮动。浮动元素会生成一个块级框,而不管它本身是何种元素。如果浮动非替换元素,则要指定一个明确的宽度;否则,它们会尽可能地窄。

float 语法格式如下所示。

```
float : none | left |right
```

 其中，none 表示默认值，对象不漂浮，left 表示文本流向对象的右边，right 表示文本流向对象的左边。

**【例 5.6】**(案例文件：ch05\5.6.html)

```
<!DOCTYPE html>
<html>
<head>
<title>文字环绕</title>
<style>
img{
max-width:120px;
float:left;
}
</style>
</head>
<body>
<p>
可爱的向日葵。
<img src="03.jpg">
向日葵，别名太阳花，是菊科向日葵属的植物。因花序随太阳转动而得名。一年生植物，高1~3米，
茎直立，粗壮，圆形多棱角，被白色粗硬毛，性喜温暖，耐旱，能产果实葵花籽。原产北美洲，主要分
布在我国东北、西北和华北地区，世界各地均有栽培！
向日葵，1年生草本，高1.0～3.5米，对于杂交品种也有半米高的。茎直立，粗壮，圆形多棱角，为
白色粗硬毛。叶通常互生，形状卵形或卵圆形，尖端锐突或渐尖，有基出3脉，边缘具粗锯齿，两面粗
糙，被毛，有长柄。头状花序，极大，直径10~30厘米，单生于茎顶或枝端，常下倾。总苞片多层，
叶质，覆瓦状排列，被长硬毛，夏季开花，花序边缘生黄色的舌状花，不结实。花序中部为两性的管状
花，棕色或紫色，结实。瘦果，倒卵形或卵状长圆形，稍扁压，果皮木质化，灰色或黑色，俗称葵花
籽。性喜温暖，耐旱。
</p>
</body>
</html>
```

在 IE 11.0 浏览器中浏览效果如图 5-6 所示，可以看到图片被文字所环绕，并在文字的左方显示。如果将 float 属性的值设置为 right，其图片会在文字右方显示并环绕。

图 5-6　文字环绕效果

## 5.3.2　案例 7——设置图片与文字的间距

如果需要设置图片和文字之间的距离，即与文字之间存在一定间距，不是紧紧地环绕，可以使用 CSS3 中的 padding 属性来设置。

padding 属性主要用来在一个声明中设置所有内边距属性，即可以设置元素所有内边距的宽度，或者设置各边上内边距的宽度。如果一个元素既有内边距又有背景，从视觉上看可能

会延伸到其他行，有可能还会与其他内容重叠。元素的背景会延伸穿过内边距。不允许指定负边距值。

其语法格式如下所示。

```
padding : padding-top | padding-right | padding-bottom | padding-left
```

其参数值 padding-top 用来设置距离顶部的内边距；padding-right 用来设置距离右侧的内边距；padding-bottom 用来设置距离底部的内边距；padding-left 用来设置距离左侧的内边距。

**【例 5.7】**(案例文件：ch05\5.7.html)

```
<!DOCTYPE html>
<html>
<head>
<title>文字环绕</title>
<style>
img{
max-width:120px;
float:left;
padding-top:10px;
padding-right:50px;
padding-bottom:10px;
}
</style>
</head>
<body>
<p>
可爱的向日葵。
<img src="03.jpg">
向日葵，别名太阳花，是菊科向日葵属的植物。因花序随太阳转动而得名。一年生植物，高 1~3 米，茎直立，粗壮，圆形多棱角，被白色粗硬毛，性喜温暖，耐旱，能产果实葵花籽。原产北美洲，主要分布在我国东北、西北和华北地区，世界各地均有栽培！
向日葵，1 年生草本，高 1.0～3.5 米，对于杂交品种也有半米高的。茎直立，粗壮，圆形多棱角，为白色粗硬毛。叶通常互生，形状卵形或卵圆形，尖端锐突或渐尖，有基出 3 脉，边缘具粗锯齿，两面粗糙，被毛，有长柄。头状花序，极大，直径 10~30 厘米，单生于茎顶或枝端，常下倾。总苞片多层，叶质，覆瓦状排列，被长硬毛，夏季开花，花序边缘生黄色的舌状花，不结实。花序中部为两性的管状花，棕色或紫色，结实。瘦果，倒卵形或卵状长圆形，稍扁压，果皮木质化，灰色或黑色，俗称葵花籽。性喜温暖，耐旱。
</p>
</body>
</html>
```

在 IE 11.0 浏览器中浏览效果如图 5-7 所示，可以看到图片被文字所环绕，并且文字和图片右边间距为 50 像素，上下各为 10 像素。

图 5-7　设置图片和文字边距

## 5.4 综合案例 1——制作学校宣传单

每年暑假，我们都能看到高校招收学生的宣传页，本节就来制作一个学校宣传页，从而加固图文混排的相关 CSS 知识。具体步骤如下所示。

step 01 分析需求。本案例包含两部分，一部分是图片信息，介绍学校场景；另一部分是段落信息，介绍学校历史和理念。这两部分都放在一个 div 中。案例完成后，效果如图 5-8 所示。

step 02 构建 HTML 网页。创建 HTML 页面，页面中包含一个 div，div 中包含图片和两个段落信息。其代码如下所示。

图 5-8 宣传效果图

```
<html>
<head>
<title>学校宣传单</title>
</head>
<body>
<div>
    <img src="04.jpg" /><p>某大学风景优美</p><p> 学校发扬"百折不挠、艰苦创业"的办
学传统，坚持"质量立校、人才兴校、创新强校、文化铸校、和谐荣校"的办学理念，弘扬"爱国荣
校、民主和谐、求真务实、开放创新"的精神</p>
</div>
</body>
</html>
```

在 IE 11.0 浏览器中浏览效果如图 5-9 所示，可以看到在网页中的标题和内容。

step 03 添加 CSS 代码，修饰 div。

```
<style>
big{
width:430px;
}
</style>
```

在 HTML 代码中，将 big 样式引用到 div 中，代码如下所示。

```
<div class=big>
    <img src="xuexiao.jpg" /><p>某大学风景优美</p><p> 学校发扬"百折不挠、艰苦创
业"的办学传统，坚持"质量立校、人才兴校、创新强校、文化铸校、和谐荣校"的办学理念，弘扬
"爱国荣校、民主和谐、求真务实、开放创新"的精神</p>
</div>
```

在 IE 11.0 浏览器中浏览效果如图 5-10 所示，可以看到在网页中段落以块的形式显示。

图 5-9　HTML 页面显示　　　　　　　图 5-10　修饰 div 层

step 04　添加 CSS 代码，修饰图片。

```
img{
    width:260px;
    height:220px;
    border:#009900 2px solid;
    float:left;
     padding-right:0.5px;
    }
```

在 IE 11.0 浏览器中浏览效果如图 5-11 所示，可以看到在网页中图片以指定大小显示，并且带有边框，在左面浮动。

step 05　添加 CSS 代码，修饰段落。

```
p{
font-family:"宋体";
font-size:14px;
line-height:20px;
}
```

在 IE 11.0 浏览器中浏览效果如图 5-12 所示，可以看到在网页中段落以宋体显示，大小为 14 像素，行高为 20 像素。

图 5-11　修饰图片　　　　　　　　　图 5-12　修饰段落

# 5.5　综合案例 2——制作简单图文混排网页

在一个网页中，出现最多的就是文字和图片，二者放在一起，图文并茂，能够生动地表达新闻主题。本案例创建一个图片与文字的简单混排页。具体步骤如下所示。

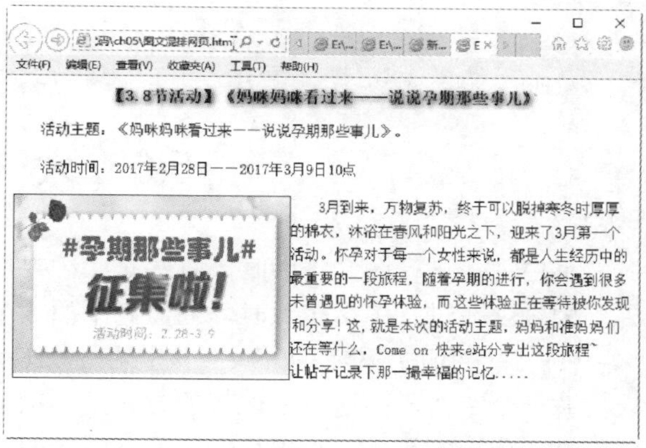

**图 5-13　图文混排显示**

step 01　分析需求。本综合案例的要求如下：在网页的最上方显示出标题，标题下方是正文，在正文部分显示图片。在设计这个网页标题时，其方法与上面案例相同。使用 CSS 样式属性实现上述要求，其案例效果如图 5-13 所示。

step 02　分析布局并构建 HTML。创建一个 HTML 页面，并用 DIV 将页面划分两个层，一个是网页标题部分，另一个是正文部分。

step 03　导入 CSS 文件。在 HTML 页面，将 CSS 文件使用 link 方式导入到 HTML 页面中。此 CSS 页面定义了该页面的所有样式，其导入代码如下所示。

```
<link href="CSS.css" rel="stylesheet" type="text/css" />
```

step 04　完成标题部分。设置网页标题部分，创建一个 div，用来放置标题。其 HTML 代码如下所示。

```
<div>
<h1>【3.8 节活动】《妈咪妈咪看过来——说说孕期那些事儿》
</h1>
</div>
```

在 CSS 样式文件中，修饰 HTML 元素，其 CSS 代码如下所示。

```
h1{text-align:center;text-shadow:0.1em 2px 6px blue;font-size:18px;}
```

step 05　完成正文和图片部分。下面设置网页正文部分，正文中包含了一张图片。其 HTML 代码如下所示。

```
<div>
<p>活动主题：《妈咪妈咪看过来——说说孕期那些事儿》。
</p>
<p> 活动时间：2017 年 2 月 28 日——2017 年 3 月 9 日 10 点
</p>
<DIV class="im">
<img src="8.jpg"  width="300" height="200"/>
</DIV>
<p>3 月到来，万物复苏，终于可以脱掉寒冬时厚厚的棉衣，沐浴在春风和阳光之下，迎来了 3 月第一个活动。怀孕对于每一个女性来说，都是人生经历中的最重要的一段旅程，随着孕期的进行，你会遇到
```

很多未曾遇见的怀孕体验，而这些体验正在等待被你发现和分享！这，就是本次的活动主题，妈妈和准妈妈们还在等什么，Come on 快来 e 站分享出这段旅程~让帖子记录下那一撮幸福的记忆……
```
</p>
</div>
```

CSS 样式代码如下所示。

```
p{text-indent:8mm;line-height:7mm;}
.im{width:300px; float:left; border:#000000 solid 1px;}
```

## 5.6　大神解惑

**小白**：在进行图文排版时，哪些是必须要做的？

**大神**：在进行图文排版时，通常有下面 5 个方面需要网页设计者考虑。

(1) 首行缩进：段落的开头应该空两格，HTML 中空格键不起作用。当然，可以用 "nbsp;" 来代替一个空格，但这不是理想的方式，可以用 CSS3 中首行缩进功能，其大小为 2em。

(2) 图文混排：在 CSS3 中，可以用 float 属性来定义元素在哪个方向浮动。这个属性经常应用于图像，使文本围绕在图像周围。

(3) 设置背景色：设置网页背景，增加效果。此内容会在后面介绍。

(4) 文字居中：可以用 CSS 的 text-align 属性设置文字居中。

(5) 显示边框：可使用 border 属性为图片添加一个边框。

**小白**：设置文字环绕时，float 元素为什么失去作用？

**大神**：很多浏览器在显示未指定 width 的 float 元素时会有错误。所以不管 float 元素的内容如何，一定要为其指定 width 属性。

## 5.7　跟我练练手

**练习 1**：使用 width 和 height 标记控制图片的缩放效果。

**练习 2**：使用 CSS3 的标记控制图片的最大宽度和最大高度。

**练习 3**：设置图片的横向和纵向对齐方法。

**练习 4**：设置图片的文字环绕效果。

**练习 5**：设置图片与文字的间距。

**练习 6**：制作一个图文并茂的公司宣传单。

# 第 6 章
## 设计网页背景与边框样式

　　任何一个页面，首先映入眼帘的就是网页的背景色和基调，不同类型的网站有不同的背景和基调。因此页面中的背景通常是网站设计时一个重要的步骤。对于单个 HTML 元素，可以通过 CSS3 属性设置元素边框样式，包括宽度、显示风格和颜色等。本章将重点介绍设置网页背景和 HTML 元素边框样式。

**本章要点(已掌握的在方框中打钩)**

☐ 掌握使用 CSS 控制网页背景的方法

☐ 掌握 CSS3 中新增的控制网页背景属性的使用方法

☐ 掌握使用 CSS 控制边框样式的方法

☐ 掌握 CSS3 中新增的边框圆角效果的使用方法

☐ 掌握 CSS3 中渐变效果的使用方法

☐ 掌握制作公司简单主页的方法

☐ 掌握制作简单生活资讯主页的方法

# 6.1  设计网页背景样式

背景是网页设计的重要元素之一，一个背景优美的网页，总能吸引众多访问者。例如，喜庆类网站都是以火红背景为主题，CSS 的强大表现功能在背景方面同样发挥得淋漓尽致。

## 6.1.1  案例 1——设置背景颜色

background-color 属性用于设定网页背景色，同设置前景色的 color 属性一样，background-color 属性接受任何有效的颜色值，而对于没有设定背景色的标记，默认背景色为透明(transparent)。

其语法格式为：

```
{background-color : transparent | color}
```

关键字 transparent 是个默认值，表示透明。背景颜色 color 设定方法可以采用英文单词、十六进制、RGB、HSL、HSLA 和 RGBA。

【例 6.1】(案例文件：ch06\6.1.html)

```
<!DOCTYPE html>
<html>
<head>
<title>背景色设置</title>
</head>
<body style="background-color:PaleGreen; color:Blue">
 <p>
   background-color 属性设置背景色，color 属性设置字体颜色。
 </p>
</body>
</html>
```

在 IE 11.0 浏览器中浏览效果如图 6-1 所示，可以看到网页背景色显示浅绿色，而字体颜色为蓝色。注意，在网页设计时，其背景色不要使用太艳的颜色，会给人一种喧宾夺主的感觉。

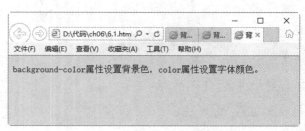

图 6-1  设置背景色

background-color 不仅可以设置整个网页的背景颜色，同样还可以设置指定 HTML 元素的背景色，例如设置 h1 标题的背景色，设置段落 p 的背景色。可以想象，在一个网页，可以根据需要设置不同 HTML 元素的背景色。

**【例 6.2】**(案例文件:ch06\6.2.html)

```
<!DOCTYPE html>
<html>
<head>
<title>背景色设置</title>
<style>
h1 {
    background-color: red;
    color: black;
    text-align:center;
}
p{
    background-color:gray;
    color:blue;
    text-indent:2em;
}
</style>
</head>
<body>
  <h1>颜色设置</h1>
  <p>
  background-color 属性设置背景色,color 属性设置字体颜色。
  </p>
</body>
</html>
```

在 IE 11.0 浏览器中浏览效果如图 6-2 所示,可以看到网页中标题区域背景色为红色,段落区域背景色为灰色,并且分别为字体设置了不同的前景色。

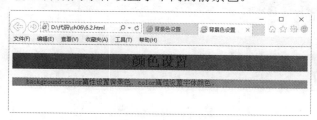

图 6-2　设置 HTML 元素背景色

## 6.1.2　案例 2——设置背景图片

不但可以使用背景色来填充网页背景,同样也可以使用背景图片来填充网页。通过 CSS3 属性可以对背景图片进行精确定位。background-image 属性用于设定标记的背景图片,通常情况下,在标记<body>中应用,将图片用于整个主体中。

background-image 语法格式如下所示。

```
background-image : none | url (url)
```

其默认属性是无背景图,当需要使用背景图时可以用 url 导入。url 可以使用绝对路径,也可以使用相对路径。

【例 6.3】(案例文件：ch06\6.3.html)

```
<!DOCTYPE html>
<html>
<head>
<title>背景图片设置</title>
<style>
body{
        background-image:url(01.jpg)
    }
</style>
</head>
<body>
<p>夕阳无限好，只是近黄昏！</p>
</body>
</html>
```

在 IE 11.0 浏览器中浏览效果如图 6-3 所示，可以看到网页中显示背景图，但如果图片尺寸小于整个网页大小时，此时图片为了填充网页背景，会重复出现并铺满整个网页。

图 6-3　设置背景图片

在设定背景图片时，最好同时也设定背景色，这样当背景图片因某种原因无法正常显示时，可以使用背景色来代替。当然，如果正常显示，背景图片会覆盖背景色。

### 6.1.3　案例 3——背景图片重复

在进行网页设计时，通常都是一个网页使用一张背景图片，如果图片尺寸小于网页尺寸时，会直接重复铺满整个网页，但这种方式不适用于大多数页面，在 CSS 中可以通过 background-repeat 属性设置图片的重复方式，包括水平重复、垂直重复和不重复等。

background-repeat 属性用于设定背景图片是否重复平铺。各属性值说明如表 6-1 所示。

background-repeat 属性重复背景图片是从元素的左上角开始平铺，直到水平、垂直或全部页面都被背景图片覆盖。

表 6-1  background-repeat 属性

| 属 性 值 | 描　述 |
|---|---|
| repeat | 背景图片水平和垂直方向都重复平铺 |
| repeat-x | 背景图片水平方向重复平铺 |
| repeat-y | 背景图片垂直方向重复平铺 |
| no-repeat | 背景图片不重复平铺 |

【例 6.4】(案例文件：ch06\6.4.html)

```
<!DOCTYPE html>
<html>
<head>
<title>背景图片重复</title>
<style>
body{
    background-image:url(01.jpg);
    background-repeat:no-repeat;
  }
</style>
</head>
<body>
<p>夕阳无限好，只是近黄昏！</p>
</body>
</html>
```

在 IE 11.0 浏览器中浏览效果如图 6-4 所示，可以看到网页中显示背景图，但图片以默认大小显示，而没有对整个网页背景进行填充。这是因为代码中，设置了背景图片不重复平铺。

同样，可以在上面的代码中设置 background-repeat 的属性值为其他值，例如可以设置其值为 repeat-x，表示图片在水平方向平铺。此时，在 IE 11.0 浏览器中的浏览效果如图 6-5 所示。

图 6-4　背景图片不重复

图 6-5　背景图片水平方向平铺

## 6.1.4　案例 4——背景图片显示

对于一个文本较多，一屏显示不了的页面来说，如果使用的背景图片不足以覆盖整个页面，而且只将背景图片应用在页面的一个位置上，那么在浏览页面时，肯定会出现看不到背景图片的情况；再者，还可能出现背景图片初始可见，而随着页面的滚动又不可见。也就是说，背景图片不能时刻随着页面的滚动而显示。

要解决上述问题，需要使用 background-attachment 属性，该属性用来设定背景图片是否随文档一起滚动。该属性包含两个属性值：scroll 和 fixed，并适用于所有元素，如表 6-2 所示。

表 6-2　background-attachment 属性值

| 属 性 值 | 描 述 |
| --- | --- |
| scroll | 默认值，当页面滚动时，背景图片随页面一起滚动 |
| fixed | 背景图片固定在页面的可见区域里 |

使用 background-attachment 属性，可以使背景图片始终处于视野范围内，以避免出现因页面的滚动而消失的情况。

【例 6.5】(案例文件：ch06\6.5.html)

```
<!DOCTYPE html>
<html>
<head>
<title>背景显示方式</title>
<style>
body{
    background-image:url(01.jpg);
    background-repeat:no-repeat;
    background-attachment:fixed;
  }
p{
   text-indent:2em;
   line-height:30px;
  }
h1{
    text-align:center;
  }
</style>
</head>
<body>
<h1>兰亭序</h1>
<p>
永和九年，岁在癸(guǐ)丑，暮春之初，会于会稽(kuài jī)山阴之兰亭，修禊(xì)事也。群贤毕至，少长咸集。此地有崇山峻岭，茂林修竹， 又有清流激湍(tuān)，映带左右。引以为流觞(shāng)曲(qū)水，列坐其次，虽无丝竹管弦之盛，一觞(shang)一咏，亦足以畅叙幽情。
</p>
<p>是日也，天朗气清，惠风和畅。仰观宇宙之大，俯察品类之盛，所以游目骋(chěng)怀，足以极视听之娱，信可乐也。</p>
<p> 夫人之相与，俯仰一世。或取诸怀抱，晤言一室之内；或因寄所托，放浪形骸(hái)之外。虽趣(qǔ)舍万殊，静躁不同，当其欣于所遇，暂得于己，快然自足，不知老之将至。及其所之既倦，情随事迁，感慨系(xì)之矣。向之所欣，俯仰之间，已为陈迹，犹不能不以之兴怀。况修短随化，终期于尽。古人云："死生亦大矣。"岂不痛哉！</p>
<p>每览昔人兴感之由，若合一契，未尝不临文嗟(jiē)悼，不能喻之于怀。固知一死生为虚诞，齐彭殇(shāng)为妄作。后之视今，亦犹今之视昔，悲夫！故列叙时人，录其所述。虽世殊事异，所以兴怀，其致一也。后之览者，亦将有感于斯文。</p>
</body>
</html>
```

在 IE 11.0 浏览器中浏览效果如图 6-6 所示，可以看到网页 background-attachment 属性的值为 fixed 时，背景图片的位置固定并不是相对于页面的，而是相对于页面的可视范围。

图 6-6　背景图片显示

## 6.1.5　案例 5——设置背景图片位置

我们知道，背景图片位置都是从设置了 background 属性的标记(例如 body 标记)的左上角开始出现，但在实际网页设计中，可以根据需要直接指定背景图片出现的位置。在 CSS3 中，可以通过 background-position 属性轻松调整背景图片的位置。

background-position 属性用于指定背景图片在页面中所处的位置。该属性值可分为四类：绝对定义位置(length)、百分比定义位置(percentage)、垂直对齐值和水平对齐值。其中垂直对齐值包括 top、center 和 bottom，水平对齐值包括 left、center 和 right，如表 6-3 所示。

表 6-3　background-position 属性值

| 属 性 值 | 描　　述 |
| --- | --- |
| length | 设置图片与边框水平与垂直方向的距离长度，后跟长度单位(cm、mm、px 等) |
| percentage | 以页面元素框的宽度或高度的百分比放置图片 |
| top | 背景图片顶部居中显示 |
| center | 背景图片居中显示 |
| bottom | 背景图片底部居中显示 |
| left | 背景图片左部居中显示 |
| right | 背景图片右部居中显示 |

垂直对齐值还可以与水平对齐值一起使用，从而决定图片的垂直位置和水平位置。

【例 6.6】(案例文件：ch06\6.6.html)

```
<!DOCTYPE html>
<html>
<head>
<title>背景位置设定</title>
<style>
body{
    background-image:url(01.jpg);
    background-repeat:no-repeat;
    background-position:top right;
    }
</style>
</head>
<body>
</body>
</html>
```

在 IE 11.0 浏览器中浏览效果如图 6-7 所示，可以看到网页中显示背景，其背景图片的位置是从顶部和右边开始。

图 6-7　设置背景图片位置

使用垂直对齐值和水平对齐值只能格式化地放置图片，如果在页面中要自由地定义图片的位置，则需要使用确定数值或百分比。这样在上面代码中，将

```
background-position:top right;
```

语句修改为

```
background-position:20px 30px
```

在 IE 11.0 浏览器中浏览效果如图 6-8 所示，可以看到网页中显示背景，其背景图像位置是从左上角开始，但并不是从(0,0)坐标位置开始，而是从(20,30)坐标位置开始的。

图 6-8　准确指定背景位置

## 6.2　CSS3 中新增的控制网页背景属性

CSS3 中新增了一些控制网页背景的属性，下面将详细讲述它们的使用方法和技巧。

### 6.2.1　案例 6——设置背景图片大小

在以前的网页设计中，背景图片的大小是不可以控制的，如果想要图片填充整个背景，则需要事先设计一个较大的背景图片，否则只能让背景图片以平铺的方式来填充页面元素。在 CSS3 中，新增了一个 background-size 属性，用来控制背景图片的大小，从而降低网页设计的开发成本。

background-size 语法格式如下所示。

```
background-size : [ <length> | <percentage> | auto ]{1,2} | cover | contain
```

其参数值含义如表 6-4 所示。

表 6-4　background-size 属性参数表

| 参　数　值 | 说　　明 |
|---|---|
| <length> | 由浮点数字和单位标识符组成的长度值。不可为负值 |
| <percentage> | 取值为 0～100%。不可为负值 |
| cover | 保持背景图片本身的宽高比例，将图片缩放到正好完全覆盖所定义的背景区域 |
| contain | 保持图片本身的宽高比例，将图片缩放到宽度或高度正好适应所定义的背景区域 |

【例 6.7】(案例文件：ch06\6.7.html)

```html
<!DOCTYPE html>
<html>
<head>
<title>背景大小设定</title>
<style>
```

```
body{
    background-image:url(01.jpg);
    background-repeat:no-repeat;
    background-size:cover;
    }
</style>
</head>
<body>
</body>
</html>
```

在 IE 11.0 浏览器中浏览效果如图 6-9 所示，可以看到网页中的背景图片填充了整个页面。

图 6-9　设定背景图片大小

同样，也可以用像素或百分比指定背景图片大小显示。当指定为百分比时，其大小会由所在区域的宽度、高度，以及 background-size 的位置决定。使用示例如下。

```
background-size:900 800;
```

此时 background-size 属性可以设置 1 个或 2 个值，1 个为必填，1 个为选填。其中第 1 个值用于指定图片宽度，第 2 个值用于指定图片高度。如果只设定一个值，则第 2 个值默认为 auto。

## 6.2.2　案例 7——设置背景显示区域

在网页设计中，如果能改变背景图片的定位方式，使设计师能够更灵活地决定背景图应该显示的位置，会大大减少设计成本。在 CSS3 中，新增了一个 background-origin 属性，用来完成背景图片的定位。

默认情况下，background-position 属性总是以元素左上角原点作为背景图像定位，使用 background-origin 属性可以改变这种定位方式。

```
background-origin : border | padding | content
```

其参数含义如表 6-5 所示。

表 6-5　background-origin 参数值

| 参　数　值 | 说　明 |
| --- | --- |
| border | 从 border 区域开始显示背景 |
| padding | 从 padding 区域开始显示背景 |
| content | 从 content 区域开始显示背景 |

【例 6.8】(案例文件：ch06\6.8.html)

```
<!DOCTYPE html>
<html>
<head>
<title>背景显示区域设定</title>
<style>
div{
      text-align:center;
      height:500px;
      width:416px;
      border:solid 1px red;
      padding:32px 2em 0;
      background-image:url(02.jpg);
      background-origin:padding;
   }
div h1{
      font-size:18px;
      font-family:"幼圆";
}
div  p{
      text-indent:2em;
      line-height:2em;
      font-family:"楷体";
   }
</style>
</head>
<body>
<div>
<h1>神笔马良的故事</h1>
<p>
从前，有个孩子名字叫马良。父亲母亲早就死了，靠他自己打柴、割草过日子。他从小喜欢学画，可
是，他连一支笔也没有啊！
</p>
<p>
一天，他走过一个学馆门口，看见学馆里的教师，拿着一支笔，正在画画。他不自觉地走了进去，对教
师说："我很想学画，借给我一支笔可以吗？"教师瞪了他一眼，"呸！"一口唾沫啐在他脸上，骂
道："穷娃子想拿笔，还想学画？做梦啦！"说完，就将他撵出大门来。马良是个有志气的孩子，他
说："偏不相信，怎么穷孩子连画也不能学了！"
</p>
</div>
</body>
</html>
```

在 IE 11.0 浏览器中浏览效果如图 6-10 所示，可以看到在网页中，背景图片以指定大小

在网页左侧显示，背景图片上显示了相应的段落信息。

图 6-10　设置背景显示区域

### 6.2.3　案例 8——设置背景图像裁剪区域

在 CSS3 中，新增了一个 background-clip 属性，用来定义背景图片的裁剪区域。background-clip 属性和 background-origin 属性有几分相似，通俗地说，background-clip 属性用来判断背景是否包含边框区域，而 background-origin 属性用来决定 background-position 属性定位的参考位置。

background-clip 语法格式如下所示。

```
background-clip : border-box | padding-box | content-box | no-clip
```

其参数值含义如表 6-6 所示。

表 6-6　background-clip 参数值

| 参 数 值 | 说 明 |
| --- | --- |
| border-box | 背景图被裁剪到边框 |
| padding-box | 背景图被裁剪到内边距框 |
| content-box | 背景图被裁剪到内容框 |
| no-clip | 从边框区域外裁剪背景 |

【例 6.9】(案例文件：ch06\6.9.html)

```
<!DOCTYPE html>
<html>
<head>
<title>背景裁剪</title>
<style>
```

```
div{
    height:150px;
    width:200px;
    border:dotted 50px red;
    padding:50px;
    background-image:url(02.jpg);
    background-repeat:no-repeat;
    background-clip:content;
}
</style>
</head>
<body>
<div>
</div>
</body>
</html>
```

在 IE 11.0 浏览器中浏览效果如图 6-11 所示，可以看到网页中，背景图像仅在内容区域内显示。

图 6-11　以内容边缘裁剪背景图

## 6.2.4　案例 9——设置背景的复合属性

在 CSS3 中，background 属性依然保持了以前的用法，即综合了以上所有与背景有关的属性(即以 background-开头的属性)，可以一次性地设定背景样式。格式如下：

```
background:[background-color] [background-image] [background-repeat]
          [background-attachment] [background-position]
   [background-size] [background-clip] [background-origin]
```

其中的属性顺序可以自由调换，并且可以选择设定。对于没有设定的属性，系统会自行为该属性添加默认值。

【例 6.10】(案例文件：ch06\6.10.html)

```html
<!DOCTYPE html>
<html>
<head>
<title>背景的复合属性</title>
<style>
body
{
    background-color:Black;
    background-image:url(01.jpg);
    background-position:center;
    background-repeat:repeat-x;
    background-attachment:fixed;
    background-size:900 800;
    background-origin:padding;
    background-clip:content;
}
</style>
</head>
<body>
</body>
</html>
```

在 IE 11.0 浏览器中浏览效果如图 6-12 所示，可以看到网页中，背景以复合方式显示。

图 6-12　设置背景的复合属性

# 6.3　设计边框样式

边框就是将元素内容及间隙包含在其中的边线，类似于表格的外边线。每一个页面元素的边框可以从三个方面来描述：宽度、样式和颜色，这三个方面决定了边框所显示出来的外观。CSS3 中分别使用 border-style、border-width 和 border-color 这三个属性设定边框的外观。

## 6.3.1　案例 10——设置边框样式

border-style 属性用于设定边框的样式，也就是风格。边框格式是边框最重要的属性，它主要用于为页面元素添加边框。其语法格式如下所示。

```
border-style : none | hidden | dotted | dashed | solid | double | groove |
ridge | inset | outset
```

CSS3 设定了 9 种边框样式，如表 6-7 所示。

表 6-7　边框样式

| 属 性 值 | 描　述 |
|---|---|
| none | 无边框，无论边框宽度设为多大 |
| hidden | 与"none"相同。不过应用于表格时除外，对于表格，hidden 用于解决表格的边框冲突 |
| dotted | 点线式边框 |
| dashed | 破折线式边框 |
| solid | 直线式边框 |
| double | 双线式边框 |
| groove | 槽线式边框 |
| ridge | 脊线式边框 |
| inset | 内嵌效果的边框 |
| outset | 凸起效果的边框 |

【例 6.11】(案例文件：ch06\6.11.html)

```html
<!DOCTYPE html>
<html>
<head>
<title>边框样式</title>
<style>
h1 {
    border-style:dotted;
    color: black;
    text-align:center;
}
p{
    border-style:double;
    text-indent:2em;
}
</style>
</head>
<body>
   <h1>带有边框的标题</h1>
   <p>带有边框的段落</p>
</body>
</html>
```

在 IE 11.0 浏览器中浏览效果如图 6-13 所示，可以看到网页中，标题 h1 显示的时候带有边框，其边框样式为点线式边框；同样段落也带有边框，其边框样式为双线式边框。

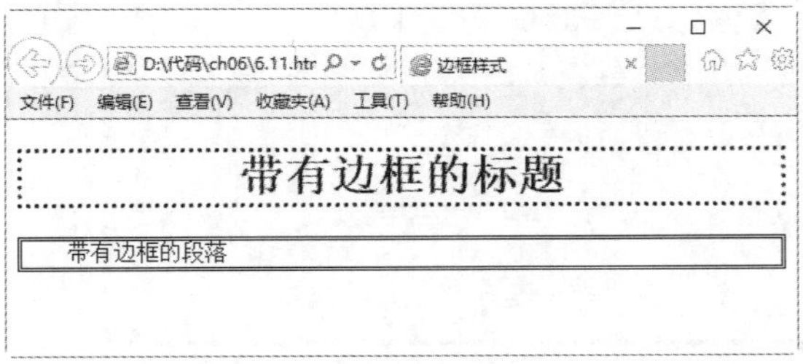

图 6-13 设置边框

提示　　在没有设定边框颜色的情况下，groove、ridge、inset 和 outset 边框默认的颜色是灰色。dotted、dashed、solid 和 double 这四种边框的颜色基于页面元素的 color 值。

其实，这几种边框样式还可以分别定义在一个边框中，从上边框开始按照顺时针的方向分别定义边框的上、右、下、左边框样式，从而形成多样式边框。例如，有下面一条样式规则：

```
p{border-style:dotted solid dashed groove}
```

另外，如果需要单独定义边框一条边的样式，则可以使用如表 6-8 所列的属性来定义。

表 6-8　各边样式属性

| 属 性 值 | 描 述 |
| --- | --- |
| border-top-style | 设定上边框的样式 |
| border-right-style | 设定右边框的样式 |
| border-bottom-style | 设定下边框的样式 |
| border-left-style | 设定左边框的样式 |

## 6.3.2　案例 11——设置边框颜色

border-color 属性用于设定边框颜色，如果不想与页面元素的颜色相同，则可以使用该属性为边框定义其他颜色。border-color 属性语法格式如下所示。

```
border-color : color
```

color 表示指定颜色，其颜色值通过十六进制和 RGB 等方式获取。同边框样式属性一样，border-color 属性可以为边框设定一种颜色，也可以同时设定四个边的颜色。

【例 6.12】(案例文件：ch06\6.12.html)

```
<!DOCTYPE html>
<html>
<head>
<title>设置边框颜色</title>
<style>
p{
```

```
    border-style:double;
    border-color:red;
    text-indent:2em;
}
</style>
</head>
<body>
    <p>边框颜色设置</p>
    <p style="border-style:solid; border-color:red blue yellow green">
  分别定义边框颜色
  </p>
</body>
</html>
```

在 IE 11.0 浏览器中浏览效果如图 6-14 所示，可以看到网页中，第一个段落边框颜色设置为红色，第二个段落边框颜色分别设置为红、蓝、黄和绿。

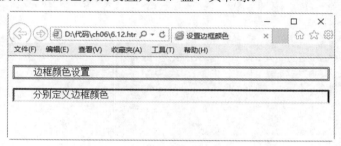

图 6-14　设置边框颜色

除了上面设置四个边框颜色的方法之外，还可以使用如表 6-9 列出的属性单独为相应的边框设定颜色。

表 6-9　各边颜色属性

| 属 性 值 | 描 述 |
| --- | --- |
| border-top-color | 设定上边框颜色 |
| border-right-color | 设定右边框颜色 |
| border-bottom-color | 设定下边框颜色 |
| border-left-color | 设定左边框颜色 |

## 6.3.3　案例 12——设置边框线宽

在 CSS3 中，可以通过设定边框宽度，来增强边框效果。border-width 属性就是用来设定边框宽度，其语法格式如下所示。

```
border-width : medium | thin | thick | length
```

其中预设有三种属性值：medium、thin 和 thick，另外，还可以自行设置宽度(width)，如表 6-10 所示。

表 6-10　border-width 属性

| 属 性 值 | 描 述 |
|---|---|
| medium | 默认值，中等宽度 |
| thin | 比 medium 细 |
| thick | 比 medium 粗 |
| length | 自定义宽度 |

【例 6.13】(案例文件：ch06\6.13.html)

```
<!DOCTYPE html>
<html>
<head>
<title>设置边框宽度</title>
</head>
<body>
    <p style="border-style:dotted; border-width:medium;">边框颜色设置</p>
    <p style="border-style:dashed;border-width:thin;">边框颜色设置</p>
    <p style="border-style:solid; border-width:12px;">
  分别定义边框颜色
 </p>
</body>
</html>
```

在 IE 11.0 浏览器中浏览效果如图 6-15 所示，可以看到网页中，三个段落边框以不同的粗细显示。

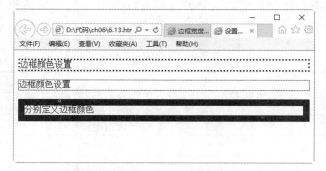

图 6-15　设置边框宽度

border-width 属性其实是 border-top-width、border-right-width、border-bottom-width 和 border-left-width 这四个属性的综合属性，分别用于设定上边框、右边框、下边框、左边框的宽度。

【例 6.14】(案例文件：ch06\6.14.html)

```
<!DOCTYPE html>
<html>
<head>
<title>边框宽度设置</title>
<style>
```

```
p{
border-style:solid;
border-color:#ff00ee;
border-top-width:medium;
border-right-width:thin;
bottom-width:thick;
border-left-width:15px;
}
</style>
</head>
<body>
    <p>边框宽度设置</p>
</body>
</html>
```

在 IE 11.0 浏览器中浏览效果如图 6-16 所示，可以看到网页中，段落的四个边框以不同的宽度显示。

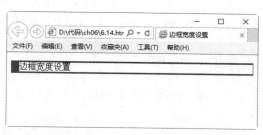

图 6-16　分别设置四个边框宽度

### 6.3.4　案例 13——设置边框的复合属性

border 属性集合了上述所介绍的三种属性，可以为页面元素设定边框的宽度、样式和颜色。语法格式如下所示。

```
border : border-width | border-style | border-color
```

其中，三个属性顺序可以自由调换。

【例 6.15】(案例文件：ch06\6.15.html)

```
<!DOCTYPE html>
<html>
<head>
<title>设置边框复合属性</title>
</head>
<body>
    <p style="border:dashed  red 12px">设置边框复合属性</p>
</body>
</html>
```

在 IE 11.0 浏览器中浏览效果如图 6-17 所示，可以看到网页中，段落边框样式以破折线显示、颜色为红色、宽度为 12 像素。

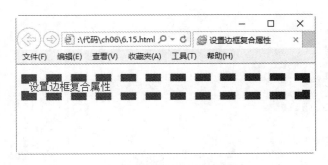

图 6-17　设置边框复合属性

# 6.4　CSS3 中新增的边框圆角效果

在 CSS3 标准没有制定之前，如果想要实现圆角效果，需要花费很大的精力，但在 CSS3 标准推出之后，网页设计者可以使用 border-radius 属性轻松实现圆角效果。

## 6.4.1　案例 14——设置圆角边框

在 CSS3 中，可以使用 border-radius 属性定义边框的圆角效果，从而大大降低了圆角开发成本。border-radius 的语法格式如下所示。

```
border-radius : none | <length>{1,4} [ / <length>{1,4} ]?
```

其中，none 为默认值，表示元素没有圆角。<length>表示由浮点数字和单位标识符组成的长度值，不可为负值。

【例 6.16】(案例文件：ch06\6.16.html)

```
<!DOCTYPE html>
<html>
<head>
<title>圆角边框设置</title>
<style>
p{
    text-align:center;
    border:15px solid red;
    width:100px;
    height:50px;
    border-radius:10px;
}
</style>
</head>
<body>
    <p>这是一个圆角边框</p>
</body>
</html>
```

在 IE 11.0 浏览器中浏览效果如图 6-18 所示，可以看到网页中，段落边框以圆角显示，其半径为 10 像素。

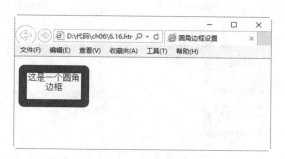

图 6-18　定义圆角边框

## 6.4.2　案例 15——指定两个圆角半径

border-radius 属性包含两个参数值：第一个参数表示圆角的水平半径，第二个参数表示圆角的垂直半径，两个参数通过斜线("/")隔开。如果仅含一个参数值，则第二个值与第一个值相同，表示的是一个 1/4 的圆。如果参数值中包含 0，则这个值就是代表矩形，不会显示为圆角。

【例 6.17】(案例文件：ch06\6.17.html)

```
<!DOCTYPE html>
<html>
<head>
<title>圆角边框设置</title>
<style>
.p1{
    text-align:center;
    border:15px solid red;
    width:100px;
    height:50px;
    border-radius:5px/50px;
}
.p2{
    text-align:center;
    border:15px solid red;
    width:100px;
    height:50px;
    border-radius:50px/5px;
}
</style>
</head>
<body>
    <p class=p1>这是一个圆角边框 A</p>
    <p class=p2>这也是一个圆角边框 B</p>
</body>
</html>
```

在 IE 11.0 浏览器中浏览效果如图 6-19 所示，可以看到网页中，显示了两个圆角边框，第一个段落圆角半径为 5px/50px，第二个段落圆角半径为 50px/5px。

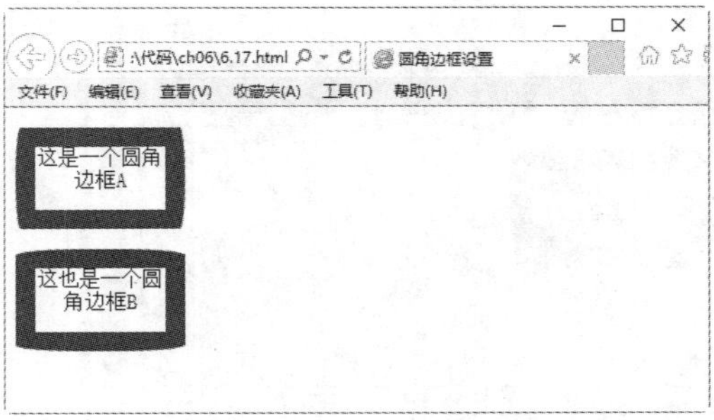

图 6-19　定义不同半径的圆角边框

## 6.4.3　案例 16——绘制四个不同圆角边框

在 CSS3 中，实现四个不同圆角边框，其方法有两种：一种是使用 border-radius 属性，另一种是使用 border-radius 的衍生属性。

### 1．border-radius 属性

利用 border-radius 属性可以绘制四个不同圆角的边框，如果直接给 border-radius 属性赋四个值，这四个值将按照 top-left、top-right、bottom-right、bottom-left 的顺序来设置。如果 bottom-left 值省略，其圆角效果和 top-right 效果相同；如果 bottom-right 值省略，其圆角效果和 top-left 效果相同；如果 top-right 的值省略，其圆角效果和 top-left 效果相同。如果为 border-radius 属性设置 4 个值的集合参数，则每个值表示每个角的圆角半径。

【例 6.18】(案例文件：ch06\6.18.html)

```
<!DOCTYPE html>
<html>
<head>
<title>设置圆角边框</title>
<style>
.div1{
    border:15px solid blue;
    height:100px;
    border-radius:10px 30px 50px 70px;
}
.div2{
    border:15px solid blue;
    height:100px;
    border-radius:10px 50px 70px;
}
.div3{
    border:15px solid blue;
    height:100px;
    border-radius:10px 50px;
}
</style>
</head>
<body>
<div class=div1></div><br>
```

```
<div class=div2></div><br>
<div class=div3></div>
</body>
</html>
```

在 IE 11.0 浏览器中浏览效果如图 6-20 所示，可以看到网页中，第一个 div 层设置了四个不同的圆角边框，第二个 div 层设置了三个不同的圆角边框，第三个 div 层设置了两个不同的圆角边框。

图 6-20　设置四个圆角边框

### 2．border-radius 衍生属性

除了上面设置圆角边框的方法之外，还可以使用如表 6-11 列出的属性单独为相应的边框设置圆角。

表 6-11　定义不同圆角

| 属　性　值 | 描　　述 |
| --- | --- |
| border-top-right-radius | 定义右上角圆角 |
| border-bottom-right-radius | 定义右下角圆角 |
| border-bottom-left-radius | 定义左下角圆角 |
| border-top-left-radius | 定义左上角圆角 |

【例 6.19】(案例文件：ch06\6.19.html)

```
<!DOCTYPE html>
<html>
<head>
<title>圆角边框设置</title>
<style>
.div{
    border:15px solid blue;
    height:100px;
    border-top-left-radius:70px;
    border-bottom-right-radius:40px;
</style>
```

```
</head>
<body>
<div class=div></div><br>
</body>
</html>
```

在 IE 11.0 浏览器中浏览效果如图 6-21 所示，可以看到网页中，设置了两个圆角边框，分别使用 border-top-left-radius 和 border-bottom-right-radius 指定。

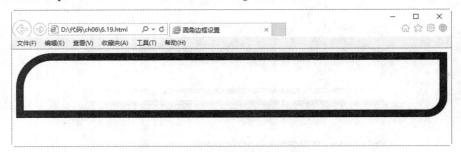

图 6-21　绘制指定圆角边框

## 6.4.4　案例 17——绘制不同种类的边框

border-radius 属性可以根据不同半径值，来绘制不同的圆角边框。同样也可以利用 border-radius 来定义边框内部的圆角，即内圆角。需要注意的是，外部圆角边框的半径称为外半径，内边半径等于外边半径减去对应边的宽度，即将边框内部的圆的半径称为内半径。

通过外半径和边框宽度的不同设置，可以绘制出不同形状的内边框。例如绘制内直角、小内圆角、大内圆角和圆。

【例 6.20】(案例文件：ch06\6.20.html)

```
<!DOCTYPE html>
<html>
<head>
<title>圆角边框设置</title>
<style>
.div1{
    border:70px solid blue;
    height:50px;
    border-radius:40px;
  }
.div2{
    border:30px solid blue;
    height:50px;
    border-radius:40px;
  }
.div3{
    border:10px solid blue;
    height:50px;
    border-radius:60px;
  }
.div4{
    border:1px solid blue;
```

```
      height:100px;
      width:100px;
      border-radius:50px;
   }
</style>
</head>
<body>
<div class=div1></div><br>
<div class=div2></div><br>
<div class=div3></div><br>
<div class=div4></div><br>
</body>
</html>
```

在 IE 11.0 浏览器中浏览效果如图 6-22 所示，可以看到网页中，第一个边框内角为直角，第二个边框内角为小圆角，第三个边框内角为大圆角，第四个边框为圆。

图 6-22　绘制不同种类的边框

当边框宽度设置大于圆角外半径，即内半径为 0，则会显示内直角，而不是圆直角，所以内外边曲线的圆心必然是一致的，见例 6.20 中第一种边框设置。如果边框宽度小于圆角半径，则内半径小于 0，则会显示小幅圆角效果，见例 6.20 中第二个边框设置。如果边框宽度设置远远小于圆角半径，则内半径远远大于 0，就会显示大幅圆角效果，见例 6.20 中第三个边框设置。如果设置元素相同，同时设置圆角半径为元素大小的一半，则会显示圆，见例 6.20 中第四个边框设置。

## 6.5　CSS3 中的渐变效果

CSS3 渐变(gradient)可以实现两种或多种指定的颜色之间显示平稳过渡的效果。在 CSS3 之前的版本中，如果要实现渐变效果，只能使用图片来实现，从而增加了下载的时间和带宽。可见，使用 CSS3 的渐变效果，不仅效果更漂亮，而且能减少下载的时间和带宽。CSS3 定义了两种类型的渐变：线性渐变和径向渐变。

### 6.5.1 案例 18——线性渐变效果

线性渐变效果为向下、向上、向左、向右或对角方向颜色过渡的效果。如果想创建一个线性渐变效果，至少需要定义两种颜色结点。定义线性渐变效果的语法格式如下。

```
background: linear-gradient(direction, color-stop1, color-stop2, ...);
```

其中 direction 用于指定渐变的方向；color-stop1 用于指定颜色的起点；color-stop2 用于指定过渡颜色或终点颜色。

下面将通过案例来学习如何实现从上到下的线性渐变效果。

【例 6.21】(案例文件：ch06\6.21.html)

```
<!DOCTYPE html>
<html>
<head>
<title>从上到下的线性渐变效果</title>
<style>
#grad1 {
    height: 200px;
    background: -webkit-linear-gradient(blue, red); /* Safari 5.1 - 6.0 */
    background: -o-linear-gradient(blue, red); /* Opera 11.1 - 12.0 */
    background: -moz-linear-gradient(blue, red); /* Firefox 3.6 - 15 */
    background: linear-gradient(blue, red); /* 标准的语法(必须放在最后) */
}
</style>
</head>
<body>
<h2>从上到下的渐变效果。起点是蓝色，慢慢过渡到红色。</h2>
<div id="grad1"></div>
</body>
</html>
```

在 IE 11.0 浏览器中浏览效果如图 6-23 所示。可见，线性渐变的默认方向为从上到下。

图 6-23　线性渐变效果

　Internet Explorer 9 及之前的版本不支持渐变效果。

用户可以定义水平渐变效果。例如将渐变方向定义为从左到右，则对应的代码如下。

```
#grad1{
  background: -webkit-linear-gradient(left, blue, red);
/* Safari 5.1 - 6.0 */
  background: -o-linear-gradient(right, blue, red);
/* Opera 11.1 - 12.0 */
  background: -moz-linear-gradient(right, blue, red);
/* Firefox 3.6 - 15 */
  background: linear-gradient(to right, blue, red); /* 标准的语法 */
}
```

用户可以定义对角渐变效果。例如从左上角到右下角的线性渐变，对应的代码如下。

```
#grad {
  background: -webkit-linear-gradient(left top, red, blue);
/* Safari 5.1 - 6.0 */
  background: -o-linear-gradient(bottom right, red, blue);
/* Opera 11.1 - 12.0 */
  background: -moz-linear-gradient(bottom right, red, blue);
/* Firefox 3.6 - 15 */
  background: linear-gradient(to bottom right, red, blue);
/* 标准的语法 */
}
```

如果用户想要在渐变的方向上做更多的控制，可以定义一个角度。具体语法规则如下。

```
background: linear-gradient(angle, color-stop1, color-stop2);
```

其中 angle 为水平线和渐变线之间的角度，逆时针方向计算。例如以下为带有角度的线性渐变。

```
#grad {
  background: -webkit-linear-gradient(180deg, red, blue);
/* Safari 5.1 - 6.0 */
  background: -o-linear-gradient(180deg, red, blue);
/* Opera 11.1 - 12.0 */
  background: -moz-linear-gradient(180deg, red, blue);
/* Firefox 3.6 - 15 */
  background: linear-gradient(180deg, red, blue); /* 标准的语法 */
}
```

CSS3 渐变也支持透明度设置，可用于创建减弱变淡的效果。为了添加透明度效果，可以使用 rgba()函数来定义颜色结点。rgba() 函数中的最后一个参数可以是从 0 到 1 的值，它定义了颜色的透明度：0 表示完全透明，1 表示完全不透明。

下面的代码将实现从左边开始的线性渐变。起点是完全透明，慢慢过渡到完全不透明的蓝色。

```
#grad {
  background: -webkit-linear-gradient(left,rgba(255,0,0,0),rgba(255,0,0,1));
/* Safari 5.1 - 6 */
  background: -o-linear-gradient(right,rgba(255,0,0,0),rgba(255,0,0,1));
/* Opera 11.1 - 12*/
  background: -moz-linear-gradient(right,rgba(255,0,0,0),rgba(255,0,0,1));
/* Firefox 3.6 - 15*/
  background: linear-gradient(to right, rgba(255,0,0,0), rgba(255,0,0,1));
/* 标准的语法 */
}
```

## 6.5.2 案例 19——径向渐变效果

径向渐变是以指定的中心点，按设置的形状和大小进行渐变的效果。径向渐变的语法格式如下。

```
background: radial-gradient(center, shape, size, start-color, ..., last-
color);
```

上述参数的含义如下。

(1) center 为渐变的中心，默认值为渐变的中心点。

(2) shape 为渐变的形状，它的值可以为 circle 或 ellipse。其中，circle 表示圆形，ellipse 表示椭圆形。默认值是 ellipse。

(3) size 为渐变的大小。它可以取值为：closest-side、farthest-side、closest-corner 或者 farthest-corner。

(4) start-color 为开始颜色，last-color 为结束颜色。

下面的案例将制作不同形状的径向渐变效果。

【例 6.22】(案例文件：ch06\6.22.html)

```
<!DOCTYPE html>
<html>
<head>
<title>径向渐变效果</title>
<style>
#grad1 {
    height: 150px;
    width: 200px;
    background: -webkit-radial-gradient(red, yellow, green);
/* Safari 5.1 - 6.0 */
    background: -o-radial-gradient(red, yellow, green);
/* Opera 11.6 - 12.0 */
    background: -moz-radial-gradient(red, yellow, green);
/* Firefox 3.6 - 15 */
    background: radial-gradient(red, yellow, green);
/* 标准的语法(必须放在最后) */
}

#grad2 {
    height: 150px;
    width: 200px;
    background: -webkit-radial-gradient(circle, red, yellow, green);
/* Safari 5.1 - 6.0 */
    background: -o-radial-gradient(circle, red, yellow, green);
/* Opera 11.6 - 12.0 */
    background: -moz-radial-gradient(circle, red, yellow, green);
/* Firefox 3.6 - 15 */
    background: radial-gradient(circle, red, yellow, green);
/* 标准的语法(必须放在最后) */
}
</style>
</head>
```

```
<body>
<h3>径向渐变效果</h3>
<p><strong>椭圆形 Ellipse(默认): </strong></p>
<div id="grad1"></div>
<p><strong>圆形 Circle: </strong></p>
<div id="grad2"></div></style>
</body>
</html>
```

在 IE 11.0 浏览器中浏览效果如图 6-24 所示。

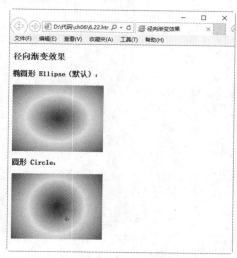

图 6-24　径向渐变效果

## 6.6　综合案例 1——制作简单公司主页

打开各种类型的商业网站，最先映入眼帘的就是首页，也称为主页。作为一个网站的门户，主页一般要求版面整洁，美观大方。结合前面学习的背景和边框知识，我们创建一个简单的商业网站。具体步骤如下所示。

step 01　分析需求。在本案例中，主页包括了三个部分，一部分是网站 Logo，一部分是导航栏，最后一部分是主页显示内容。网站 Logo 使用了一个背景图来代替，导航栏使用表格实现，内容列表使用无序列表实现。案例完成后，效果如图 6-25 所示。

step 02　构建基本 HTML。为了划分不同的区域，HTML 页面需要包含不同的 div 层，每一层代表一个内容。一个 div 包含背景图，一个 div 包含导航栏，一个 div 包含整体内容。内容又可以划分成两个不同的层。其代码如下所示。

```
<!DOCTYPE html>
<html>
<head>
<title>公司主页</title>
</head>
<body>
<center>
```

```
<div>
<div class=div1 align=center></div>
<div class=div2>
<table width=99%><tr align=center><td>首页</td><td>最新消息</td><td>产品展示
</td><td>销售网络</td><td>人才招聘</td><td>客户服务</td></tr></table>
</div>
<div class=div3>
<div class=div4>
<ul>最新消息
<li>公司举办 2017 科技辩论大赛</li>
<li>企业安全知识大比武</li>
<li>优秀员工评比活动规则</li>
<li>人才招聘信息</li>
</ul>
</div>
<div class=div5>
<ul>成功案例
<li>上海装修建材公司</li>
<li>美衣服饰有限公司</li>
<li>天力科技有限公司</li>
<li>美方豆制品有限公司</li>
</ul>
</div>
</div>
</div>
</center>
</body>
</html>
```

在 IE 11.0 浏览器中浏览效果如图 6-26 所示，可以看到在网页中显示了导航栏和两个列表信息。

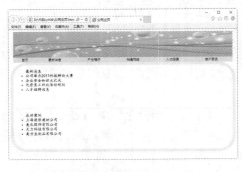

图 6-25　商业网站主页

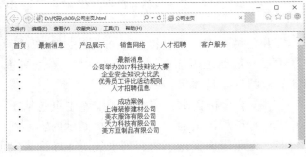

图 6-26　基本 HTML 结构

step 03 添加 CSS 代码，设置背景 Logo。

```
<style>
.div1{
    height:100px;
    width:820px;
    background-image:url(03.jpg);
    background-repeat:no-repeat;
    background-position:center;
```

```
        background-size:cover;
}
</style>
```

在 IE 11.0 浏览器中浏览效果如图 6-27 所示，可以看到在网页顶部显示了一个背景图，此背景覆盖整个 div 层，并不重复，而且背景图片居中显示。

step 04  添加 CSS 代码，设置导航栏。

```
.div2{
        width:820px;
        background-color:#d2e7ff;

}
table{
        font-size:12px;
        font-family:"幼圆";
}
```

在 IE 11.0 浏览器中浏览效果如图 6-28 所示，可以看到在网页中导航栏背景为浅蓝色，表格中字体大小为 12 像素，字体类型是幼圆。

图 6-27  设置背景图          图 6-28  设置导航栏

step 05  添加 CSS 代码，设置内容样式。

```
.div3{
        width:820px;
        height:320px;
        border-style:solid;
        border-color:#ffeedd;
        border-width:10px;
        border-radius:60px;
}
.div4{
        width:810px;
        height:150px;
        text-align:left;
        border-bottom-width: 2px;
        border-bottom-style:dotted;
        border-bottom-color:#ffeedd;
}
.div5{
```

```
    width:810px;
    height:150px;
    text-align:left;
}
```

在 IE 11.0 浏览器中浏览效果如图 6-29 所示，可以看到在网页中内容显示在一个圆角边框中，两个不同的内容块中间使用虚线隔开。

step 06 添加 CSS 代码，设置列表样式。

```
ul{
    font-size:15px;
    font-family:"楷体";
}
```

在 IE 11.0 浏览器中浏览效果如图 6-30 所示，可以看到在网页中列表字体大小为 15 像素，字形为楷体。

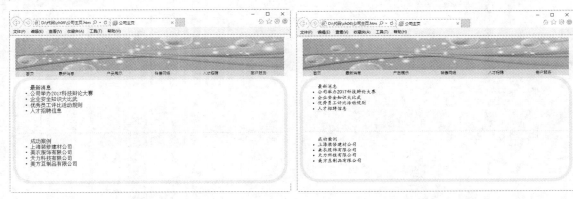

图 6-29　CSS 修饰边框　　　　　　　　图 6-30　美化列表信息

## 6.7　综合案例 2——制作简单生活资讯主页

本案例制作一个简单的生活资讯主页。具体操作步骤如下所示。

step 01 打开记事本文件，从中输入如下代码。

```html
<html>
<head>
<title>生活资讯</title>
<style>
.da{border:#0033FF 1px solid;}
.title{color:blue;font-size:25px;text-align:center}
.xtitle{
        text-align:center;
        font-size:13px;
        color:gray;
      }
img{
        border-top-style:solid;
        border-right-style:dashed;
        border-bottom- style:solid;
```

```
        border-left-style:dashed;
    }
.xiao{border-bottom:#CCCCCC 1px dashed;}
</style>
</head>
<body>
<div class=da>
<div class=xiao>
<p class=title>做一碗喷香的煲仔饭，锅巴是它的灵魂</p>
<p  class=xtitle>2014-01-25 09:38 来源：生活网</p>
</div>

<div>
<p align=center>
<img src=04.jpg border=1 width="200" height="150"/>
<p>
<p style="text-indent:10mm;font-size:15px;">
首先，把米泡好，然后在砂锅里抹上一层油，不要抹多，因为之后还要放。香喷喷的土猪油最好，没有
的话尽量用味道不大的油，比如葵花籽油和色拉油等，如果用橄榄油或花生油之类的话会有一股味道，
这个看个人接受能力了。之后就跟知友说的一样，放米放水。水一定不能多放。因为米已经吸饱了水。
具体放多少水看个人喜好了，如果不清楚的话就多做几次。总会成功的。</p>
<p>
<p style="text-indent:10mm;font-size:15px;">
然后盖上锅盖，大火，水开了之后换中火。等锅里的水变成类似于稀饭一样黏稠，没剩多少 (请尽量少
开几次锅盖，这个也需要经验) 的时候，放一勺油，这一勺油的用处是让米饭更香更亮更好吃，最重要
的一点是这样能！出！锅！巴！</p>
<p>
<p style="text-indent:10mm;font-size:15px;">
最后把配菜啥的放进去 (青菜我习惯用水焯一遍就直接放到做好的饭里) ，淋上酱汁。然后火稍微调小
一点，盖上盖子再焖一会，等菜快熟了的时候关火，不开盖，焖 5 分钟左右，就搞定了。
</p>
</div>
</div>
</body>
</html>
```

**step 02** 保存网页，在 IE 11.0 浏览器中预览效果如图 6-31 所示。

图 6-31　网页效果

123

# 6.8  大神解惑

**小白**：我制作网页的背景图片为什么不显示？是不是路径有问题？

**大神**：在一般情况下，设置图片路径的代码如下。

```
background-image:url(logo.jpg);
background-image:url(../logo.jpg);
background-image:url(../images/logo.jpg);
```

对于第一种情况"url(logo.jpg)"，要看此图片是不是与 CSS 文件在同一目录。

对于第二种与第三种情况，极力不推荐使用，因为网页文件可能存在于多级目录中，不同级目录的文件位置其相对路径是不一样的。而这样就让问题复杂化了，很可能图片在这个文件中显示正常，换了一级目录，图片就找不到影子了。

有一种方法可以轻松解决这一问题，建立一个公共文件目录，用来存放一些公用图片文件，例如"image"，将图片文件也直接存于该目录中，在 CSS 文件中可以使用下列方式。

```
url(images/logo.jpg)
```

**小白**：用小图片进行背景平铺好吗？

**大神**：不要使用过小的图片做背景平铺。这是因为宽、高为 1px 的图片平铺出一个宽、高为 200px 的区域，需要 200×200=40 000 次运算，占用资源。

**小白**：边框样式 border:0 会占用资源吗？

**大神**：推荐的写法是 border:none，虽然 border:0 只是定义边框宽度为零，但边框样式、颜色还是会被浏览器解析，占用资源。

# 6.9  跟我练练手

练习 1：制作一个包含背景图片的网页，然后设置背景的显示大小、显示区域等属性。

练习 2：制作一个包含边框的网页，然后设置边框的样式、颜色、线宽等属性。

练习 3：制作一个包含圆角边框的网页，然后设置圆角边框的半径和种类等属性。

练习 4：制作一个简单公司主页。

练习 5：制作一个生活咨讯主页。

# 第7章
## 设计网页超级链接和鼠标样式

　　超链接是网页的灵魂，各个网页都是通过超链接进行相互访问的，利用超链接实现页面的跳转。通过 CSS3 属性定义，可以设计出美观大方，具有不同外观和样式的超链接，从而美化网页。

**本章要点(已掌握的在方框中打钩)**

☐ 掌握美化超级链接的方法
☐ 掌握美化鼠标的方法
☐ 掌握制作图片版本超级链接的方法
☐ 掌握制作鼠标特效的方法
☐ 掌握制作简单导航栏的方法

# 7.1　使用 CSS3 美化超链接

一般情况下,超级链接是由<a></a>标记组成,它可以是文字或图片。添加了超级链接的文字具有自己的样式,从而和其他文字区别。其中默认链接样式为蓝色文字,有下画线。通过 CSS3 属性,可以修饰超级链接,从而达到美观的效果。

## 7.1.1　案例 1——改变超级链接基本样式

通过 CSS3 的伪类可以改变超级链接的基本样式。使用伪类最大的用处是在不同状态下可以对超级链接定义不同的样式效果,这是 CSS 本身定义的一种类。

对于超级链接伪类,其详细信息如表 7-1 所示。

表 7-1　超级链接伪类

| 伪　类 | 用　途 |
|---|---|
| a:link | 定义 a 对象在未被访问前的样式 |
| a:hover | 定义 a 对象在其鼠标悬停时的样式 |
| a:active | 定义 a 对象被用户激活时的样式(在鼠标单击与释放之间发生的事件) |
| a:visited | 定义 a 对象在其链接地址已被访问过的样式 |

　　如果要定义未被访问超级链接的样式,可以通过 a:link 来实现;如果要设置被访问过的超级链接的样式,可以定义 a:visited 来实现。要定义悬浮和激活时的样式,可用 hover 和 active 来实现。

【例 7.1】(案例文件:ch07\7.1.html)

```
<!DOCTYPE html>
<html>
<head>
<title>超级链接样式</title>
<style>
a{
   color:#545454;
   text-decoration:none;
}
a:link{
   color:#545454;
   text-decoration:none;
}
a:hover{
   color:#f60;
   text-decoration:underline;
}
a:active{
   color:#FF6633;
   text-decoration:none;
```

```
}
</style>
</head>
<body>
<center>
<a  href=#>返回首页</a>|<a  href=#>成功案例</a>
<center>
</body>
</html>
```

在 IE 11.0 浏览器中浏览效果如图 7-1 所示，可以看到两个超级链接，当鼠标停留在其中一个超级链接上方时，显示颜色为黄色，并带有下画线。另一个超级链接没有被访问，不带下画线，颜色显示灰色。

图 7-1　伪类修饰超级链接

 从上述可以知道，伪类只是提供一种途径，用来修饰超级链接，而对超级链接真正起作用的，还是文本、背景和边框等属性。

## 7.1.2　案例 2——设置带有提示信息的超级链接

在网页显示的时候，有时一个超级链接并不能说明这个链接地址的含义，通常还要为这个链接加上一些介绍性信息，即提示信息。可以通过超级链接 a 提供描述标记 title，来达到这个效果。title 属性的值即为提示内容，当鼠标停留在超级链接上时，会出现提示内容，并且不会影响页面排版的整洁。

【例 7.2】(案例文件：ch07\7.2.html)

```
<!DOCTYPE html>
<html>
<head>
<title>超级链接样式</title>
<style>
a{
   color:#005799;
   text-decoration:none;
}
a:link{
   color:#545454;
   text-decoration:none;
}
a:hover{
   color:#f60;
   text-decoration:underline;
}
```

127

```
a:active{
    color:#FF6633;
    text-decoration:none;
}
</style>
</head>
<body>
<a href="" title="这是一个优秀的团队">了解我们</a>
</body>
</html>
```

在 IE 11.0 浏览器中浏览效果如图 7-2 所示，可以看到当鼠标停留在超级链接上方时，显示颜色为黄色，带有下画线，并且有一个提示信息"这是一个优秀的团队"。

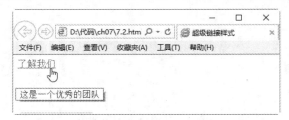

图 7-2　超级链接提示信息

## 7.1.3　案例 3——设置超级链接的背景图

一个普通超级链接，要么是文本显示，要么是图片显示，显示样式很单一。可以将图片作为背景图添加到超级链接里，这样超级链接会更加精美。通常使用 background-image 属性为超级链接添加背景图片。

【例 7.3】(案例文件：ch07\7.3.html)

```
<!DOCTYPE html>
<html>
<head>
<title>设置超级链接的背景图</title>
<style>
a{
    background-image:url(01.jpg);
    width:90px;
    height:30px;
    color:#005799;
    text-decoration:none;
}
a:hover{
    background-image:url(02.jpg);
    color:#006600;
    text-decoration:underline;
}
</style>
</head>
<body>
<a href="#">品牌特卖</a>
```

```
<a href="#">服饰精选</a>
<a href="#">食品保健</a>
</body>
</html>
```

在 IE 11.0 浏览器中浏览效果如图 7-3 所示，可以看到显示了三个超级链接。当鼠标停留在其中一个超级链接上时，其背景图就会显示黄色并带有下画线，而当鼠标不在超级链接上时，背景图显示深黄色，并且不带有下画线，从而实现超级链接动态菜单效果。

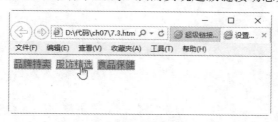

图 7-3　设置超级链接的背景图

 在上面的代码中，使用 background-image 引入背景图，使用 text-decoration 设置超级链接是否具有下画线。

## 7.1.4　案例 4——设置超级链接的按钮效果

有时为了增强超级链接的效果，会将超级链接模拟成表单按钮，即当鼠标指针移到一个超级链接上的时候，超级链接的文章或图片就会像被按下一样，有一种凹陷的效果。其实现方式通常是利用 CSS 中的 a:hover 伪类，当鼠标经过链接时，将链接向下、向右各移 1 像素，这时候显示效果就像按钮被按下似的。

【例 7.4】(案例文件：ch07\7.4.html)

```
<!DOCTYPE html>
<html>
<head>
<title>设置超级链接的按钮效果</title>
<style>
a{
        font-family:"幼圆";
        font-size:2em;
        text-align:center;
        margin:3px;
}
a:link,a:visited{
        color:#ac2300;
        padding:4px 10px 4px 10px;
        background-color:#ccd8db;
        text-decoration:none;
        border-top:1px solid #EEEEEE;
        border-left:1px solid #EEEEEE;
        border-bottom:1px solid #717171;
        border-right:1px solid #717171;
}
```

```
a:hover{
      color:#821818;
      padding:5px 8px 3px 12px;
      background-color:#e2c4c9;
      border-top:1px solid #717171;
      border-left:1px solid #717171;
      border-bottom:1px solid #EEEEEE;
      border-right:1px solid #EEEEEE;
}
</style>
</head>
<body>
<a href="#">首页</a>
<a href="#">团购</a>
<a href="#">品牌特卖</a>
<a href="#">服饰精选</a>
<a href="#">食品保健</a>
</body>
</html>
```

在 IE 11.0 浏览器中浏览效果如图 7-4 所示，可以看到显示了 5 个超级链接。当鼠标停留在一个超级链接上时，其背景色显示黄色并具有凹陷的感觉，而当鼠标不在超级链接上时，背景图显示浅灰色。

图 7-4　设置超级链接按钮效果

　　上面的 CSS 代码中，对 a 标记进行了整体控制，同时加入了 CSS 的两个伪类属性。对于普通超级链接和单击过的超级链接采用同样的样式，并且边框的样式模拟按钮效果。而对于鼠标指针经过时的超级链接，相应地改变文字颜色、背景色、位置和边框，从而模拟按钮按下的效果。

# 7.2　使用 CSS3 美化鼠标

操作计算机时，当鼠标移动到不同地方，或执行不同操作时，鼠标样式是不同的，这些就是鼠标特效。例如，当需要缩放窗口时，将鼠标放置在窗口边沿处，鼠标会变成双向箭头状；当系统繁忙时，鼠标会变成漏斗状。如果要在网页上实现这种效果，可以通过 CSS 属性定义实现。

## 7.2.1　案例 5——使用 CSS3 控制鼠标箭头

在 CSS3 中，鼠标的箭头样式可以通过 cursor 属性来实现。cursor 属性包含 17 个属性值，对应鼠标的 17 个样式，而且还能够通过 url 链接地址自定义鼠标指针，如表 7-2 所示。

表 7-2　鼠标样式

| 属 性 值 | 说　明 |
| --- | --- |
| auto | 自动，按照默认状态自行改变 |
| crosshair | 精确定位十字 |
| default | 默认鼠标指针 |
| hand | 手形 |
| move | 移动 |
| help | 帮助 |
| wait | 等待 |
| text | 文本 |
| n-resize | 箭头朝上双向 |
| s-resize | 箭头朝下双向 |
| w-resize | 箭头朝左双向 |
| e-resize | 箭头朝右双向 |
| ne-resize | 箭头右上双向 |
| se-resize | 箭头右下双向 |
| nw-resize | 箭头左上双向 |
| sw-resize | 箭头左下双向 |
| pointer | 指示 |
| url (url) | 自定义鼠标指针 |

**【例 7.5】**(案例文件：ch07\7.5.html)

```
<!DOCTYPE html>
<html>
<head>
<title>鼠标特效</title>
</head>
<body>
  <h2>CSS 控制鼠标箭头</h2>
  <div style="font-size:10pt;color:DarkBlue">
    <p style="cursor:hand">手形</p>
    <p style="cursor:move">移动</p>
    <p style="cursor:help">帮助</p>
    <p style="cursor:n-resize">箭头朝上双向</p>
    <p style="cursor:ne-resize">箭头右上双向</p>
    <p style="cursor:wait">等待</p>
  </div>
</body>
</html>
```

在 IE 11.0 浏览器中浏览效果如图 7-5 所示，可以看到多个鼠标样式提示信息。当鼠标放到"帮助"文字时，鼠标会以问号"？"显示，从而达到提示作用。读者可以将鼠标放在不同的文字上,查看不同的鼠标样式。

图 7-5 鼠标箭头样式

## 7.2.2 案例6——设置鼠标变幻式超链接

知道了如何控制鼠标样式,就可以轻松制作出鼠标指针样式变幻的超级链接效果,即鼠标放到超级链接上,可以看到超级链接颜色、背景图片发生变化,并且鼠标样式也发生变化。

【例 7.6】(案例文件:ch07\7.6.html)

```html
<!DOCTYPE html>
<html>
<head>
<title>鼠标手势</title>
<style>
a{
    display:block;
    background-image:url(03.jpg);
    background-repeat:no-repeat;
    width:100px;
    height:30px;
    line-height:30px;
    text-align:center;
    color:#FFFFFF;
    text-decoration:none;
    }
a:hover{
    background-image:url(02.jpg);
    color:#FF0000;
    text-decoration:none;
    }
.help{
    cursor:help;
    }
.text{cursor:text;}
</style>
</head>
<body>
<a href="#" class="help">帮助我们</a>
```

```
<a href="#" class="text">招聘信息</a>
</body>
</html>
```

在 IE 11.0 浏览器中浏览效果如图 7-6 所示，可以看到当鼠标放到"帮助我们"超链接上，其鼠标样式以问号显示，字体颜色显示为红色，背景色为蓝天白云。当鼠标离开超链接，背景图片为绿色，字体颜色为白色。

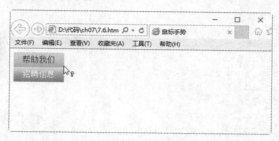

图 7-6　鼠标变幻效果

## 7.2.3　案例 7——设置网页页面滚动条

当一个网页内容较多的时候，浏览器窗口不能在一屏内完全显示，就会给浏览者提供滚动条，方便读者浏览相关内容。对于 IE 浏览器，可以单独设置滚动条样式，从而满足网站整体样式设计。滚动条主要由 3dlight、highlight、face、arrow、shadow 和 darkshadow 等几个部分组成。其具体含义如表 7-3 所示。

表 7-3　滚动条属性设置

| Scrollbar 属性 | CSS 版本 | 兼容性 | 简　介 |
|---|---|---|---|
| scrollbar-3dlight-color | IE 专有属性 | IE5.5+ | 设置或检索滚动条亮边框颜色 |
| scrollbar-highlight-color | IE 专有属性 | IE5.5+ | 设置或检索滚动条 3D 界面的亮边(ThreedHighlight)颜色 |
| scrollbar-face-color | IE 专有属性 | IE5.5+ | 设置或检索滚动条 3D 表面(ThreedFace)的颜色 |
| scrollbar-arrow-color | IE 专有属性 | IE5.5+ | 设置或检索滚动条方向箭头的颜色 |
| scrollbar-shadow-color | IE 专有属性 | IE5.5+ | 设置或检索滚动条 3D 界面的暗边(ThreedShadow)颜色 |
| scrollbar-dark shadow-color | IE 专有属性 | IE5.5+ | 设置或检索滚动条暗边框(ThreedDarkShadow)颜色 |
| scrollbar-base-color | IE 专有属性 | IE5.5+ | 设置或检索滚动条基准颜色。其他界面颜色将据此自动调整 |

【例 7.7】(案例文件：ch07\7.7.html)

```
<!DOCTYPE html>
<html>
<head>
<title>设置滚动条</title>
<style>
body{
    overFlow-x:hidden;
    overFlow-y:scroll;
    scrollBar-face-color:green;
    scrollBar-highLight-color:red;
    scrollBar-3dlight-color:orange;
    scrollBar-darkshadow-color:blue;
    scrollBar-shadow-color:yellow;
    scrollBar-arrow-color:purple;
    scrollBar-track-color:black;
    scrollBar-base-color:pink;
 }
p{
    text-indent:2em;
}
 </style>
</head>
<body>
<h1 align=center>岳阳楼记</h1>
<p>
庆历四年春，滕子京谪守巴陵郡。越明年，政通人和，百废具兴。乃重修岳阳楼，增其旧制，刻唐贤今
人诗赋于其上。属(zhǔ)予作文以记之。
</p>
        <p>
予观夫巴陵胜状，在洞庭一湖。衔远山，吞长江，浩浩汤汤(shāngshāng)，横无际涯。朝晖夕阴，气
象万千。此则岳阳楼之大观也，前人之述备矣。然则北通巫峡，南极潇湘，迁客骚人，多会于此，览物
之情，得无异乎？
</p><p>
若夫霪雨霏霏，连月不开，阴风怒号，浊浪排空。日星隐曜，山岳潜形。商旅不行，樯倾楫摧。薄暮冥
冥，虎啸猿啼。登斯楼也，则有去国怀乡，忧谗畏讥，满目萧然，感极而悲者矣。
</p><p>
至若春和景明，波澜不惊，上下天光，一碧万顷。沙鸥翔集，锦鳞游泳。岸芷汀(tīng)兰，郁郁青
青。而或长烟一空，皓月千里，浮光跃金，静影沉璧，渔歌互答，此乐何极！登斯楼也，则有心旷神
怡，宠辱偕忘，把酒临风，其喜洋洋者矣。  </p><p>
嗟夫！予尝求古仁人之心，或异二者之为。何哉？不以物喜，不以己悲；居庙堂之高，则忧其民，处江
湖之远，则忧其君。是进亦忧，退亦忧。然则何时而乐耶？其必曰"先天下之忧而忧，后天下之乐而
乐"乎？噫！微斯人，吾谁与归？
</p><p>
时六年九月十五日。
</p>
</body>
</html>
```

在 IE 11.0 浏览器中浏览效果如图 7-7 所示，可以看到页面显示了一个绿色滚动条，滚动
条边框显示黄色，箭头显示为紫色。

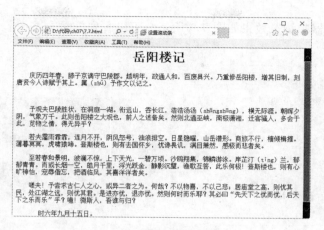

图 7-7　CSS 设置滚动条

注意

overFlow-x:hidden 代码表示显示 x 轴方向上的代码，overFlow-y:scroll 表示显示 y 轴方向上的代码。非常遗憾的是，目前这种滚动设计只限于 IE 浏览器，其他浏览器对此并不支持。相信在不久的将来，这个也会纳入 CSS3 的样式属性中。

## 7.3　综合案例 1——图片版本超级链接

在网上购物，已经成为一种时尚，足不出户就可以购买到称心如意的东西。在网上查看所购买的东西，通常都是通过图片。购买者首先查看图片上的物品是否满意，如果满意则直接单击图片进入到详细信息介绍页面，在这些页面中通常都是以图片作为超级链接的。

本案例将结合前面学习的知识，创建一个图片版本超级链接。具体步骤如下所示。

**step 01** 分析需求。单独对一个物品进行介绍，最少要包含两个部分，一部分是图片，另一部分是文字。图片是作为超级链接存在的，单击它可以进入下一个页面；文字主要是介绍物品用的。案例完成后，其实际效果如图 7-8 所示。

**step 02** 构建基本 HTML 页面。创建 HTML 页面，需要创建一个段落 p，来包含图片 img 和介绍信息。其代码如下所示。

```
<!DOCTYPE html>
<html>
<head>
<title>图片版本超级链接</title>
</head>
<body>
<p>
<a href="#" title="单击图片，会进入更详细页面介绍"><img src=xuelian.jpg></a>
雪莲是一种珍贵的中药，在中国的新疆、西藏、青海、四川、云南等地都有出产。中医将雪莲花全草入
药，主治雪盲、牙痛、阳痿、月经不调等病症。此外，中国民间还有用雪莲花泡酒来治疗风湿性关节炎
和妇科病的方法。不过，由于雪莲花中含有有毒成分秋水仙碱，所以用雪莲花泡的酒切不可多服。
</p>
</body>
</html>
```

在 IE 11.0 浏览器中浏览效果如图 7-9 所示,可以看到页面中显示了一张图片作为超级链接,下面带有文字介绍。

图 7-8　图片版本超级链接

图 7-9　创建基本页面

step 03　添加 CSS 代码,修饰 img 图片。

```
<style>
img{
        width:120px;
        height:100px;
        border:1px solid #ffdd00;
        float:left;
}
</style>
```

在 IE 11.0 浏览器中浏览效果如图 7-10 所示,可以看到页面中图片变为小图片,其宽度为 120 像素,高度为 100 像素,带有边框,文字在图片右部出现。

图 7-10　设置图片样式

step 04　添加 CSS 代码,修饰段落样式。

```
p{
        width:200px;
        height:200px;
        font-size:13px;
        font-family:"幼圆";
        text-indent:2em;

}
```

在 IE 11.0 浏览器中浏览效果如图 7-11 所示,可以看到段落文字大小为 13 像素,字形为幼圆,段落首行缩进了 2em。

图 7-11　设置段落样式

## 7.4　综合案例 2——关于鼠标特效案例

在浏览网页时,可以看到鼠标指针的形状有箭头、手形和 I 字形几种,但在 Windows 环境下可以看到的鼠标指针种类要比这多得多。CSS 弥补了 HTML 在这方面的不足,可以通过

cursor 属性设置各种样式的鼠标形状，并且可以自定义鼠标。

本案例结合前面介绍的内容，将创建一个鼠标特效。其具体步骤如下所示。

step 01 分析需求。所谓鼠标特效，是指背景图片、文字和鼠标指针发生变化，从而吸引人注意。本案例将创建 3 个超级链接，并设定它们的样式，即可达到效果。案例完成后，在 IE 11.0 浏览器中效果如图 7-12 和图 7-13 所示。

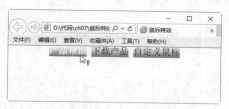

图 7-12　IE 鼠标特效(一)

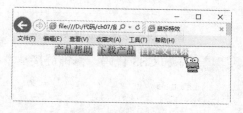

图 7-13　IE 鼠标特效(二)

step 02 创建 HTML，实现基本超级链接。

```html
<!DOCTYPE html>
<html>
<head>
<title>鼠标特效</title>
</head>
<body>
<center>
<a href="#">产品帮助</a>
<a href="#">下载产品</a>
<a href="#">自定义鼠标</a>
</center>
</body>
</html>
```

在 IE 11.0 浏览器中浏览效果如图 7-14 所示，可以看到 3 个超级链接，颜色为蓝色，并带有下画线。

step 03 添加 CSS 代码，修饰整体样式。

```css
<style type="text/css">
<!--
*{
    margin:0px;
    padding:0px;
    }
body{
    font-family:"宋体";
    font-size:12px;
    }
-->
</style>
```

在 IE 11.0 浏览器中浏览效果如图 7-15 所示，可以看到超级链接颜色不变，字体大小为 12 像素，字形为宋体。

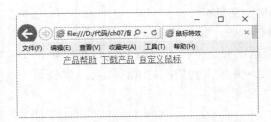 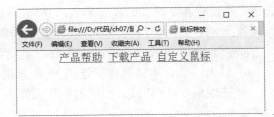

图 7-14　创建超级链接　　　　图 7-15　设置全局样式

step 04　添加 CSS 代码，修饰链接基本样式。

```
a, a:visited {
    line-height:20px;
    color: #000000;
    background-image:url(nav02.jpg);
    background-repeat: no-repeat;
    text-decoration: none;
}
```

在 IE 11.0 浏览器中浏览效果如图 7-16 所示，可以看到超级链接引入了背景图片，不带下画线，并且字体颜色为黑色。

step 05　添加 CSS 代码，修饰悬浮样式。

```
a:hover {
    font-weight: bold;
    color: #FFFFFF;
}
```

在 IE 11.0 浏览器中浏览效果如图 7-17 所示，可以看到当鼠标放到超级链接上时，字体颜色变为白色，字体加粗。

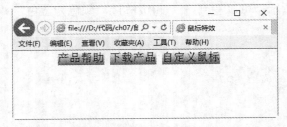 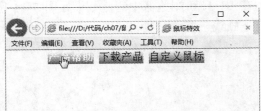

图 7-16　设置链接基本样式　　　　图 7-17　设置悬浮样式

step 06　添加 CSS 代码，设置鼠标指针。

```
<a href="#" style="cursor:help;">产品帮助</a>
<a href="#" style="cursor:wait;">下载产品</a>
<a href="#" style="cursor: url('0041.ani')">自定义鼠标</a>
```

在 IE 11.0 浏览器中浏览效果如图 7-18 所示，可以看到当鼠标放到超级链接上时，鼠标指针变为问号，提示帮助。

138

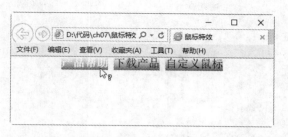

图 7-18　设置鼠标指针

# 7.5　综合案例 3——制作一个简单的导航栏

网站的每个页面中，基本都存放着一个导航栏，作为浏览者跳转的入口。导航栏一般是由超级链接创建，它的样式可以采用 CSS 来设置，可相应改变文字、背景图片和边框等。

结合前面学习的知识，创建一个实用导航栏。具体步骤如下所示。

step 01 分析需求。一个导航栏通常需要创建一些超级链接，然后对这些超级链接进行修饰。这些超级链接可以横排，也可以竖排。链接上可以导入背景图片、为文字加下画线等。案例完成后，其效果如图 7-19 所示。

step 02 构建 HTML 页面，创建超级链接。

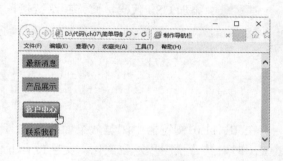

图 7-19　导航栏效果

```
<!DOCTYPE html>
<html>
<head>
<title>制作导航栏</title>
</head>
<body>
<a href="#">最新消息</a>
<a href="#">产品展示</a>
<a href="#">客户中心</a>
<a href="#">联系我们</a>
</body>
</html>
```

在 IE 11.0 浏览器中浏览效果如图 7-20 所示，可以看到页面中创建了 4 个超级链接，其排列方式为横排，颜色为蓝色，带有下画线。

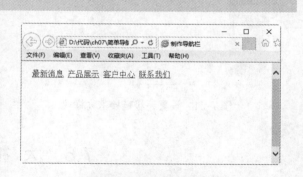

图 7-20　创建超级链接

step 03 添加 CSS 代码，修饰超级链接基本样式。

```
<style type="text/css">
<!--
```

```
a, a:visited {
    display: block;
    font-size:16px;
    height: 50px;
    width: 80px;
    text-align: center;
    line-height: 40px;
    color: #000000;
    background-image: url(20.jpg);
    background-repeat: no-repeat;
    text-decoration: none;
}
-->
</style>
```

在 IE 11.0 浏览器中浏览效果如图 7-21 所示，可以看到页面中 4 个超级链接排列方式变为竖排，并且每个链接都导入了一张背景图片，超级链接高度为 50 像素，宽度为 80 像素，字体颜色为黑色，不带下画线。

step 04 添加 CSS 代码，修饰超级链接鼠标悬浮样式。

```
a:hover {
    font-weight: bolder;
    color: #FFFFFF;
    text-decoration: underline;
    background-image: url(hover.gif);
}
```

在 IE 11.0 浏览器中浏览效果如图 7-22 所示，可以看到当鼠标放到导航栏上的一个超级链接上时，其背景图片发生变化，文字带有下画线。

图 7-21  设置超级链接基本样式

图 7-22  设置鼠标悬浮样式

# 7.6  大 神 解 惑

小白：丢失标记中的结尾斜线，会造成什么后果？

大神：导致页面排版失效。结尾斜线也是造成页面失效比较常见的原因。我们很容易忽略结尾斜线之类的内容，特别是在 image 标签等元素中。在严格的 DOCTYPE 中这是无效的。要在 img 标签结尾处加上 "/" 以解决此问题。

小白：设置了超级链接激活状态，为什么看不到结果呢？

大神：当前激活状态"a:active"一般被显示的情况非常少，因此很少使用。因为当用户单击一个超级链接之后，焦点很容易就会从这个链接上转移到其他地方，例如新打开的窗口等，此时该超级链接就不再是"当前激活"状态了。

## 7.7　跟我练练手

练习 1：制作一个包含超级链接的网页，然后设置超级链接的基本样式、背景图片等属性。

练习 2：制作一个包含鼠标特效的网页，然后设置鼠标变幻式超级链接和滚动条效果。

练习 3：制作一个包含图片版本超级链接的网页。

练习 4：制作一个关于鼠标特效的网页，通过 cursor 属性设置各种样式的鼠标。

练习 5：制作一个简单导航栏的网页。

# 第8章

## 设计表格和表单样式

表格和表单是网页中常见的元素，表格通常用来显示二维关系数据和排版，从而达到页面整齐和美观的效果。而表单是作为客户端和服务器交流的窗口，可以获取客户端信息，并反馈服务器端信息。本章将介绍使用 CSS3 来美化表格和表单的操作。

**本章要点(已掌握的在方框中打钩)**

☐ 掌握美化表格样式的方法

☐ 掌握美化表单样式的方法

☐ 掌握制作用户登录页面的方法

☐ 掌握制作用户注册页面的方法

网站开发案例课堂

# 8.1 美化表格样式

在传统网页设计中，表格一直占有比较重要的地位，使用表格排版网页，可以使网页更美观，条理更清晰，更易于维护和更新。

## 8.1.1 案例 1——设置表格边框样式

在显示表格数据时，通常都带有表格边框，用来界定不同单元格的数据。当 table 表格的描述标记 border 值大于 0 时，显示边框；如果 border 值为 0，则不显示边框。边框显示之后，可以使用 CSS3 的 border-collapse 属性对边框进行修饰。其语法格式为：

```
border-collapse : separate | collapse
```

其中 separate 是默认值，表示边框会被分开，不会忽略 border-spacing 和 empty-cells 属性。而 collapse 属性表示边框会合并为一个单一的边框，会忽略 border-spacing 和 empty-cells 属性。

【例 8.1】(案例文件：ch08\8.1.html)

```
<!DOCTYPE html>
<html>
<head>
<title>家庭季度支出表</title>
<style>
<!--
.tabelist{
    border:1px solid #429fff;    /* 表格边框 */
    font-family:"楷体";
    border-collapse:collapse;    /* 边框重叠 */
}
.tabelist caption{
    padding-top:3px;
    padding-bottom:2px;
    font-weight:bolder;
    font-size:15px;
    font-family:"幼圆";
    border:2px solid #429fff;    /* 表格标题边框 */
}
.tabelist th{
    font-weight:bold;
    text-align:center;
}
.tabelist td{
    border:1px solid #429fff;    /* 单元格边框 */
    text-align:right;
    padding:4px;
}
-->
</style>
    </head>
```

```
<body>
<table class="tabelist">
    <caption class="tabelist">
    2017 季度 07-09
    </caption>
    <tr>
     <th>月份</th>
        <th>07 月</th>
        <th>08 月</th>
        <th>09 月</th>
    </tr>
    <tr>
        <td>收入</td>
        <td>8000</td>
        <td>9000</td>
        <td>7500</td>
    </tr>
    <tr>
        <td>吃饭</td>
        <td>600</td>
        <td>570</td>
        <td>650</td>
    </tr>
    <tr>
        <td>购物</td>
        <td>1000</td>
        <td>800</td>
        <td>900</td>
    </tr>
    <tr>
        <td>买衣服</td>
        <td>300</td>
        <td>500</td>
        <td>200</td>
    </tr>
    <tr>
        <td>看电影</td>
        <td>85</td>
        <td>100</td>
        <td>120</td>
    </tr>
    <tr>
        <td>买书</td>
        <td>120</td>
        <td>67</td>
        <td>90</td>
    </tr>
</table>
</body>
</html>
```

在 IE 11.0 浏览器中浏览效果如图 8-1 所示，可以看到表格带有边框，其边框宽度为 1 像素，直线样式，并且边框合并。表格标题"2017 季度 07-09"也带有边框显示，字体大小为 150 像素，字形是幼圆并加粗显示。表格中每个单元格都以 1 像素、直线的方式显示边框，并将显示对象右对齐。

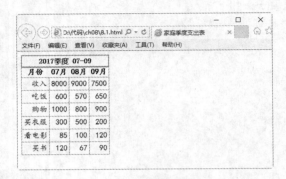

图 8-1　表格样式修饰

## 8.1.2　案例 2——设置表格边框宽度

在 CSS3 中，用户可以使用 border-width 属性来设置表格边框宽度。如果需要单独设置某一个边框宽度，可以使用 border-width 的衍生属性设置，例如 border-top-width 和 border-left-width 等。

【例 8.2】(案例文件：ch08\8.2.html)

```
<!DOCTYPE html>
<html>
<head>
<title>表格边框宽度</title>
<style>
    table{
        text-align:center;
        width:500px;
        border-width:6px;
        border-style:double;
        color:blue;
        }
                td{
                    border-width:3px;
                    border-style:dashed;
                    }
</style>
</head>
<body>
<table border=1 cellspacing="3" cellpadding="0">
  <tr>
    <td>姓名</td>
    <td>性别</td>
    <td>年龄</td>
  </tr>
  <tr>
    <td>张三</td>
    <td>男</td>
    <td>31</td>
  </tr>
```

```
    <tr>
        <td>李四</td>
        <td>男</td>
        <td>18</td>
    </tr>
</table>
</body>
</html>
```

在 IE 11.0 浏览器中浏览效果如图 8-2 所示，可以看到表格带有边框，宽度为 6 像素，双线样式，表格中字体颜色为蓝色。单元格边框宽度为 3 像素，显示样式是破折线式。

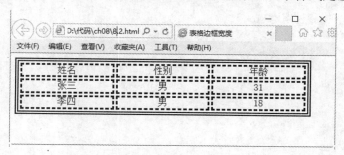

图 8-2　设置表格边框宽度

## 8.1.3　案例 3——设置表格边框颜色

表格颜色设置非常简单，通常使用 CSS3 的 color 属性设置表格中的文本颜色，使用 background-color 设置表格背景色。如果为了突出表格中的某一个单元格，还可以使用 background-color 设置某一个单元格颜色。

【例 8.3】(案例文件：ch08\8.3.html)

```
<!DOCTYPE html>
<html>
<head>
<title>设置表格边框颜色</title>
<style>
    *{
    padding:0px;
    margin:0px;
    }
    body{
    font-family:"黑体";
    font-size:20px;
        }
    table{
        background-color:yellow;
        text-align:center;
        width:500px;
        border:1px solid green;
        }
    td{
    border:1px solid green;
```

```
            height:30px;
            line-height:30px;
            }
               .tds{
            background-color:blue;
               }
</style>
</head>
<body>
<table  cellspacing="3" cellpadding="0">
  <tr>
    <td>姓名</td>
    <td class=tds>性别</td>
    <td>年龄</td>
  </tr>
  <tr>
    <td>张三</td>
    <td>男</td>
    <td>32</td>
  </tr>
  <tr>
    <td>小丽</td>
    <td>女</td>
    <td>28</td>
  </tr>
</table>
</body>
</html>
```

在 IE 11.0 浏览器中浏览效果如图 8-3 所示，可以看到表格带有边框，边框样式显示为绿色，表格背景色为黄色，其中一个单元格背景色为蓝色。

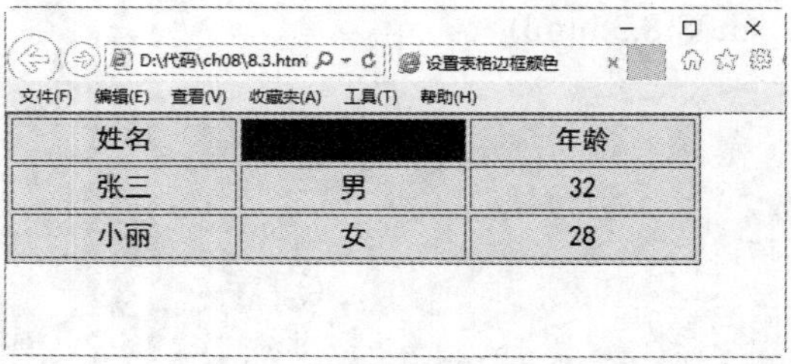

图 8-3　设置表格边框背景色

# 8.2　美化表单样式

表单可以用来向 Web 服务器发送数据，特别是经常被用在主页页面——用户输入信息然后发送到服务器中，实际用在 HTML 中的标记有 form、input、textarea、select 和 option。

## 8.2.1　案例 4——美化表单中的元素

在网页中，表单元素的背景色默认是白色的，这样的背景色不太完美，但可以使用颜色属性定义表单元素的背景色。表单元素背景色可以使用 background-color 属性定义，这样可以使表单元素不那么单调。使用示例如下所示。

```
input{
    background-color: #ADD8E6;
}
```

上面代码设置了 input 表单元素背景色，都是统一的颜色。

**【例 8.4】**(案例文件：ch08\8.4.html)

```
<!DOCTYPE html>
<HTML>
<head>
<style>
<!--
input{                          /* 所有 input 标记 */
    color: #cad9ea;
}
input.txt{                      /* 文本框单独设置 */
    border: 1px inset #cad9ea;
    background-color: #ADD8E6;
}
input.btn{                      /* 按钮单独设置 */
    color: #00008B;
    background-color: #ADD8E6;
    border: 1px outset #cad9ea;
    padding: 1px 2px 1px 2px;
}
select{
    width: 80px;
    color: #00008B;
    background-color: #ADD8E6;
    border: 1px solid #cad9ea;
}
textarea{
    width: 200px;
    height: 40px;
    color: #00008B;
    background-color: #ADD8E6;
    border: 1px inset #cad9ea;
}
-->
</style>
</head>
<BODY>
<h3>注册页面</h3>
<table border="1" width="45%">
<form method="post">
<tr><td width="30%">昵称:</td><td><input  class=txt>1—20 个字符<div
id="qq"></div></td></tr>
<tr><td>密码:</td><td><input type="password">长度为 6~16 位</td></tr>
<tr><td>确认密码:</td><td><input type="password"></td></tr>
<tr><td>真实姓名: </td><td><input name="username1"></td></tr>
<tr><td>性别:</td><td><select><option>男</option><option>女
```

```
</option></select></td></tr>
<tr><td>E-mail 地址:</td><td><input value="sohu@sohu.com"></td></tr>
<tr><td>备注:</td><td><textarea cols=35 rows=10></textarea></td></tr>
<tr><td><input type="button" value="提交" class=btn /></td><td><input
type="reset" value="重填"/></td></tr>
</form>
</table>
</BODY>
</HTML>
```

在 IE 11.0 浏览器中浏览效果如图 8-4 所示,可以看到表单中的"昵称"文本框、"性别"下拉列表框和"备注"微调框中都显示了指定的背景颜色。

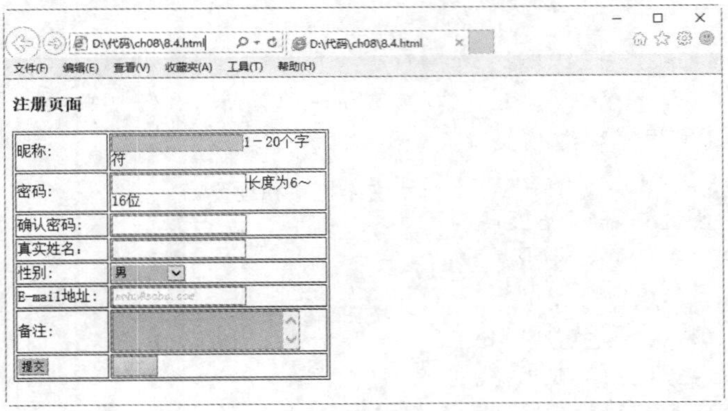

图 8-4　美化表单元素

在上面的代码中,首先使用 input 标记选择符定义了 input 表单元素的字体输入颜色,下面分别定义了 txt 和 btn 两个类,txt 用来修饰文本框样式,btn 用来修饰按钮样式。最后分别定义了 select 和 textarea 的样式,其样式定义主要涉及边框和背景色。

## 8.2.2　案例 5——美化提交按钮

通过对表单元素背景色的设置,可以在一定程度上起到美化提交按钮的效果,例如可以使用 background-color 属性,将其值设置为 transparent(透明色),就是最常见的一种美化提交按钮的方式。使用示例如下所示。

```
background-color:transparent;        /* 背景色透明 */
```

【例 8.5】(案例文件:ch08\8.5.html)

```
<!DOCTYPE html>
<html>
<head>
<title>美化提交按钮</title>
<style>
<!--
form{
    margin:0px;
    padding:0px;
```

```
font-size:14px;
}
input{
    font-size:14px;
    font-family:"幼圆";
}
.t{
    border-bottom:1px solid #005aa7;     /* 下画线效果 */
    color:#005aa7;
    border-top:0px; border-left:0px;
    border-right:0px;
    background-color:transparent;        /* 背景色透明 */
}
.n{
    background-color:transparent;        /* 背景色透明 */
    border:0px;                          /* 边框取消 */
}
-->
</style>
  </head>
<body>
<center>
<h1>签名页</h1>
<form method="post">
    值班主任: <input  id="name" class="t">
    <input type="submit" value="提交上一级签名>>" class="n">
</form>
</center>
</body>
</html>
```

在 IE 11.0 浏览器中浏览效果如图 8-5 所示，可以看到文本框只剩下一个下边框显示，其他边框被去掉了，提交按钮只剩下显示文字了，常见的矩形框被去掉了。

图 8-5　美化提交按钮

## 8.2.3　案例6——美化下拉菜单

在网页设计中，有时为了突出效果，会对文字进行加粗、添加颜色等设定。同样也可以对表单元素中的文字进行这样的修饰。使用 CSS3 的 font 相关属性就可以美化下拉菜单文

151

字。例如 font-size、font-weight 等，对于颜色设置可以采用 color 和 background-color 属性设置等。

【例 8.6】(案例文件：ch08\8.6.html)

```html
<!DOCTYPE html>
<html>
<head>
<title>美化下拉菜单</title>
<style>
<!--
.blue{
    background-color:#7598FB;
    color: #000000;
        font-size:15px;
        font-weight:bolder;
        font-family:"幼圆";
}
.red{
    background-color:#E20A0A;
    color: #ffffff;
        font-size:15px;
        font-weight:bolder;
        font-family:"幼圆";
}
.yellow{
    background-color:#FFFF6F;
    color: #000000;
        font-size:15px;
        font-weight:bolder;
        font-family:"幼圆";
}
.orange{
    background-color:orange;
    color:#000000;
        font-size:15px;
        font-weight:bolder;
        font-family:"幼圆";
}
-->
</style>
    </head>
<body>
<form method="post">
    <p><label for="color">选择暴雪预警信号级别:</label>
    <select name="color" id="color">
        <option value="">请选择</option>
        <option value="blue" class="blue">暴雪蓝色预警信号</option>
        <option value="yellow" class="yellow">暴雪黄色预警信号</option>
        <option value="orange" class="orange">暴雪橙色预警信号</option>
```

```
            <option value="red" class="red">暴雪红色预警信号</option>
    </select></p>
    <p><input type="submit" value="提交"></p>
</form>
</body>
</html>
```

在 IE 11.0 浏览器中浏览效果如图 8-6 所示，可以看到下拉菜单样式，其每个菜单项显示不同的背景色，用以和其他菜单项区别。

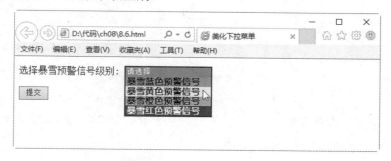

图 8-6　设置下拉菜单样式

## 8.3　综合案例 1——制作用户登录页面

本案例将结合前面学习的知识，创建一个简单的登录表单，具体操作步骤如下。

step 01　分析需求。创建一个登录表单，需要包含三个表单元素：一个姓名文本框、一个密码文本框和两个按钮。然后添加一些 CSS 代码，对表单元素进行修饰即可。案例完成后，其实际效果如图 8-7 所示。

step 02　创建 HTML 网页，实现表单。

```
<!DOCTYPE html>
<html>
<head>
<title>用户登录</title>
</head>
<body>
<div>
<h1>用户登录</h1>
 <form action="" method="post">
姓名：<input type="text" id=name  />
密码：<input type="password" id=password name="ps"  />
<input type=submit value="提交" class=button>
<input type=reset value="重置" class=button>
</form>
</div>
</body>
</html>
```

在上面的代码中，创建了一个 div 层用来包含表单及其元素。在 IE 11.0 浏览器中浏览效果如图 8-8 所示，可以看到一个表单，其中包含两个文本框和两个按钮，文本框用来获取姓名和密码，按钮分别为"提交"按钮和"重置"按钮。

图 8-7　登录表单

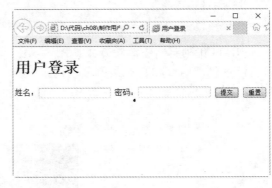

图 8-8　创建登录表单

step 03　添加 CSS 代码，修饰标题和层。

```
<style>
h1{
        font-size:20px;
    }
div{
        width:200px;
        padding:1em 2em 0 2em;
        font-size:12px;
}
</style>
```

上面的代码中，设置了标题大小为 20 像素，div 层宽度为 200 像素，层中字体大小为 12 像素。在 IE 11.0 浏览器中浏览效果如图 8-9 所示，可以看到标题变小，并且密码文本框换行显示，布局比原来更加美观合理。

step 04　添加 CSS 代码，修饰文本框和按钮。

```
#name,#password{
        border:1px solid #ccc;
        width:160px;
        height:22px;
        padding-left:20px;
        margin:6px 0;
        line-height:20px;
}
.button{margin:6px 0;}
```

在 IE 11.0 浏览器中浏览效果如图 8-10 所示，可以看到文本框变长，文本框的边框变大，并且表单元素之间距离增大，页面布局更加合理。

<table>
<tr><td>图 8-9　设置标题和层</td><td>图 8-10　CSS 修饰文本框和按钮</td></tr>
</table>

# 8.4　综合案例 2——制作用户注册页面

本案例使用表单内的各种元素来开发一个网站的注册页面，并用 CSS 样式来美化这个页面。具体操作步骤如下。

step 01　分析需求。注册表单非常简单，通常包含三个部分，需要在页面上方给出标题，标题下方是正文部分，即表单元素，最下方是表单元素提交按钮。在设计这个页面时，需要把"用户注册"标题设置成 h1 大小，正文使用 p 来限制表单元素。案例完成后，实际效果如图 8-11 所示。

step 02　构建 HTML 页面，实现基本表单。

```
<!DOCTYPE html>
<html>
<head>
<title>注册页面</title>
</head>
<body>
<h1 align=center>用户注册</h1>
<form method="post">
<p>姓    名：
<input type="text" class=txt size="12" maxlength="20" name="username" />
</p><p>性    别：
<input type="radio" value="male" />男
<input type="radio" value="female" />女
</p><p>年    龄：
<input type="text" class=txt name="age"  />
</p>
<p>联系电话：
<input type="text" class=txt name="tel" />
</p><p>电子邮件：
<input type="text" class=txt name="email" />
</p><p>联系地址：
<input type="text"  class=txt name="address" />
</p>
<p>
<input type="submit" name="submit" value="提交" class=but />
```

```
<input type="reset" name="reset" value="清除" class=but  />
</p>
</form>
</body>
</html>
```

在 IE 11.0 浏览器中浏览效果如图 8-12 所示，可以看到创建了一个注册表单，包含标题
"用户注册"以及"姓名""性别""年龄""联系电话""电子邮件""联系地址"等文
本框和"提交"按钮等。其显示样式为默认样式。

图 8-11　注册页面

图 8-12　注册表单显示

step 03　添加 CSS 代码，修饰全局样式和表单样式。

```
<style>
*{
    padding:0px;
    margin:0px;
    }
body{
    font-family:"宋体";
    font-size:12px;
    }
form{
    width:300px;
    margin:0 auto 0 auto;
    font-size:12px;
    color:#000079;
}
</style>
```

在 IE 11.0 浏览器中浏览效果如图 8-13 所示，可以看到页面中字体变小，其表单元素之
间距离缩短。

step 04　添加 CSS 代码，修饰段落、文本框和按钮。

```
form p {
    margin:5px 0 0 5px;
    text-align:center;
    }
.txt{
```

```
    width:200px;
    background-color:#CCCCFF;
    border:#6666FF 1px solid;
    color:#0066FF;
    }
.but{
    border:0px#93bee2solid;
    border-bottom:#93bee21pxsolid;
    border-left:#93bee21pxsolid;
    border-right:#93bee21pxsolid;
    border-top:#93bee21pxsolid;*/
    background-color:#3399CC;
    cursor:hand;
    font-style:normal;
    color:#000079;
}
```

在 IE 11.0 浏览器中浏览效果如图 8-14 所示，可以看到表单元素带有背景色，其输入字体颜色为蓝色，边框颜色为浅蓝色。按钮带有边框，按钮上的字体颜色为蓝色。

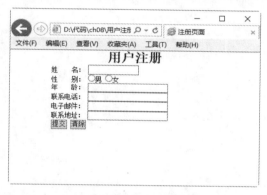

图 8-13　CSS 修饰表单样式

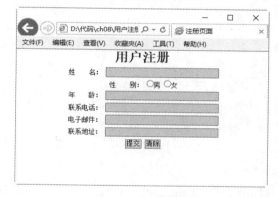

图 8-14　设置文本框和按钮样式

# 8.5 大 神 解 惑

小白：构建一个表格需要注意哪些方面？

大神：在 HTML 页面中构建表格框架时，应尽量遵循表格的标准标记，养成良好的编写习惯，并适当地利用 tab、空格和空行来提高代码的可读性，从而降低后期的维护成本。特别是使用 table 来布局一个较大的页面，需要在关键位置加上注释。

小白：在使用表格时，会发生一些变形，这是什么原因引起的？

大神：其中一个原因是表格排列设置在不同分辨率下所出现的错位。例如在 800 像素×600 像素的分辨率下，一切正常显示，而到了 1024 像素×800 像素时，则多个表格或者有的居中，有的却左排列或右排列。

表格有左、中、右三种排列方式，如果没进行特别设置，则默认为居左排列。在 800 像素×600 像素的分辨率下，表格恰好就有编辑区域那么宽，不容易察觉，而到了 1024 像素×800 像素的时候，就出现了问题，解决的办法比较简单，即都设置为居中，或居左或居右。

　　小白：使用 CSS 修饰表单元素时，采用默认值好还是使用 CSS 修饰好？

　　大神：各个浏览器之间显示有差异，其中一个原因就是各个浏览器对部分 CSS 属性的默认值不同导致的，通常的解决办法就是指定该值，而不让浏览器使用默认值。

# 8.6　跟我练练手

　　练习 1：制作一个包含表格的网页，然后设置表格的边框样式、边框宽度和边框颜色等属性。

　　练习 2：制作一个包含表单的网页，然后美化表单中的按钮和下拉菜单等元素。

　　练习 3：制作一个用户注册页面。

　　练习 4：制作一个用户登录页面。

# 第 9 章
## 设计列表和
## 菜单样式

　　网页菜单是网站中必不可少的元素之一，通过网页菜单可以在页面上自由跳转。网页菜单风格往往影响网站整体风格，所以网页设计者会花费大量的时间和精力去制作各式各样的网页菜单，来吸引浏览者。利用 CSS3 属性，可以制作出美观大方的项目列表和网页菜单。

**本章要点(已掌握的在方框中打钩)**

☐ 掌握美化项目列表的方法
☐ 掌握美化网页菜单的方法
☐ 掌握制作 SOSO 导航栏的方法
☐ 掌握将段落变成列表的方法

# 9.1  美化项目列表的样式

在 HTML5 中，项目列表用来罗列显示一系列相关的文本信息，包括有序、无序和自定义列表等，当引入 CSS3 后，就可以使用 CSS3 来美化项目列表了。

## 9.1.1  案例 1——美化无序列表

无序列表<ul>是网页中常见元素之一，使用<li>标记罗列各个项目，并且每个项目前面都带有特殊符号，例如黑色实心圆等。在 CSS3 中，可以通过 list-style-type 属性来定义无序列表前面的项目符号。

对于无序列表，list-style-type 语法格式如下所示。

```
list-style-type : disc | circle | square | none
```

其中 list-style-type 参数值含义如表 9-1 所示。

表 9-1  无序列表常用符号

| 参　数 | 说　明 |
| --- | --- |
| disc | 实心圆 |
| circle | 空心圆 |
| square | 实心方块 |
| none | 不使用任何标号 |

可以通过表里的参数，为 list-style-type 设置不同的特殊符号，从而改变无序列表的样式。

【例 9.1】(案例文件：ch09\9.1.html)

```
<!DOCTYPE html>
<html>
<head>
<title>美化无序列表</title>
<style>
* {
    margin:0px;
    padding:0px;
    font-size:12px;
}
p {
    margin:5px 0 0 5px;
    color:#3333FF;
    font-size:14px;
    font-family:"幼圆";
}
div{
    width:300px;
    margin:10px 0 0 10px;
```

```
    border:1px #FF0000 dashed;
}
div ul {
    margin-left:40px;
    list-style-type: disc;
}
div li {
    margin:5px 0 5px 0;
    color:blue;
    text-decoration:underline;
}
</style>
</head>
<body>
<div>
  <p>娱乐焦点</p>
  <ul>
    <li>换季肌闹"公主病"美肤急救快登场 </li>
    <li>来自 12 星座的你 认准罩门轻松瘦</li>
    <li>男人 30"豆腐渣" 如何延缓肌肤衰老</li>
    <li>打造天生美肌 名媛爱物强 K 性价比! </li>
    <li>夏裙又有新花样 拼接图案最时髦</li>
  </ul>
</div>
</body>
</html>
```

在 IE 11.0 浏览器中浏览效果如图 9-1 所示,可以看到显示了一个导航栏,导航栏中有不同的导航信息,每条导航信息前面都使用实心圆作为每行信息的开始。

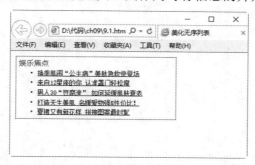

**图 9-1 用无序列表制作导航菜单**

在上面的代码中,使用 list-style-type 设置了无序列表中特殊符号为实心圆,使用 border 设置层 div 边框为红色、以破折线样式显示,宽度为 1 像素。

## 9.1.2 案例 2——美化有序列表

有序列表标记<ol>可以创建具有顺序标号的列表,例如每条信息前面加上 1、2、3、4 等。如果要改变有序列表前面的符号,同样需要利用 list-style-type 属性,只不过属性值不同。

对于有序列表，list-style-type 语法格式如下所示。

```
list-style-type : decimal | lower-roman | upper-roman | lower-alpha |
upper-alpha | none
```

其中 list-style-type 参数值含义如表 9-2 所示。

表 9-2　有序列表常用符号

| 参　数 | 说　明 |
| --- | --- |
| decimal | 带圆点的阿拉伯数字 |
| lower-roman | 小写罗马数字 |
| upper-roman | 大写罗马数字 |
| lower-alpha | 小写英文字母 |
| upper-alpha | 大写英文字母 |
| none | 不使用项目符号 |

注
意　　除了列表里的这些常用符号，list-style-type 还具有很多不同的参数值。由于不经常使用，这里不再罗列。

【例 9.2】(案例文件：ch09\9.2.html)

```
<!DOCTYPE html>
<html>
<head>
<title>美化有序列表</title>
<style>
* {
    margin:0px;
    padding:0px;
    font-size:12px;
}
p {
    margin:5px 0 0 5px;
    color:#3333FF;
    font-size:14px;
    font-family:"幼圆";
    border-bottom-width:1px;
    border-bottom-style:solid;

}
div{
    width:300px;
    margin:10px 0 0 10px;
    border:1px #F9B1C9 solid;
}
div ol {
    margin-left:40px;
    list-style-type: decimal;
}
div li {
    margin:5px 0 5px 0;
    color:blue;
}
```

```
</style>
</head>
<body>
<div>
  <p>娱乐焦点</p>
  <ol>
    <li>换季肌闹"公主病"美肤急救快登场 </li>
    <li>来自 12 星座的你 认准罩门轻松瘦</li>
    <li>男人 30"豆腐渣" 如何延缓肌肤衰老</li>
    <li>打造天生美肌 名媛爱物强 K 性价比! </li>
    <li>夏裙又有新花样 拼接图案最时髦</li>
  </ol>
</div>
</body>
</html>
```

在 IE 11.0 浏览器中浏览效果如图 9-2 所示，可以看到显示了一个导航栏，导航信息前面都带有相应的数字，表示其顺序。导航栏具有红色边框，并用一条蓝线将题目和内容分开。

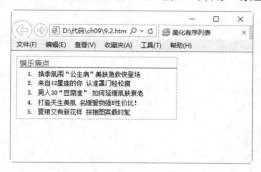

图 9-2　用有序列表制作菜单

 上面的代码中，使用 list-style-type: decimal 语句定义了有序列表前面的符号。严格来说，无论是<ul>标记还是<ol>标记，都可以使用相同的属性值，而且效果完全相同，即二者可以通用 list-style-type。

## 9.1.3　案例 3——美化自定义列表

自定义列表是列表项目中比较特殊的列表，相对于无序列表和有序列表，使用次数很少。引入 CSS3 的一些相关属性，可以改变自定义列表显示样式。

【例 9.3】(案例文件：ch09\9.3.html)

```
<!DOCTYPE html>
<html>
<head>
<style>
*{ margin:0; padding:0;}
body{ font-size:12px; line-height:1.8; padding:10px;}
dl{clear:both; margin-bottom:5px;float:left;}
dt,dd{padding:2px 5px;float:left; border:1px solid #3366FF;width:120px;}
dd{ position:absolute; right:5px;}
h1{clear:both;font-size:14px;}
</style>
```

```
</head>
<body>
<h1>日志列表</h1>
<div>
<dl>
<dt><a href="#">我多久没有笑了</a></dt> <dd>(0/11)</dd> </dl>
<dl> <dt><a href="#">12 道营养健康菜谱</a></dt> <dd>(0/8)</dd> </dl>
<dl> <dt><a href="#">太有才了</a></dt> <dd>(0/6)</dd> </dl>
<dl> <dt><a href="#">怀念童年</a></dt> <dd>(2/11)</dd> </dl>
<dl> <dt><a href="#">三字经</a></dt> <dd>(0/9)</dd> </dl>
<dl> <dt><a href="#">我的小小心愿</a></dt> <dd>(0/2)</dd> </dl>
<dl> <dt><a href="#">想念你，你可知道</a></dt> <dd>(0/1)</dd> </dl> </div>
</body>
</html>
```

在 IE 11.0 浏览器中浏览效果如图 9-3 所示，可以看到一个日志导航菜单，每个选项都有蓝色边框，并且后面带有浏览次数等。

图 9-3　用自定义列表制作导航菜单

　上面的代码中，通过使用 border 属性设置边框相关属性，使用 font 相关属性设置文本大小、颜色等。

## 9.1.4　案例 4——制作图片列表

使用 list-style-image 属性可以将列表项前面的项目符号替换为任意的图片。list-style-image 属性用来定义作为一个有序或无序列表项标志的图像。图像相对于列表项内容的放置位置通常使用 list-style-position 属性控制。list-style-image 语法格式如下所示。

```
list-style-image : none | url (url)
```

上面的属性值中，none 表示不指定图像，url 表示使用绝对路径或相对路径指定背景图像。

【例 9.4】(案例文件：ch09\9.4.html)

```
<!DOCTYPE html>
<html>
<head>
<title>图片符号</title>
<style>
<!--
```

```
ul{
    font-family:Arial;
    font-size:20px;
    color:#00458c;
    list-style-type:none;                    /* 不显示项目符号 */
}
li{
            list-style-image:url(01.jpg);
            padding-left:25px;               /* 设置图标与文字的间隔 */
            width:350px;
}
-->
</style>
    </head>
<body>
<p>娱乐焦点</p>
<ul>
    <li>换季肌闹"公主病" 美肤急救快登场 </li>
    <li>来自 12 星座的你 认准罩门轻松瘦</li>
    <li>男人 30 "豆腐渣" 如何延缓肌肤衰老</li>
    <li>打造天生美肌 名媛爱物强 K 性价比！</li>
    <li>夏裙又有新花样 拼接图案最时髦</li>
</ul>
</body>
</html>
```

在 IE 11.0 浏览器中浏览效果如图 9-4 所示，可以看到一个导航栏，每个导航菜单前面都有一个小图标。

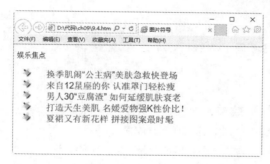

图 9-4　制作图片导航栏

　　在上面的代码中，使用 list-style-image:url(01.jpg)语句定义了列表前显示的图片，实际上还可以使用 background:url(01.jpg) no-repeat 语句完成这个效果，只不过 background 对图片大小要求比较苛刻。

## 9.1.5　案例5——缩进图片列表

使用图片作为列表符号显示时，图片通常显示在列表的外部，实际上还可以将图片列表中的文本信息对齐，从而显示另外一种效果。在 CSS3 中，可以通过 list-style-position 属性来设置图片显示位置。

list-style-position 属性语法格式如下所示。

```
list-style-position : outside | inside
```

其属性值含义如表 9-3 所示。

表 9-3　列表缩进属性值

| 属　性 | 说　明 |
|---|---|
| outside | 列表项目标记放置在文本以外，且环绕文本不根据标记对齐 |
| inside | 列表项目标记放置在文本以内，且环绕文本根据标记对齐 |

【例 9.5】(案例文件：ch09\9.5.html)

```
<!DOCTYPE html>
<html>
<head>
<title>图片位置</title>
<style>
.list1{
    list-style-position:inside;}
.list2{
    list-style-position:outside;}
.content{
    list-style-image:url(01.jpg);
    list-style-type:none;
    font-size:20px;
}
</style>
    </head>
<body>
<ul class=content>
<li class=list1>换季肌闹"公主病"美肤急救快登场。</li>
<li class=list2>换季肌闹"公主病"美肤急救快登场。</li>
</ul>
</body>
</html>
```

在 IE 11.0 浏览器中浏览效果如图 9-5 所示，可以看到一个图片列表，第一个图片列表选项中图片和文字对齐，即放在文本信息以内；第二个图片列表选项没有和文字对齐，而是放在文本信息以外。

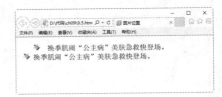

图 9-5　图片缩进

## 9.1.6　案例 6——列表复合属性

在前面小节中，使用 list-style-type 定义列表的项目符号，使用 list-style-image 定义列表的图片符号选项，使用 list-style-position 定义图片显示位置。实际上在对项目列表操作时，可以直接使用一个复合属性 list-style，将前面的三个属性放在一起设置。

list-style 语法格式如下所示。

```
{ list-style: style }
```

其中 style 指定或接收以下值(任意次序，最多三个)的字符串，如表 9-4 所示。

表 9-4　list-style 常用属性

| 属　性 | 说　明 |
|---|---|
| 图像 | 可供 list-style-image 属性使用的图像值的任意范围 |
| 位置 | 可供 list-style-position 属性使用的位置值的任意范围 |
| 类型 | 可供 list-style-type 属性使用的类型值的任意范围 |

【例 9.6】(案例文件：ch09\9.6.html)

```html
<!DOCTYPE html>
<html>
<head>
<title>复合属性</title>
<style>
#test1
{
    list-style:square inside url("01.jpg");
}
#test2
{
    list-style:none;
}

</style>
   </head>
<body>
<ul>
<li id=test1>换季肌闹"公主病"美肤急救快登场。</li>
<li id=test2>换季肌闹"公主病"美肤急救快登场。</li>
</ul>
</body>
</html>
```

在 IE 11.0 浏览器中浏览效果如图 9-6 所示，可以看到两个列表选项，一个列表选项中带有图片，另一个列表选项中没有符号和图片显示。

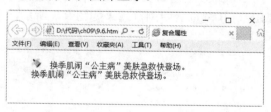

图 9-6　复合属性指定列表

list-style 属性是复合属性。在指定类型和图像值时，除非将图像值设置为 none 或无法显示 url 所指向的图像，否则图像值的优先级较高。例如在上面的例子中，类 test1 同时设置了符号为方块符号和图片，但只显示了图片。

 list-style 属性也适用于其 display 属性被设置为 list-item 的所有元素。要显示圆点符号，必须显式设置这些元素的 margin 属性。

# 9.2 使用 CSS 制作网页菜单

使用 CSS3 除了可以美化项目列表外，还可以用于制作网页中的菜单，并设置不同的显示效果。

## 9.2.1 案例 7——制作动态导航菜单

在使用 CSS3 制作导航条和菜单之前，需要将 list-style-type 的属性值设置为 none，即去掉列表前的项目符号。下面通过一个案例，介绍使用 CSS 完成一个菜单导航条。具体的操作步骤如下。

step 01 创建 HTML 文档，并实现一个无序列表，列表中的选项表示各个菜单。具体代码如下。

```
<!DOCTYPE html>
<html>
<head>
<title>动态导航菜单</title>
</head>
<body>
<div>
    <ul>
        <li><a href="#">网站首页</a></li>
        <li><a href="#">产品大全</a></li>
        <li><a href="#">下载专区</a></li>
        <li><a href="#">购买服务</a></li>
        <li><a href="#">服务类型</a></li>
    </ul>
</div>
</body>
</html>
```

上面的代码中，创建了一个 div 层，在层中放置了一个 ul 无序列表，列表中各个选项就是将来所使用的菜单。在 IE 11.0 浏览器中浏览效果如图 9-7 所示，可以看到显示了一个无序列表，每个选项带有一个实心圆。

图 9-7 显示项目列表

step 02 利用 CSS 相关属性，对 HTML 中的元素进行修饰，例如 div 层、ul 列表和 body 页面，代码如下所示。

```
<style>
<!--
body{
    background-color:#84BAE8;
}
div {
    width:200px;
    font-family:"黑体";
}
div ul {
    list-style-type:none;
    margin:0px;
    padding:0px;
}
-->
</style>
```

 提示　　上面的代码设置了网页背景色、层大小和文字字形，最重要的就是设置列表 <ul>的属性，将项目符号设置为不显示。

在 IE 11.0 浏览器中浏览效果如图 9-8 所示，可以看到项目列表变成一个普通的超级链接列表，无项目符号并带有下画线。

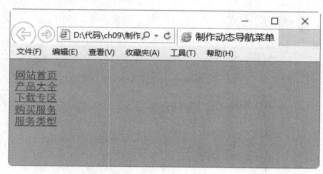

图 9-8　链接列表

step 03 使用 CSS3 对列表中的各个选项进行修饰，例如去掉超级链接的下画线，并增加 li 标记的边框线，从而美化菜单。

```
div li {
    border-bottom:1px solid #ED9F9F;
}
div li a{
    display:block;
    padding:5px 5px 5px 0.5em;
    text-decoration:none;
    border-left:12px solid #6EC61C;
    border-right:1px solid #6EC61C;
}
```

在 IE 11.0 浏览器中浏览效果如图 9-9 所示，可以看到每个选项中，超级链接的左侧显示蓝色条，右侧显示蓝色线。每个链接下方显示了一个黄色边框。

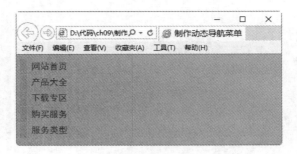

图 9-9　导航菜单

step 04 使用 CSS3 设置动态菜单效果，即当鼠标悬浮在导航菜单上，显示另外一种样式，具体的代码如下。

```
div li a:link, div li a:visited{
    background-color:#F0F0F0;
    color:#461737;
}
div li a:hover{
    background-color:#7C7C7C;
    color:#ffff00;
}
```

上面的代码设置了鼠标链接样式、访问后的样式和悬浮时的样式。在 IE 11.0 浏览器中浏览效果如图 9-10 所示，可以看到鼠标悬浮在菜单上时，会显示灰色。

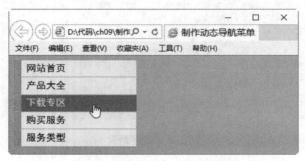

图 9-10　动态导航菜单

## 9.2.2　案例 8——制作水平和垂直菜单

在实际网页设计中，根据题材或业务需求不同，垂直导航菜单有时不能满足要求，这时就需要水平显示导航菜单。例如常见的百度首页，其导航菜单就是水平显示。使用 CSS 属性，不但可以创建垂直导航菜单，还可以创建水平导航菜单。

具体的操作步骤如下。

step 01 建立 HTML 项目列表结构，将要创建的菜单项都使用列表选项显示出来，具体的代码如下。

```
<!DOCTYPE html>
<html>
```

```
<head>
<title>制作水平和垂直菜单</title>
<style>
<!--
body{
    background-color:#84BAE8;
}
div {
    font-family:"幼圆";
}
div ul {
    list-style-type:none;
    margin:0px;
    padding:0px;
}
</style>
   </head>
<body>
<div id="navigation">
<ul>
        <li><a href="#">网站首页</a></li>
        <li><a href="#">产品大全</a></li>
        <li><a href="#">下载专区</a></li>
        <li><a href="#">购买服务</a></li>
        <li><a href="#">服务类型</a></li>
</ul>
</div>
</body>
</html>
```

在 IE 11.0 浏览器中浏览效果如图 9-11 所示，可以看到显示的是一个普通的超级链接列表，和上一个例子显示的基本一样。

step 02 现在是垂直显示导航菜单，需要利用 CSS 属性 float 将其设置为水平显示，并设置选项 li 和超级链接的基本样式，代码如下所示。

图 9-11　链接列表

```
div li {
    border-bottom:1px solid #ED9F9F;
    float:left;
    width:150px;
}
div li a{
    display:block;
    padding:5px 5px 5px 0.5em;
    text-decoration:none;
    border-left:12px solid #EBEBEB;
    border-right:1px solid #EBEBEB;
}
```

当 float 属性值为 left 时，导航栏为水平显示。其他设置基本和上一个例子相同。在 IE 11.0 浏览器中浏览效果如图 9-12 所示，可以看到各个链接选项水平地排列在当前页面之上。

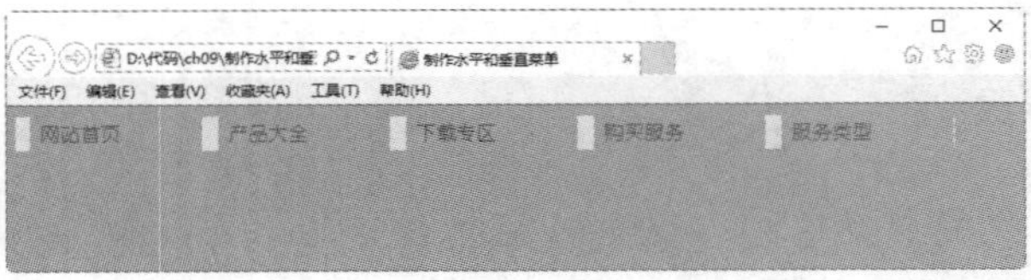

图 9-12　列表水平显示

step 03 设置超级链接<a>样式，和前面一样，也是设置鼠标动态效果。代码如下所示。

```
div li a:link, div li a:visited{
    background-color:#F0F0F0;
    color:#461737;
}
div li a:hover{
    background-color:#7C7C7C;
    color:#ffff00;
}
```

在 IE 11.0 浏览器中浏览效果如图 9-13 所示，可以看到当鼠标放到菜单之上时，会变换为另一种样式。

图 9-13　鼠标动态效果

# 9.3　综合案例 1——模拟 SOSO 导航栏

本案例将结合本章学习的制作菜单知识，轻松实现 SOSO 导航栏。具体步骤如下所示。

step 01 分析需求。实现该案例，需要包含三个部分，第一部分是 SOSO 图标；第二部分是水平菜单导航栏，也是本案例的重点；第三部分是表单部分，包含一个文本框和按钮。该案例实现后，其实际效果如图 9-14 所示。

图 9-14　模拟 SOSO 导航栏

step 02 创建 HTML 网页，实现基本 HTML 元素。对于本案例，需要利用 HTML 标记实现 SOSO 图标、导航的项目列表、下方的搜索文本框和按钮等。其代码如下所示。

```
<!DOCTYPE html>
<html>
<head>
<title>搜搜</title>
    </head>
<body>
<center><br><img src="logo_index.png"><br><br><br><br>
<div>
<ul>
    <li id=h></li>
    <li><a href="#">网页</a></li>
    <li> <a href="#">图片</a></li>
    <li> <a href="#">视频</a></li>
    <li><a href="#">音乐</a></li>
    <li><a href="#">搜吧</a></li>
    <li><a href="#">问问</a></li>
    <li><a href="#">团购</a></li>
    <li><a href="#">新闻</a></li>
    <li><a href="#">地图</a></li>
    <li id="more"><a href="#">更 多 &gt;&gt;</a></li>
</ul>
</div>
<p style="height:44px;"> </p>
<div id=s>
<form action="/q?" id="flpage" name="flpage">
    <input type="text" value="" size=50px;/>
    <input type="submit" value="搜搜">
</form>
</div>
</center>
</body>
</html>
```

在 IE 11.0 浏览器中浏览效果如图 9-15 所示，可以看到上方显示了一张图片，即 SOSO 图标。中间显示了一列项目列表，每个选项都是超级链接。下方是一个表单，包含文本框和按钮。

step 03 添加 CSS 代码，修饰项目列表。框架设计出来之后，就可以修改项目列表的相关样式，即列表水平显示，同时定义整个 div 层属性，例如设置背景色、宽度、底部边框和字体大小等。代码如下所示。

```
p{ margin:0px; padding:0px;}
#div{
    margin:0px auto;
    font-size:12px;
    padding:0px;
    border-bottom:1px solid #00c;
    background:#eee;
    width:800px;height:18px;
```

```
}
div li{
    float:left;
    list-style-type:none;
    margin:0px;padding:0px;
    width:40px;
}
```

上面的代码中，使用 float 属性设置菜单栏水平显示，使用 list-style-type 属性设置列表不显示项目符号。

在 IE 11.0 浏览器中浏览效果如图 9-16 所示，可以看到页面整体效果和 SOSO 首页比较相似，下面就可以在细节上进一步修改了。

图 9-15　页面框架

图 9-16　水平菜单栏

step 04 ▶ 添加 CSS 代码，修饰超级链接。

```
div li a{
    display:block;
    text-decoration:underline;
    padding:4px 0px 0px 0px;
    margin:0px;
    font-size:13px;
}
div li a:link, div li a:visited{
    color:#004276;
}
```

上面的代码设置了超级链接，即导航栏中菜单选项的相关属性，例如超级链接以块显示、文本带有下画线，字体大小为 13 像素。并设定了鼠标访问超级链接后的颜色。在 IE 11.0 浏览器中浏览效果如图 9-17 所示，可以看到字体颜色发生改变，并且字体变小了。

step 05 ▶ 添加 CSS 代码，定义对齐方式和表单样式。

```
div li#h{width:180px;height:18px;}
div li#more{width:85px;height:18px;}
#s{
        background-color:#006EB8;
        width:430px;
}
```

上述代码中，h 定义了水平菜单最前方空间的大小，more 定义了更多的长度和宽度，s 定义了表单背景色和宽度。在 IE 11.0 浏览器中浏览效果如图 9-18 所示，可以看到水平导航栏和表单对齐，表单背景色为蓝色。

图 9-17　设置菜单样式　　　　　　　　　　图 9-18　定义对齐方式

step 06　添加 CSS 代码，修饰访问默认样式。

```
<a href="#"  style="text-decoration:none;color:#020202;font-size:14px;">网页
</a>
```

此代码段设置了被访问时的默认样式。在 IE 11.0 浏览器中浏览效果如图 9-19 所示，可以看到"网页"菜单选项，颜色为黑色，不带下画线。

图 9-19　SOSO 最终效果

## 9.4　综合案例 2——将段落转变成列表

CSS 的功能非常强大，可以让列表代替 table 制作出表格效果，同样也可以让一个段落 p 模拟项目列表。下面利用前面介绍的 CSS 知识，将段落变换为一个列表。

具体步骤如下所示。

step 01　创建 HTML 页面，实现基本段落。从上面的分析可以看出，HTML 中需要包含一个 div 层、几个段落。其代码如下所示。

```
<!DOCTYPE html>
<html>
<head>
```

```
<title>模拟列表</title>
</head>
<body>
<div class="big">
  <p class="one">·换季肌闹"公主病"美肤急救快登场。</p>
  <p> ·来自12星座的你 认准罩门轻松瘦。</p>
  <p class="one"> ·男人30"豆腐渣" 如何延缓肌肤衰老。</p>
  <p> ·打造天生美肌 名媛爱物强K性价比！</p>
  <p class="one"> ·夏裙又有新花样 拼接图案最时髦</p>
</div>
</body>
</html>
```

在 IE 11.0 浏览器中浏览效果如图 9-20 所示，可以看到显示 5 个段落，每个段落前面都使用特殊符号"·"引领每一行。

step 02 添加 CSS 代码，修饰整体 div 层。

```
<style>
.big {
    width:450px;
    border:#990000 1px solid;
}
</style>
```

此处创建了一个类选择器，其属性定义了层的宽度，层带有边框，以直线形式显示。在 IE 11.0 浏览器中浏览效果如图 9-21 所示，可以看到段落周围显示了一个矩形区域，其边框显示为红色。

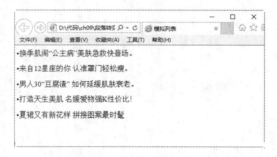

图 9-20 段落显示

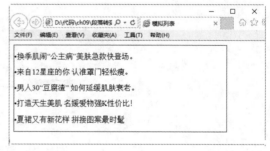

图 9-21 设置 div 层

step 03 添加 CSS 代码，修饰段落属性。

```
p {
    margin:10px 0 5px 0;
    font-size:14px;
    color:#025BD1;
}
.one {
    text-decoration:underline;
    font-weight:800;
    color:#009900;
}
```

上面的代码定义了段落 p 的通用属性，即字体大小和颜色。使用类选择器定义了特殊属性，带有下画线，具有不同的颜色。在 IE 11.0 浏览器中浏览效果如图 9-22 所示，可以看到相比图 9-21，其字体颜色发生变化，并带有下画线。

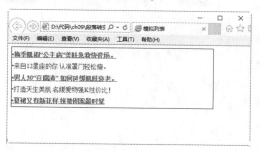

图 9-22　修饰段落属性

# 9.5　大神解惑

小白：使用项目列表和<table>标记制作表单，项目列表有哪些优势？

大神：采用项目列表制作水平菜单时，如果没有设置<ul>标记的 width 属性，那么当浏览器的宽度缩小时，菜单会自动换行。这是采用<table>标记制作的菜单所无法实现的。所以项目列表被经常加以使用，实现各种变幻效果。

小白：使用 IE 浏览器打开一个项目列表，设定的项目符号为什么没有出现？

大神：IE 浏览器对项目列表的符号支持不是太好，只支持一部分项目符号，这时可以采用 Firefox 浏览器。Firefox 浏览器对项目列表符号支持力度比较大。

小白：使用 url 引入图像时，加引号好，还是不加引号好？

大神：不加引号好。需要将带有引号的修改为不带引号的。例如：

```
background:url("xxx.gif")
```

改为

```
background:url(xxx.gif)
```

因为对于部分浏览器，加引号反而会引起错误。

# 9.6　跟我练练手

练习 1：制作一个包含各种类型项目列表的网页，然后美化这些列表的外观样式。

练习 2：制作一个包含动态导航菜单的网页。

练习 3：制作一个包含水平和垂直菜单的网页。

练习 4：制作一个模拟 SOSO 导航栏的网页。

练习 5：制作一个将段落转变成列表的网页。

# 第 10 章
## 使用滤镜美化
## 网页元素

　　随着网页设计技术的发展，人们已经不满足于单调地展示页面布局并显示文本，而是希望在页面中能够加入一些多媒体特效而使页面丰富起来。使用滤镜则能够实现这些需求，它可以产生各种各样的图片特效，从而大大地提高页面的吸引力。

**本章要点(已掌握的在方框中打钩)**

☐ 了解滤镜的基本概念

☐ 掌握基本滤镜的使用方法

☐ 掌握复合滤镜的使用方法

# 10.1　滤　镜　概　述

CSS3 Filter(滤镜)属性提供了模糊和改变元素颜色的功能，特别是对于图像，能产生很多绚丽的效果。CSS3 的滤镜常用于调整图像的渲染、背景或边框显示效果，例如灰度、模糊、饱和、老照片等。如图 10-1 所示为通过 CSS3 滤镜产生的各种绚丽效果。

图 10-1　使用 CSS3 产生的各种滤镜效果

目前，并不是所有的浏览器都支持 CSS3 的滤镜，具体支持情况如表 10-1 所示。

表 10-1　常见浏览器对 CSS3 滤镜的支持情况

| 名　称 | 图　标 | 支持滤镜的情况 |
| --- | --- | --- |
| Chrome 浏览器 | | 18.0 及以上版本支持 CSS3 滤镜 |
| IE 浏览器 | | 不支持 CSS3 滤镜 |
| Mozilla Firefox 浏览器 | | 35.0 及以上版本支持 CSS3 滤镜 |
| Opera 浏览器 | | 15.0 及以上版本支持 CSS3 滤镜 |
| Safari 浏览器 | | 6.0 及以上版本支持 CSS3 滤镜 |

使用 CSS3 滤镜的语法如下。

```
filter: none | blur() | brightness() | contrast() | drop-shadow() |
grayscale() | hue-rotate() | invert() | opacity() | saturate() | sepia() |
url();
```

如果想一次添加多个滤镜效果，可以使用空格分隔多个滤镜参数。上述各个滤镜参数的含义如表 10-2 所示。

表 10-2　CSS 滤镜参数的含义

| 参数名称 | 效　果 |
|---|---|
| blur() | 设置图像的高斯模糊效果 |
| brightness() | 设置图形的明暗度效果 |
| contrast() | 设置图像的对比度 |
| drop-shadow() | 设置图像的阴影效果 |
| grayscale() | 将图像转换为灰度图像 |
| hue-rotate() | 给图像应用色相旋转 |
| invert() | 反转输入图像 |
| opacity() | 转化图像的透明程度 |
| saturate() | 转换图像饱和度 |
| sepia() | 将图像转换为深褐色 |

# 10.2　设置基本滤镜效果

本节将学习常用滤镜的设置方法和技巧。

## 10.2.1　案例 1——高斯模糊(blur)滤镜

blur 滤镜用于设置图像的高斯模糊效果。blur 滤镜的语法格式如下。

```
filter : blur(px)
```

其中 px 的值越大，图像越模糊。

【例 10.1】　高斯模糊效果(案例文件：ch10\10.1.html)

```
<!DOCTYPE html>
<html>
<head>
<style>
img {
    width: 40%;
    height: auto;
}
.blur {
-webkit-filter: blur(4px);filter: blur(4px);
}
</style>
</head>
<body>
原始图:
<img src="1.jpg" alt="原始图" width="300" height="300">
高斯模糊效果:
<img class="blur" src="1.jpg" alt="高斯模糊图" width="300" height="300">
</body>
```

```
</html>
```

在 Mozilla Firefox 52.0 浏览器中浏览效果如图 10-2 所示，可以看到右侧的图片是模糊的。

图 10-2　模糊效果

## 10.2.2　案例 2——明暗度(brightness)滤镜

brightness 滤镜用于设置图像的明暗度效果。brightness 滤镜的语法格式如下。

```
filter : brightness(%)
```

如果参数值为 0，图像会全黑；如果参数值是 100%，则图像无变化；如果参数值超过100%，图像会比原来更亮。

【例 10.2】设置图像不同的明暗度(案例文件：ch10\10.2.html)

```html
<!DOCTYPE html>
<html>
<head>
<style>
img {
    width: 40%;
    height: auto;
}

.aa{
-webkit-filter: brightness(200%);filter: brightness(200%);
}
.bb{
-webkit-filter: brightness(30%);filter: brightness(30%);
}
</style>
</head>
<body>
图像变亮效果:
<img class="aa" src="2.jpg" alt="变亮图" width="300" height="300">
图像变暗效果:
<img class="bb" src="2.jpg" alt="变暗图" width="300" height="300">
</body>
</html>
```

在 Mozilla Firefox 52.0 浏览器中浏览效果如图 10-3 所示，可以看到左侧图像变亮，右侧图像变暗。

图 10-3    调整图像明亮度效果

## 10.2.3    案例 3——对比度(contrast)滤镜

contrast 滤镜用于设置图像的对比度效果。contrast 滤镜的语法格式如下。

```
filter :contrast(%)
```

如果参数值为 0，图像会全黑。如果值是 100%，图像不变。

**【例 10.3】**设置图像不同的对比度(案例文件：ch10\10.3.html)

```html
<!DOCTYPE html>
<html>
<head>
<style>
img {
    width: 40%;
    height: auto;
}

.aa{
-webkit-filter: contrast(200%);filter: contrast(200%);
}
.bb{
-webkit-filter: contrast(30%);filter: contrast(30%);
}
</style>
</head>
<body>
增加对比度效果：
<img class="aa" src="3.jpg" alt="变亮图" width="300" height="300">
减少对比度效果：
<img class="bb" src="3.jpg" alt="变暗图" width="300" height="300">
</body>
</html>
```

在 Mozilla Firefox 52.0 浏览器中浏览效果如图 10-4 所示，可以看到左侧图像对比度增加，右侧图像对比度减少。

图 10-4　调整图像的对比度效果

## 10.2.4　案例 4——阴影(drop-shadow)滤镜

drop-shadow 滤镜用于设置图像的阴影效果。它使元素内容在页面上产生投影，从而实现立体的效果。drop-shadow 滤镜的语法格式如下。

```
filter : drop-shadow(h-shadow v-shadow blur spread color)
```

其中参数 h-shadow 和 v-shadow 用于设置水平和垂直方向的偏移量；blur 用于设置阴影的模糊度；spread 用于设置阴影的大小，正值会使阴影变大，负值会使阴影缩小；color 用于设置阴影的颜色。

【例 10.4】为图像添加不同的阴影效果(案例文件：ch10\10.4.html)

```
<!DOCTYPE html>
<html>
<head>
<style>
img {
    width: 40%;
    height: auto;
}
.aa{
-webkit-filter:drop-shadow(15px 15px 20px red);filter:drop-shadow(15px 15px
20px red);
}
.bb{
-webkit-filter:drop-shadow(30px 30px 10px blue);filter:drop-shadow(30px
30px 10px blue);
}
</style>
</head>
<body>
添加阴影效果:
<img class="aa" src="4.jpg" alt="红色阴影图" width="300" height="300">
<img class="bb" src="4.jpg" alt="蓝色阴影图" width="300" height="300">
</body>
</html>
```

在 Mozilla Firefox 52.0 浏览器中浏览效果如图 10-5 所示，可以看到左侧图像添加了红色阴影效果，右侧图像添加了蓝色阴影效果。

图 10-5　为图像添加阴影效果

## 10.2.5　案例 5——灰度(grayscale)滤镜

grayscale 滤镜能够轻松地将彩色图片变为灰度图片。grayscale 滤镜的语法格式如下。

```
filter :grayscale(%)
```

其参数值定义转换的比例。如果参数值为 0，则图形无变化；如果参数值为 100%，则完全转为灰度图像。

【例 10.5】为图像添加不同的灰度效果(案例文件：ch10\10.5.html)

```html
<!DOCTYPE html>
<html>
<head>
<style>
img {
    width: 40%;
    height: auto;
}

.aa{
-webkit-filter:grayscale(100%);filter:grayscale(100%);
}
.bb{
-webkit-filter:grayscale(30%);filter:grayscale(30%);
}
</style>
</head>
<body>
不同的灰度效果:
<img class="aa" src="5.jpg" width="300" height="300">
<img class="bb" src="5.jpg" width="300" height="300">
</body>
</html>
```

在 Mozilla Firefox 52.0 浏览器中浏览效果如图 10-6 所示，可以看到左侧图像完全转化为灰度图，右侧图像 30%转换为灰度。

图 10-6    为图像添加灰度效果

## 10.2.6    案例 6——反相(invert)滤镜

invert 滤镜可以把对象的可视化属性全部翻转，包括色彩、饱和度和亮度值，使图片产生一种"底片"或负片的效果。invert 滤镜的语法格式如下。

```
filter:invert(%)
```

其参数值定义反相的比例。如果参数值为 100%，则图片完全反相；如果参数值为 0，则图像无变化。

【例 10.6】为图像添加不同的反相效果(案例文件：ch10\10.6.html)

```
<!DOCTYPE html>
<html>
<head>
<style>
img {
    width: 40%;
    height: auto;
}
.aa{
-webkit-filter:invert(100%);filter: invert(100%);
}
.bb{
-webkit-filter:invert(50%);filter:invert(50%);
}
</style>
</head>
<body>
不同的反相效果：
<img class="aa" src="2.jpg" width="300" height="300">
<img class="bb" src="2.jpg" width="300" height="300">
</body>
</html>
```

在 Mozilla Firefox 52.0 浏览器中浏览效果如图 10-7 所示，可以看到左侧图像是完全反相效果，右侧图像是 50%反相效果。

图 10-7　为图像添加反相效果

## 10.2.7　案例 7——透明度(opacity)滤镜

opacity 滤镜用于设置图像的透明度效果。其语法格式如下。

```
filter:opacity(%)
```

其参数值定义透明度的比例。如果参数值为 100%，则图片无变化；如果参数值为 0，则图像完全透明。

【例 10.7】设置图像的不同透明度(案例文件：ch10\10.7.html)

```html
<!DOCTYPE html>
<html>
<head>
<style>
img {
    width: 40%;
    height: auto;
}

.aa{
-webkit-filter:opacity(30%);filter:opacity(30%);
}
.bb{
-webkit-filter:opacity(80%);filter:opacity(80%);
}
</style>
</head>
<body>
不同的透明度效果:
<img class="aa" src="1.jpg" width="300" height="300">
<img class="bb" src="1.jpg" width="300" height="300">
</body>
</html>
```

在 Mozilla Firefox 52.0 浏览器中浏览效果如图 10-8 所示，可以看到左侧图像的透明度为 30%，右侧图像的透明度为 80%。

图 10-8　设置图像的不同透明度效果

## 10.2.8　案例 8——饱和度(saturate)滤镜

saturate 滤镜用于设置图像的饱和度效果。其语法格式如下。

```
filter:saturate(%)
```

其参数值定义饱和度的比例。如果参数值为 100%，则图片无变化；如果参数值为 0，则图像完全不饱和。

【例 10.8】为图像设置不同的饱和度(案例文件：ch10\10.8.html)

```
<!DOCTYPE html>
<html>
<head>
<style>
img {
    width: 40%;
    height: auto;
}

.aa{
-webkit-filter:saturate(30%);filter:saturate(30%);
}
.bb{
-webkit-filter:saturate(80%);filter:saturate(80%);
}
</style>
</head>
<body>
不同的饱和度效果:
<img class="aa" src="2.jpg" width="300" height="300">
<img class="bb" src="2.jpg" width="300" height="300">
</body>
</html>
```

在 Mozilla Firefox 52.0 浏览器中浏览效果如图 10-9 所示，可以看到左侧图像的饱和度为 30%，右侧图像的饱和度为 80%。

图 10-9　设置图像的不同饱和度效果

## 10.2.9　案例 9——深褐色(sepia)滤镜

sepia 滤镜用于将图像转换为深褐色。其语法格式如下。

```
filter: sepia(%)
```

其参数值定义转换的比例。参数值为 100%则完全是深褐色的，参数值为 0 则图像无变化。

**【例 10.9】** 添加深褐色滤镜效果(案例文件：ch10\10.9.html)

```
<!DOCTYPE html>
<html>
<head>
<style>
img {
    width: 40%;
    height: auto;
}

.aa{
-webkit-filter:sepia(50%);filter:sepia(50%);
}
.bb{
-webkit-filter:sepia(100%);filter:sepia(100%);
}
</style>
</head>
<body>
不同比例的深褐色效果：
<img class="aa" src="3.jpg" width="300" height="300">
<img class="bb" src="3.jpg" width="300" height="300">
</body>
</html>
```

在 Mozilla Firefox 52.0 浏览器中浏览效果如图 10-10 所示，可以看到左侧的图像转换了 50%深褐色，右侧的图像转换了 100%深褐色。

图 10-10　转换图像为深褐色的效果

# 10.3　使用复合滤镜效果

上一节中，仅仅对图像添加了单个滤镜效果。如果想添加多个滤镜效果，可以将各个滤镜参数用空格分隔开。其中需要注意的是：滤镜参数的顺序非常重要，不同的顺序将产生不同的最终效果。

【**例 10.10**】添加复合滤镜效果(案例文件：ch10\10.10.html)

```
<!DOCTYPE html>
<html>
<head>
<style>
img {
    width: 40%;
    height: auto;
}

.aa{
-webkit-filter:contrast(200%) saturate(50%);filter:contrast(200%)
saturate(50%);
}
.bb{
-webkit-filter:saturate(50%) contrast(200%);filter:saturate(50%)
contrast(200%);
}
</style>
</head>
<body>
不同顺序的复合滤镜效果：
<img class="aa" src="2.jpg" width="300" height="300">
<img class="bb" src="2.jpg" width="300" height="300">
</body>
</html>
```

在 Mozilla Firefox 52.0 浏览器中浏览效果如图 10-11 所示，可以看到不同的滤镜添加顺序，结果并不一样。

图 10-11　不同顺序的复合滤镜效果

# 10.4　大 神 解 惑

小白：如何对一个 HTML 对象添加多个滤镜效果？

大神：在使用滤镜时，若使用多个滤镜，则每个滤镜之间用空格分隔开；一个滤镜中的若干参数用逗号分隔；filter 属性和其他样式属性并用时以分号分隔。

小白：如何实现图像的光照效果？

大神：Light 滤镜是一个高级滤镜，需要结合 JavaScript 使用。该滤镜用来产生类似于光照灯效果，并可调节亮度以及颜色。语法格式如下。

```
{filter:Light(enabled=bEnabled)}
```

但是这种滤镜效果只能在 IE 9.0 浏览器或者更早期的版本中实现。IE 10.0 浏览器或者后期的版本不再支持这种效果。

# 10.5　跟我练练手

练习 1：制作一个包含高斯模糊滤镜效果的网页。

练习 2：制作一个控制图像明暗度滤镜效果的网页。

练习 3：制作一个包含图像对比度滤镜效果的网页。

练习 4：制作一个包含图像阴影滤镜效果的网页。

练习 5：制作一个包含图像灰度滤镜效果的网页。

练习 6：制作一个包含图像反相滤镜效果的网页。

练习 7：制作一个包含不同图像饱和度滤镜效果的网页。

练习 8：制作一个包含复合滤镜效果的网页。

# 第 III 篇

## 高级应用

# 第 11 章
## CSS3 的高级特性

  在前面的章节已经了解到 CSS 的三个基本选择器，如果仅仅依靠这三种选择器完成页面制作会比较烦琐。本章学习的这些高级特性，在提高页面制作效率上会有很大帮助。CSS3 的高级属性包括复合选择器、CSS3 新增选择器、CSS3 的层叠特性以及继承特性等。

**本章要点(已掌握的在方框中打钩)**

☐ 掌握复合选择器的使用方法
☐ 掌握 CSS3 新增选择器的使用方法
☐ 熟悉 CSS3 的继承特性
☐ 熟悉 CSS3 的层叠特性
☐ 掌握制作新闻菜单的方法

# 11.1 复合选择器

通过对基本选择器的组合，可以得到更多种类的选择器，从而实现更强、更方便的选择功能，这种通过基本选择器组合得到的选择器就是复合选择器。

## 11.1.1 案例 1——全局选择器

如果想要一个页面中所有 HTML 标记使用同一种样式，可以使用全局选择器。全局选择器，顾名思义就是对所有 HTML 元素起作用。其语法格式为：

```
*{property:value}
```

其中"*"表示对所有元素起作用，property 表示 CSS3 属性名称，value 表示属性值。使用示例如下所示。

```
*{margin:0; padding:0;}
```

**【例 11.1】**(案例文件：ch11\11.1.html)

```
<!DOCTYPE html>
<html>
<head><title>全局选择器</title>
<style>
*{
  color:red;
  font-size:30px
}
</style>
</head>
<body>
<p>使用全局选择器修饰</p>
<p>林花谢了春红，太匆匆。无奈朝来寒雨晚来风。</p>
<h1>胭脂泪，相留醉，几时重。自是人生长恨水长东。</h1>
</body>
</html>
```

在 IE 11.0 浏览器中浏览效果如图 11-1 所示，可以看到两个段落和标题都是以红色字体显示，大小为 30px。

图 11-1 全局选择器

### 11.1.2　案例 2——交集选择器

交集选择器由两个选择器直接连接构成，其结果是选中二者各自元素范围的交集。其中第一个必须是标签选择器，第二个必须是类选择器或 ID 选择器。这两个选择器之间不能有空格，必须连续书写。这种方式构成的选择器，将选中同时满足前后二者定义的元素，也就是前者所定义的标记类型，并且指定了后者的类别或者 ID 的元素，因此被称为交集选择器。

【例 11.2】(案例文件：ch11\11.2.html)

```
<!DOCTYPE html>
<head>
<title>交集选择器</title>
<style type="text/css">
P{color:blue;font-size:18px;}
p.p1{color:red;font-size:24px;}  /*交集选择器*/
.p1{color:black; font-size:30px}
</style>
</head>
<body>
<p>使用 p 标记</p>
<p class="p1">众芳摇落独暄妍，占尽风情向小园。疏影横斜水清浅，暗香浮动月黄昏。</p>
<h3 class="p1">霜禽欲下先偷眼，粉蝶如知合断魂。幸有微吟可相狎，不须檀板共金尊。</h3>
</body>
</html>
```

上面代码中定义了 p.p1 的样式，也定义了.p1 的样式，p.p1 的样式会作用在<p class="p1">标记上，p.p1 中定义的样式不会影响 h3 标签使用了.p 的标记，在浏览器中预览的效果如图 11-2 所示。

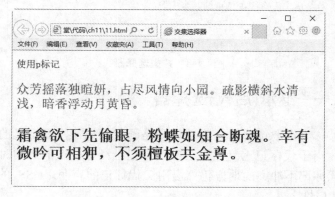

图 11-2　交集选择器

### 11.1.3　案例 3——并集选择器

并集选择器的结果是同时选中各个基本选择器所选择的范围。任何形式的选择器(包括标签选择器、类选择器、ID 选择器)都可以作为并集选择器的一部分。并集选择器是多个选择器通过逗号连接而成的。如果某些选择器的风格是完全相同的，便可以利用并集选择器同时声明风格相同的 CSS 选择器。

【例 11.3】(案例文件：ch11\11.3.html)

```
<!DOCTYPE html>
<html>
<head>
<title>并集选择器</title>
<style type="text/css">
h1,h2,p{
color:red;
font-size:20px;
font-weight:bolder;
}
</style></head>
<body>
<h1>相思似海深，旧事如天远。</h1>
<h2>泪滴千千万万行，更使人、愁肠断。要见无因见，拚了终难拚。</h2>
<p>若是前生未有缘，待重结、来生愿。 </p>
</body>
</html>
```

在 IE 11.0 浏览器中浏览效果如图 11-3 所示，可以看到网页上标题 1、标题 2 和段落都以红色字体加粗显示，并且大小为 20px。

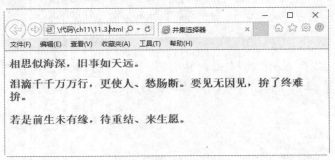

图 11-3　并集选择器

## 11.1.4　案例 4——继承(后代)选择器

后代选择器也被称为继承选择器，它的规则是子代标记在没有定义的情况下所有的样式是继承父代标记的，当子代标记重复定义了父代标记已经定义过的声明时，子代标记就执行后面的声明；与父代标记不冲突的地方仍然沿用父代标记的声明。CSS 的继承是指后代元素继承祖先元素的某些属性。

使用示例如下所示。

```
<div class="test">
<span><img src="xxx" alt="示例图片"/></span>
</div>
```

对于上面的层而言，如果其修饰样式为下面代码：

```
.test span img {border:1px blue solid;}
```

则表示该选择器先找到 class 为 test 的标记，从它的子标记里查找 span 标记，再从 span 的子标记中找到 img 标记。也可以采用下面的形式：

```
div span img {border:1px blue solid;}
```

可以看出其规律是从左往右，依次细化，最后锁定要控制的标记。

【例 11.4】(案例文件：ch11\11.4.html)

```
<!DOCTYPE html>
<html>
<head>
<title>继承选择器</title>
<style type="text/css">
h1{color:red; text-decoration:underline;}
h1 strong{color:#004400; font-size:40px;}
</style>
</head>
<body>
<h1>测试 CSS 的<strong>继承</strong>效果</h1>
<h1>此处使用继承<font>选择器</font>了么? </h1>
</body>
</html>
```

在 IE 11.0 浏览器中浏览效果如图 11-4 所示，可以看到第一个段落颜色为红色，但是"继承"两个字以绿色显示，并且大小为 40px，除了这两个设置外，其他 CSS 样式都是继承父标记<h1>的样式，例如下画线设置。第二个标题中，虽然使用了 font 标记修饰选择器，但其样式都是继承于父类标记 h1。

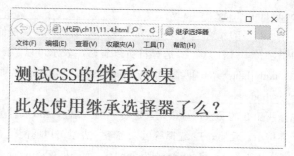

图 11-4　继承选择器

## 11.2　CSS3 新增的选择器

选择器(selector)也被称为选择符。所有 HTML 中的标记都是通过不同的 CSS 选择器进行控制的。在 CSS3 中，新增选择器包括属性选择器、结构伪类选择器和 UI 元素状态伪类选择器等。

### 11.2.1　案例 5——属性选择器

可以不通过标记名称或自定义名称，通过直接标记属性来修饰网页。直接使用属性控制

HTML 标记样式，称为属性选择器。

属性选择器就是根据某个属性是否存在或属性值来寻找元素，因此能够实现某些非常有意思和特殊的效果。在 CSS2 中已经出现了属性选择器，但在 CSS3 版本中，又新增加了三个属性选择器。也就是说，现在 CSS3 中，共有 7 个属性选择器，共同构成了 CSS 功能强大的标记属性过滤体系。

在 CSS3 版本中，常见的属性选择器如表 11-1 所示。

表 11-1　CSS3 属性选择器

| 属性选择器格式 | 说　明 |
| --- | --- |
| E[foo] | 选择匹配 E 的元素，且该元素定义了 foo 属性。注意，E 选择器可以省略，表示选择定义了 foo 属性的任意类型元素 |
| E[foo="bar"] | 选择匹配 E 的元素，且该元素将 foo 属性值定义为"bar"。注意，E 选择器可以省略，用法与上一个选择器类似 |
| E[foo~="bar"] | 选择匹配 E 的元素，且该元素定义了 foo 属性，foo 属性值是一个以空格符分隔的列表，其中一个列表的值为"bar"。 注意，E 选择符可以省略，表示可以匹配任意类型的元素。例如，a[title~="b1"]匹配&lt;a title="b1 b2 b3"&gt;&lt;/a&gt;，而不匹配&lt;a title="b2 b3 b5"&gt;&lt;/a&gt; |
| E[foo\|="en"] | 选择匹配 E 的元素，且该元素定义了 foo 属性，foo 属性值是一个用连字符(-)分隔的列表，值开头的字符为"en"。注意，E 选择符可以省略，表示可以匹配任意类型的元素。例如，[lang\|="en"]匹配&lt;body lang="en-us"&gt;&lt;/body&gt;，而不匹配&lt;body lang="f-ag"&gt;&lt;/body&gt; |
| E[foo^="bar"] | 选择匹配 E 的元素，且该元素定义了 foo 属性，foo 属性值包含了前缀为"bar"的子字符串。注意，E 选择符可以省略，表示可以匹配任意类型的元素。例如，body[lang^="en"]匹配&lt;body lang="en-us"&gt;&lt;/body&gt;，而不匹配&lt;body lang="f-ag"&gt;&lt;/body&gt; |
| E[foo$="bar"] | 选择匹配 E 的元素，且该元素定义了 foo 属性，foo 属性值包含后缀为"bar"的子字符串。注意，E 选择符可以省略，表示可以匹配任意类型的元素。例如，img[src$="jpg"]匹配&lt;img src="p.jpg"/&gt;，而不匹配&lt;img src="p.gif"/&gt; |
| E[foo*="bar"] | 选择匹配 E 的元素，且该元素定义了 foo 属性，foo 属性值包含"b"的子字符串。注意，E 选择器可以省略，表示可以匹配任意类型的元素。例如，img[src$="jpg"]匹配&lt;img src="p.jpg"/&gt;，而不匹配&lt;img src="p.gif"/&gt; |

【例 11.5】使用属性选择器的案例(案例文件：ch11\11.5.html)

```
<!DOCTYPE html>
<html>
<head>
<title>属性选择器</title>
<style>
[align]{color:red}
[align="left"]{font-size:20px;font-weight:bolder;}
[lang^="en"]{color:blue;text-decoration:underline;}
```

```
[src$="gif"]{border-width:5px;boder-color:#ff9900}
</style>
</head>
<body>
<p align=center>这是使用属性定义样式</p>
<p align=left>这是使用属性值定义样式</p>
<p lang="en-us">此处使用属性值前缀定义样式</p>
<p>下面使用了属性值后缀定义样式</p>
<img src="2.gif" border="1"/>
</body>
</html>
```

在 IE 11.0 浏览器中浏览效果如图 11-5 所示，可以看到第一个段落使用属性 align 定义样式，其字体颜色为红色。第二个段落使用属性值 left 修饰样式，并且大小为 20px，加粗显示，其字体颜色为红色，是因为该段落使用了 align 这个属性。第三个段落显示红色，且带有下画线，是因为属性 lang 的值前缀为 en。最后一张图片以边框样式显示，是因为属性值后缀为 gif。

图 11-5　属性选择器

## 11.2.2　案例 6——结构伪类选择器

结构伪类(structural pseudo-classes)是 CSS3 新增的类选择器。顾名思义，结构伪类就是利用文档结构树(DOM)实现元素过滤，也就是说，通过文档结构的相互关系来匹配特定的元素，从而减少文档内对 class 属性和 ID 属性的定义，使得文档更加简洁。

在 CSS3 版本中，新增结构伪类选择器如表 11-2 所示。

表 11-2　结构伪类选择器

| 选 择 器 | 含 义 |
| --- | --- |
| E:root | 匹配文档的根元素，对于 HTML 文档，就是 HTML 元素 |
| E:nth-child(n) | 匹配其父元素的第 n 个子元素，第一个编号为 1 |
| E:nth-last-child(n) | 匹配其父元素的倒数第 n 个子元素，第一个编号为 1 |
| E:nth-of-type(n) | 与:nth-child()作用类似，但是仅匹配使用同种标签的元素 |
| E:nth-last-of-type(n) | 与:nth-last-child()作用类似，但是仅匹配使用同种标签的元素 |
| E:last-child | 匹配父元素的最后一个子元素，等同于:nth-last-child(1) |

续表

| 选 择 器 | 含 义 |
|---|---|
| E:first-of-type | 匹配父元素下使用同种标签的第一个子元素，等同于:nth-of-type(1) |
| E:last-of-type | 匹配父元素下使用同种标签的最后一个子元素，等同于:nth-last-of-type(1) |
| E:only-child | 匹配父元素下仅有的一个子元素，等同于:first-child、:last-child 或:nth-child(1)、:nth-last-child(1) |
| E:only-of-type | 匹配父元素下使用同种标签的唯一一个子元素，等同于:first-of-type、:last-of-type 或 :nth-of-type(1)、:nth-last-of-type(1) |
| E:empty | 匹配一个不包含任何子元素的元素，注意，文本节点也被看作子元素 |

【例 11.6】使用结构伪类选择器的案例(案例文件：ch11\11.6.html)

```
<!DOCTYPE html>
<html>
<head><title>结构伪类</title>
<style>
tr:nth-child(even){
background-color:#f5fafe
}
tr:last-child{font-size:20px;}
</style>
</head>
<body>
<table border=1 width=80%>
<th>编号 </th><th>名称</th><th>价格</th>
<tr><td>001</td><td>芹菜</td><td>1.2 元/kg </td></tr>
<tr><td>002</td><td>白菜</td><td>0.65 元/kg </td></tr>
<tr><td>003</td><td>西红柿</td><td>1.8 元/kg </td></tr>
<tr><td>004</td><td>萝卜</td><td>0.78 元/kg </td></tr>
</table>
</body>
</html>
```

在 IE 11.0 浏览器中浏览效果如图 11-6 所示，可以看到表格中奇数行显示指定颜色，并且最后一行字体以 20px 显示，其原因就是采用了结构伪类选择器。

图 11-6　结构伪类选择器

### 11.2.3　案例 7——UI 元素状态伪类选择器

UI 元素状态伪类(The UI element states pseudo-classes)也是 CSS3 的新增选择器。其中 UI 即 User Interface(用户界面)的简称。UI 设计则是指对软件的人机交互、操作逻辑、界面美观的整体设计。好的 UI 设计不仅是让软件变得有个性、有品位，还要让软件的操作变得舒适、简单、自由，充分体现软件的定位和特点。

　　UI 元素的状态一般包括：可用、不可用、选中、未选中、获取焦点、失去焦点、锁定、待机等。CSS3 定义了 3 种常用的状态伪类选择器，详细说明如表 11-3 所示。

表 11-3　UI 元素状态伪类选择器

| 选 择 器 | 说 明 |
|---|---|
| E:enabled | 选择匹配 E 的所有可用 UI 元素。注意，在网页中，UI 元素一般是指包含在 form 元素内的表单元素。例如 input:enabled 匹配\<form\>\<input type=text/\>\<input type=button disabled=disabled/\>\</form\>代码中的文本框，而不匹配代码中的按钮 |
| E:disabled | 选择匹配 E 的所有不可用元素。注意，在网页中，UI 元素一般是指包含在 form 元素内的表单元素。例如 input:disabled 匹配\<form\>\<input type=text/\>\<input type=button disabled=disabled/\>\</form\>代码中的按钮，而不匹配代码中的文本框 |
| E:checked | 选择匹配 E 的所有可用 UI 元素。注意，在网页中，UI 元素一般是指包含在 form 元素内的表单元素。例如 input:checked 匹配\<form\>\<input type=checkbox/\>\<input type=radio checked=checked/\>\</form\>代码中的单选按钮，但不匹配该代码中的复选框 |

【例 11.7】使用 UI 元素状态伪类选择器案例(案例文件：ch11\11.7.html)

```
<!DOCTYPE html>
<html>
<head>
<title>UI 元素状态伪类选择器</title>
<style>
input:enabled {      border:1px dotted #666;      background:#ff9900;      }
input:disabled {      border:1px dotted #999;      background:#F2F2F2;      }
</style>
</head>
<body>
<center>
<h3 align=center>用户登录</h3>
<form method="post" action="">
用户名: <input type=text name=name><br>
密  码: <input type=password name=pass disabled="disabled"><br>
<input type=submit value=提交>
<input type=reset value=重置>
</form>
</center>
</body>
</html>
```

　　在 IE 11.0 浏览器中浏览效果如图 11-7 所示，可以看到表格中可用的表单元素都显示浅黄色，而不可用元素显示灰色。

图 11-7　UI 元素状态伪类选择器

## 11.2.4　案例 8——伪类选择器

伪类也是选择器的一种，但是用伪类定义的 CSS 样式并不是作用在标记上的。伪类作用在标记的状态上。由于很多浏览器支持不同类型的伪类，没有一个统一的标准，所以很多伪类不常被用到。伪类包括：:first-child、:link、:visited、:hover、:active、:focus 和:lang 等。其中有一组伪类是主流浏览器都支持的，就是超链接的伪类，包括:link、:visited、:hover 和:active。

伪类选择符定义的样式常应用在标记<a>上，它表示链接 4 种不同的状态：未访问链接(link)、已访问链接(visited)、激活链接(active)和鼠标停留在链接上(hover)。要注意的是，a 可以只具有一种状态(:link)，或者同时具有两种或者三种状态。例如，任何一个有 href 属性的 a 标记，在未有任何操作时都已经具备了:link 的条件，也就是满足了有链接属性这个条件；访问过的 a 标记，同时会具备:link 和:visited 两种状态。把鼠标移到访问过的 a 标记上的时候，a 标记就同时具备了:link、:visited 和:hover 三种状态。

使用示例如下所示。

```
a:link{color:#FF0000; text-decoration:none}
a:visited{color:#00FF00; text-decoration:none}
a:hover{color:#0000FF; text-decoration:underline}
a:active{color:#FF00FF; text-decoration:underline}
```

> 提示　上面的样式表示该链接未访问时颜色为红色且无下画线，访问后是绿色且无下画线，激活链接时为蓝色且有下画线，鼠标放在链接上为紫色且有下画线。

【例 11.8】(案例文件：ch11\11.8.html)

```
<!DOCTYPE html>
<html>
<head>
<title>伪类</title>
<style>
a:link {color: red}          /* 未访问的链接 */
a:visited {color: green}     /* 已访问的链接 */
a:hover {color:blue}         /* 鼠标移动到链接上 */
a:active {color: orange}     /* 选定的链接 */
</style>
</head>
<body>
```

```
<a href="">链接到本页</a>
<a href="http://www.sohu.com">搜狐</a>
</body>
</html>
```

在 IE 11.0 浏览器中浏览效果如图 11-8 所示，可以看到两个超级链接，第一个超级链接是鼠标停留在上方时，显示颜色为蓝色，另一个是访问过后，显示颜色为绿色。

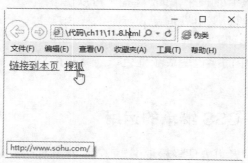

图 11-8　伪类显示

## 11.3　CSS3 的继承特性

继承是一种机制，它允许样式不仅可以应用于某个特定的元素，还可以应用于其后代。从表现形式上说，它使被包含的标记具有其外层标签的样式性质。在 CSS3 中，继承比较简单，具体地说就是指定的 CSS 属性向下传递给子孙元素的过程。

### 11.3.1　案例 9——继承关系

在 CSS 中也不是所有的属性都支持继承。如果每个属性都支持继承的话，对于开发者来说有时候带来的方便可能没有带来的麻烦多。开发者需要把不需要的 CSS 属性一个一个地关掉。CSS 研制者为我们考虑得很周到，只有那些能给我们带来轻松书写的属性才可以被继承。

以下属性是可以被继承的。

（1）文本相关的属性是可以被继承的，例如：font-family、font-size、font-style、font-weight、font、line-height、text-align、text-indent、word-spacing。

（2）列表相关的属性是可以被继承的，例如：list-style-image、list-style-position、list-style-type、list-style。

（3）颜色相关的属性是可以被继承的，例如：color。

【例 11.9】（案例文件：ch11\11.9.html）

```
<!DOCTYPE html>
<head>
<title>继承关系</title>
<style type="text/css">
p{color:red;}
```

```
</style>
</head>
<body>
<p>嵌套使<span>用 CSS</span>标记的方法</p>
</body>
</html>
```

在案例中 p 标签里面嵌套了一个 span 标签，可以说 p 是 span 的父标签，在样式的定义中只定义 p 标签的样式，运行结果如图 11-9 所示。

可以看见，span 标签中的字也变成了红色，这就是由于 span 继承了 p 的样式。

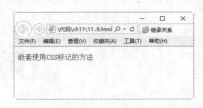

图 11-9　继承关系预览效果

## 11.3.2　案例 10——CSS 继承的运用

运用继承，可以让开发者更方便轻松地书写 CSS 样式，否则就需要对每个内嵌标签都书写样式；使用继承同时减少了 CSS 文件的大小，可以提高下载速度。下面通过一个例子深入理解继承的运用。

【例 11.10】(案例文件：ch11\11.10.html)

```
<!DOCTYPE html>
<head>
<title>继承关系的运用</title>
<style>
h1{color:blue;
    text-decoration:underline;
}
em{
color:red;
}
li{
font-weight:bold;
}
</style>
</head>
<body>
<h1>继承<em>关系的</em>运用</h1>
<ul>
<li>第一层行一
<ul>
<li>第二层行一</li>
<li>第二层行二
<ul>
<li>第二层行二下第三层行一</li>
<li>第二层行二下第三层行二</li>
<li>第二层行二下第三层行三</li>
</ul>
</li>
<li>第二层行三</li>
</ul>
</li>
```

```
<li>第一层行二:
<ol>
<li>第一层行二下第二层行一</li>
<li>第一层行二下第二层行二</li>
<li>第一层行二下第二层行三</li>
</ol>
</li>
</ul>
</body>
</html>
```

在 IE 11.0 浏览器中浏览效果如图 11-10 所示,可以知道,em 标签继承了 h1 的下画线,所有 li 都继承了加粗属性。

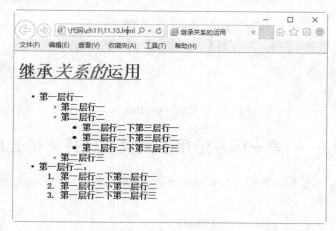

图 11-10　继承关系的运用

# 11.4　CSS3 的层叠特性

CSS 意思本身就是层叠样式表,所以"层叠"是 CSS 的一个最为重要的特征。"层叠"可以被理解为覆盖的意思,是 CSS 中样式冲突的一种解决方法。

## 11.4.1　案例 11——同一选择器被多次定义的处理

当同一选择器被多次定义后,就需要 CSS 的层叠特性来进行处理了,下面给出一个具体的案例,来看一下这种情况的处理方式。

【例 11.11】(案例文件:ch11\11.11.html)

```
<!DOCTYPE html>
<head>
<title>层叠特性</title>
<style>
h1{color:blue;}
 h1{color:red;}
 h1{color:green;}
</style>
```

```
</head>
<body>
<h1>江汉曾为客，相逢每醉还。浮云一别后，流水十年间。</h1>
</body>
</html>
```

在代码中，为 h1 标签定义了三次颜色：蓝、红、绿，这时候就产生了冲突，在 CSS 规则中最后有效的样式将覆盖前边的样式，具体到本例就是最后的绿色生效，在 IE 11.0 浏览器中浏览效果如图 11-11 所示。

图 11-11　层叠特性的应用(一)

## 11.4.2　案例 12——同一标签运用不同类型选择器的处理

当遇到同一标签运用不同类型选择器的时候，也需要利用 CSS 的层叠特性进行处理，下面给出一个具体的案例。

【例 11.12】(案例文件：ch11\11.12.html)

```
<!DOCTYPE html>
<head>
<title>层叠特性</title>
<style type="text/css">
p{
color:black;
}
.red{
color:red;
}
. purple {
color:purple;
}
#p1{
color:blue;
}
</style>
</head>
<body>
<p>这是第 1 行文本</p>
<p class="red">这是第 2 行文本</p>
<p id="p1"class="red">这是第 3 行文本</p>
<p style="color:green;" id="p1">这是第 4 行文本</p>
<p class="purple red">这是第 5 行文本</p>
```

```
</body>
</html>
```

在 IE 11.0 浏览器中浏览效果如图 11-12 所示。

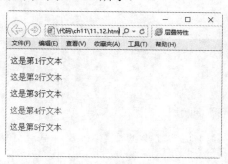

**图 11-12   层叠特性的应用(二)**

在代码中，有 5 个 p 标签，声明了 4 个选择器。第一行 p 标签没有使用类选择器或者 ID 选择器，所以第一行的颜色就是 p 标记选择器确定的黑色。第二行使用了类选择器，这就与 p 标记选择器产生了冲突，这将根据优先级确定到底显示谁的颜色。由于类选择器优先于标记选择器，所以第二行的颜色就是红色。第三行由于 ID 选择器优先于类选择器，所以显示蓝色。第四行由于行内样式优先于 ID 选择器，所以显示绿色。在第五行，有两个类选择器，它们的优先级是一样的，这时候就按照层叠覆盖处理，颜色是样式表中最后定义的那个选择器，所以显示红色。

# 11.5   综合案例——制作新闻菜单

在网上浏览新闻，是每个上网者都喜欢做的事情。一个布局合理、样式美观大方的新闻菜单，是吸引人的主要途径之一。本案例使用 CSS 控制 HTML 标记，创建新闻菜单。具体步骤如下所示。

**step 01** 分析需求。创建一个新闻菜单，需要包含两个部分，一部分是父菜单，用来表明新闻类别，另一部分是子菜单，介绍具体的新闻消息。创建菜单的方式很多，可以用 table 创建，也可以用列表创建，同样也可以使用段落 p 创建。本案例采用 p 标记结合 div 创建。案例完成后，效果如图 11-13 所示。

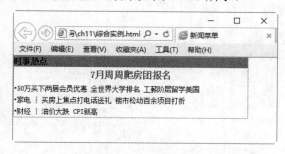

**图 11-13   新闻菜单显示**

step 02 分析局部和整体，构建 HTML 网页。在一个新闻菜单中，可以分为三个层次，一个新闻父菜单，一个新闻焦点，一个新闻子菜单，分别使用 div 创建。其 HTML 代码如下所示。

```
<!DOCTYPE html>
<html>
<head><title>导航菜单</title>
</head><body>
    <div class="big">
    <h2>时事热点 </h2>
    <div class="up">
        <a href="#">7 月周周爬房团报名</a>
      </div> <div>
        <p>·50 万买下两居会员优惠 全世界大学排名 工薪阶层留学美国</p><p>
·家电  |  买房上焦点打电话送礼 楼市松动百余项目打折</p><p>
·财经  |  油价大跌  CPI 新高 </p>
      </div> </div>
</body>
</html>
```

在 IE 11.0 浏览器中显示的效果如图 11-14 所示。从中可以看到一个标题、一个超级链接和三个段落，以普通样式显示，其布局只存在上下层次。

step 03 添加 CSS 代码，修饰整体样式。对于 HTML 页面，需要有一个整体样式，其代码如下所示。

```
<style>
*{
    padding:0px;
    margin:0px;
    }
body{
    font-family:"宋体";
    font-size:12px;
    }
.big{
    width:400px;
    border:#33CCCC 1px solid;
    }
</style>
```

在 IE 11.0 浏览器中显示的效果如图 11-15 所示。从中可以看到全局层 div 会以边框显示，宽度为 400px，其颜色为浅绿色，body 文档内容中的字形采用宋体，大小为 12px，并且定义内容和层之间空隙为 0，层和层之间空隙为 0。

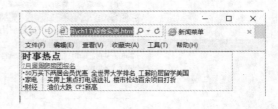

图 11-14　没有添加样式的效果　　　　　　　图 11-15　整体添加样式

**step 04** 添加 CSS 代码，修饰新闻父菜单。对新闻父类菜单进行 CSS 控制，其代码如下所示。

```
h2{background-color:olive;
    display:block;
    width:400px;
    height:18px;
    line-height:18px;
    font-size:14px;}
```

在 IE 11.0 浏览器中显示的效果如图 11-16 所示。可以看到超级链接"时事热点"会以矩形方框显示，其背景色为橄榄色，字体大小为 14px，行高为 18px。

**step 05** 添加 CSS 代码，修饰子菜单。

```
.up{padding-bottom:5px;
    text-align:center;}
p{line-height:20px;}
```

在 IE 11.0 浏览器中显示的效果如图 11-17 所示。可以看到"7 月周周爬房团报名"居中显示，即在第二层 div 中使用类标记 up 修饰。所有段落之间间隙增大，即为 p 标记设置行高。

图 11-16　修饰超级链接

图 11-17　子菜单样式显示

**step 06** 添加 CSS 代码，修饰超级链接。

```
a{font-size:16px;
    font-weight:800;
    text-decoration:none;
    margin-top:5px;
    display:block;}
a:hover{color:#FF0000;
    text-decoration:underline;}
```

在 IE 11.0 浏览器中显示的效果如图 11-18 所示。可以看到"7 月周周爬房团报名"字体变大，并且加粗，无下画线显示，当鼠标放在此超级链接上，以红色字体显示，并且下面带有下画线。

图 11-18　超级链接修饰显示

# 11.6　大 神 解 惑

**小白**：如何解决继承带来的错误？

**大神**：有时候继承也会带来些错误，比如下面这条 CSS 定义。

```
Body{color:red;}
```

在有些浏览器中这句定义会使除表格之外的文本变成红色。从技术上来说，这是不正确的，但是它确实存在。所以经常需要借助于某些技巧，比如将 CSS 定义成：

```
Body,table,th,td{color:red;}
```

这样表格内的文字也会变成红色。

**小白**：在 Firefox 浏览器下，多层嵌套时内层设置了浮动，外层设置背景时，背景不显示是怎么回事？

**大神**：这主要是因为内层设置浮动后，外层高度在 Firefox 下变为 0，所以应该在外层与内层间再嵌一层，设置浮动和宽度，然后再给这个层设置背景。

# 11.7　跟我练练手

练习 1：使用全局选择器控制文本的样式。

练习 2：使用交集选择器控制文本的样式。

练习 3：使用并集选择器控制文本的样式。

练习 4：使用属性选择器控制文本的样式。

练习 5：使用 CSS 继承关系来控制文本的样式。

练习 6：制作一个新闻菜单。

# 第 12 章
## 过渡和动画效果

在 CSS3 版本之前，用户如果想在网页中实现图像过渡和动画效果，只有使用 Flash 或者 JavaScript 脚本。在 CSS3 中，用户可以轻松地通过新增的属性实现图像的过渡和动画效果，不但使用方法非常简单，而且效果非常绚丽。

**本章要点(已掌握的在方框中打钩)**

☐ 了解过渡效果的基本概念
☑ 掌握添加过渡效果的方法
☐ 了解动画效果的基本概念
☐ 掌握添加动画效果的方法

# 12.1　认识过渡效果

在 CSS3 中，过渡效果主要指网页元素从一种样式逐渐改变为另一种样式的效果。能实现过渡效果的属性如下。

(1)　transition：过渡属性的简写版，用于在一个属性中设置下面四个过渡属性。

(2)　transition-delay：用于规定过渡的 CSS 属性的名称。

(3)　transition-duration：用于定义过渡效果花费的时间。

(4)　transition-property：用于规定过渡效果的时间曲线。

(5)　transition-timing-function：规定过渡效果何时开始。

CSS3 中过渡效果的属性在浏览器中的支持情况如表 12-1 所示。

表 12-1　常见浏览器对过渡属性的支持情况

| 名　称 | 图　标 | 支持情况 |
| --- | --- | --- |
| Chrome 浏览器 | | 26.0 及以上版本 |
| IE 浏览器 | | IE 10.0 及以上版本 |
| Mozilla Firefox 浏览器 | | 16.0 及以上版本 |
| Opera 浏览器 | | 15.0 及以上版本 CSS3 滤镜 |
| Safari 浏览器 | | 6.1 及以上版本 CSS3 滤镜 |

# 12.2　案例 1——添加过渡效果

用户要实现过渡效果，不仅要添加效果的 CSS 属性，还需要指定过渡效果的持续时间。下面通过一个案例来学习如何添加过渡效果。

【例 12.1】添加过渡效果(案例文件：ch12\12.1.html)

```
<!DOCTYPE html>
<html>
<head>
<title>过渡效果</title>
<style>
div
{
width:100px;
height:100px;
background:blue;
transition:width,height 3s;
-webkit-transition:width,height 3s; /* Safari */
}
div:hover
{
width:300px;
height:200px;
```

```
}
</style>
</head>
<body>
<p><b>鼠标移动到 div 元素上，查看过渡效果。</b></p>
<div></div>
</body>
</html>
```

在 IE 11.0 浏览器中浏览效果如图 12-1 所示。将鼠标放置在 div 块上，div 块的高度和宽度都发生了变化，过渡后的效果如图 12-2 所示。

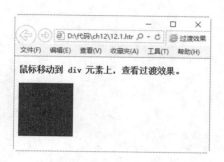
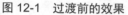

图 12-1　过渡前的效果

图 12-2　过渡后的效果

上面的案例使用了简写的 transition 属性，用户也可以使用全部的属性。上面的代码修改如下即可。

```
<!DOCTYPE html>
<html>
<head>
<title>过渡效果</title>
<style>
div
{
width:100px;
height:100px;
background:blue;
transition-property:width,height;
transition-duration:3s;
transition-timing-function:linear;
transition-delay:0s;
/* Safari */
-webkit-transition-property:width,height;
-webkit-transition-duration:3s;
-webkit-transition-timing-function:linear;
-webkit-transition-delay:0s;
}
div:hover
{
width:300px;
height:200px;
}
</style>
```

```
</head>
<body>
<p><b>鼠标移动到 div 元素上，查看过渡效果。</b></p>
<div></div>
</body>
</html>
```

修改后的运行结果和上面的例子结果一样，只是它们的写法不同而已。

用户可以一次性添加多个样式的变换效果，添加的属性由逗号分隔即可。

【例 12.2】添加多个样式的过渡效果(案例文件：ch12\12.2.html)

```
<!DOCTYPE html>
<html>
<head>
<title>过渡效果</title>
<style>
div
{
width:100px;
height:100px;
background:blue;
-webkit-transition:width 3s,height 3s,background 3s, -webkit-transform 3s;
transition: width 3s, height 3s, background 3s, transform 3s;
}
div:hover {
    width:300px;
    height:200px;
    background:red;
    -webkit-transform:rotate(180deg); /* Chrome, Safari, Opera */
    transform: rotate(180deg);
}
</style>
</head>
<body>
<p><b>鼠标移动到 div 元素上，查看过渡效果。</b></p>
<div>锄禾日当午，汗滴禾下土</div>
</body>
</html>
```

在 IE 11.0 浏览器中浏览效果如图 12-3 所示。将鼠标放置在 div 块上，div 块的高度和宽度都发生了变化，背景颜色由浅蓝色变为浅红色，而且进行了 180 度的旋转操作，过渡后的效果如图 12-4 所示。

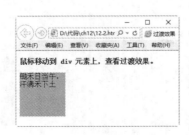

图 12-3　过渡前的效果

图 12-4　过渡后的效果

# 12.3　了解动画效果

通过 CSS3 提供的动画功能，用户可以制作很多具有动感效果的网页，从而取代网页动画图像。

在添加动画效果之前，用户需要了解有关动画的属性。

(1)　@keyframes：规定动画的规则。包括一个 CSS 样式和动画将逐步从目前的样式更改为新的样式。

(2)　animation：除了 animation-play-state 属性以外，其他所有动画属性的简写。

(3)　animation-name：定义 @keyframes 动画的名称。

(4)　animation-duration：规定动画完成一个周期所花费的秒或毫秒。默认是 0。

(5)　animation-timing-function：规定动画的速度曲线。默认是"ease"。

(6)　animation-delay z：规定动画何时开始。默认是 0。

(7)　animation-iteration-count：规定动画被播放的次数。默认是 1。

(8)　animation-direction：规定动画是否在下一周期逆向地播放。默认是"normal"。

(9)　animation-play-state：规定动画是否正在运行或暂停。默认是"running"。

在 CSS3 中，动画效果其实就是使元素从一种样式逐渐变化为另一种样式的效果。在创建动画时，首先需要创建动画规则 @keyframes，然后将 @keyframes 绑定到指定的选择器上。

　　创建动画规则，至少需要规定动画的名称和持续的时间，然后将动画规则绑定到选择器上，否则动画不会有任何效果。

在规定动画规则时，可使用关键字"from"和"to"来规定动画的初始时间和结束时间，也可以使用百分比来规定变化发生的时间，0 是动画的开始，100% 是动画的完成。

例如下面定义一个动画规则，将实现网页背景从蓝色转换为红色的动画效果，代码如下。

```
@keyframes colorchange
{
    from {background:blue;}
    to {background:red;}
}

@-webkit-keyframes colorchange /* Safari 与 Chrome */
{
    from {background:blue;}
    to {background:red;}
}
```

动画规则定义完成后，就可以将其规则绑定到指定的选择器上，然后指定动画持续的时间即可。例如将"colorchange"动画捆绑到 div 元素，动画持续时间设置为 10 秒，代码如下。

```
div
{
    animation:colorchange 10s;
    -webkit-animation:colorchange 10s; /* Safari 与 Chrome */
}
```

注意　必须要指定动画持续的时间，否则将无动画效果，因为动画默认的持续时间为 0。

## 12.4　案例 2——添加动画效果

下面的案例将添加一个不仅改变背景色，还改变位置的动画效果。这里定义了 0、50%、100%三个时间上的样式和位置。

【例 12.3】添加动画效果(案例文件：ch12\12.3.html)

```
<!DOCTYPE html>
<html>
<head>
<title>动画效果</title>
<style>
div
{
width:100px;
height:100px;
background:blue;
position:relative;
animation:mydh 10s;
-webkit-animation:mydh 10s; /* Safari 与 Chrome */
}

@keyframes mydh
{
    0%   {background:blue; left:0px; top:0px;}
    50%  {background:red; left:0px; top:200px;}
    100% {background:yellow; left:200px; top:0px;}
}

@-webkit-keyframes mydh /* Safari 与 Chrome */
{
    0%   {background:blue; left:0px; top:0px;}
    50%  {background:red; left:0px; top:200px;}
    100% {background:yellow; left:200px; top:0px;}
}
</style>
</head>
<body>
<p><b>查看动画效果</b></p>
<div> </div>
</body>
</html>
```

在 IE 11.0 浏览器中浏览动画过渡前的效果如图 12-5 所示。动画过渡中的效果如图 12-6 所示。动画过渡后的效果如图 12-7 所示。

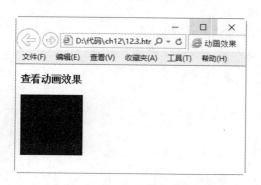

图 12-5　过渡前的动画效果

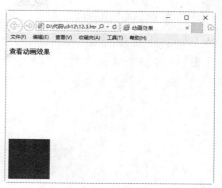

图 12-6　过渡中的动画效果

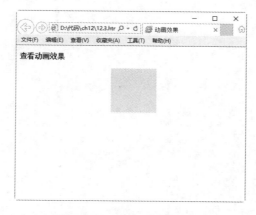

图 12-7　过渡后的动画效果

## 12.5　大神解惑

**小白**：添加了动画效果后，为什么在 IE 浏览器中没有效果？

**大神**：首先需要仔细检查代码，在设置参数时有没有多余的空格。确认代码无误后，可以查看 IE 浏览器的版本，如果浏览器的版本为 IE 9.0 或者更低，则需要升级到 IE 10.0 或者更新的版本，才能查看添加的动画效果。

**小白**：定义动画的时间用百分比，还是用关键字"from"和"to"？

**大神**：一般情况下，使用百分比和使用关键字"from"和"to"的效果是一样的，但是以下两种情况，用户需要考虑使用百分比来定义时间。

(1) 定义多于两种以上的动画状态时，需要使用百分比来定义动画时间。

(2) 考虑在多种浏览器上查看动画效果时，使用百分比的方式会获得更好的兼容效果。

# 12.6　跟我练练手

练习 1：制作一个包含 div 块长度变为三倍的过渡效果的网页。

练习 2：通过一个案例来对比简写的 transition 属性和全部属性两种方式的区别。

练习 3：制作一个包含动画效果的网页。

# 第 13 章
## 2D 和 3D 变幻效果

在 CSS3 版本中，通过改变网页元素的形状、大小和位置等，可产生 2D 或 3D 的变幻效果。在 CSS3 转换效果中，用户可以移动、反转、旋转和拉伸网页元素，从而产生各种各样绚丽的效果，丰富网页的特效。

本章要点(已掌握的在方框中打钩)

☐ 了解 2D 转换效果的属性和方法
☐ 掌握添加 2D 转换效果的方法
☐ 了解 3D 转换效果的属性和方法
☐ 掌握添加 3D 转换效果的方法

# 13.1　认识 2D 转换效果

在 CSS3 中，2D 转换效果主要指网页元素的形状、大小和位置从一个状态转换到另外一个状态。其中 2D 转换中的属性如下。

(1)　transform：用于指定转换元素的方法。

(2)　transform-origin：用于更改转换元素的位置。

CSS3 中 2D 转换效果的属性在浏览器中的支持情况如表 13-1 所示。

表 13-1　常见浏览器对 2D 转换属性的支持情况

| 名　称 | 图　标 | 支持情况 |
| --- | --- | --- |
| Chrome 浏览器 | | 36.0 及以上版本 |
| IE 浏览器 | | 10.0 及以上版本 |
| Mozilla Firefox 浏览器 | | 16.0 及以上版本 |
| Opera 浏览器 | | 23.0 及以上版本 |
| Safari 浏览器 | | 3.2 及以上版本 |

2D 转换中的方法含义如下。

(1)　translate()：定义 2D 移动效果，沿着 X 轴或 Y 轴移动元素。

(2)　rotate()：定义 2D 旋转效果，在参数中规定角度。

(3)　scale()：定义 2D 缩放转换效果，改变元素的宽度和高度。

(4)　skew()：定义 2D 倾斜效果，沿着 X 轴或 Y 轴倾斜元素。

(5)　matrix()：定义 2D 转换效果，包含 6 个参数，可以一次定义旋转、缩放、移动和倾斜的综合效果。

# 13.2　添加 2D 转换效果

下面将讲述如何添加不同类型的 2D 转换效果。

## 13.2.1　案例 1——添加移动效果

使用 translate()方法，定义 X 轴、Y 轴和 Z 轴的参数，可以将当前元素移动到指定的位置。

例如，将指定元素沿着 X 轴移动 30 像素，然后沿着 Y 轴移动 60 像素，代码如下。

```
translate(30px, 60px)
```

下面通过案例来对比移动转换前后的效果。

【例 13.1】添加移动转换效果(案例文件：ch13\13.1.html)

```
<!DOCTYPE html>
```

```
<html>
<head>
<title>2D 移动效果</title>
<style>
div
{
width:140px;
height:100px;
background-color:#FFB5B5;
border:1px solid black;
}
div#div2
{
transform:translate(150px,50px);
-ms-transform:translate(150px,50px); /* IE 9 */
-webkit-transform:translate(150px,50px); /* Safari 与 Chrome */
}
</style>
</head>
<body>
<div>自在飞花轻似梦，无边丝雨细如愁。</div>
<div id="div2">自在飞花轻似梦，无边丝雨细如愁。</div>
</body>
</html>
```

在 IE 11.0 浏览器中浏览效果如图 13-1 所示，可以看出移动前和移动后的不同效果。

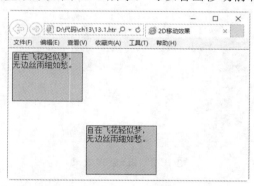

图 13-1　2D 移动效果

## 13.2.2　案例 2——添加旋转效果

使用 rotate()方法，可以将一个网页元素按指定的角度添加旋转效果，如果指定的角度是正值，则网页元素按顺时针旋转；如果指定的角度为负值，则网页元素按逆时针旋转。

例如，将网页元素顺时针旋转 60 度，代码如下。

```
rotate(60deg)
```

【例 13.2】添加旋转效果(案例文件：ch13\13.2.html)

```
<!DOCTYPE html>
<html>
```

```
<head>
<title>2D 旋转效果</title>
<style>
div
{
width:100px;
height:75px;
background-color: #FFB5B5;
border:1px solid black;
}
div#div2
{
transform:rotate(45deg);
-ms-transform:rotate(45deg); /* IE 9 */
-webkit-transform:rotate(45deg); /* Safari 与 Chrome */
}
</style>
</head>
<body>
<div>侯门一入深如海，从此萧郎是路人</div>
<div id="div2">侯门一入深如海，从此萧郎是路人</div>
</body>
</html>
```

在 IE 11.0 浏览器中浏览效果如图 13-2 所示，可以看出旋转前和旋转后的不同效果。

图 13-2    2D 旋转效果

### 13.2.3  案例 3——添加缩放效果

使用 scale()方法，可以将一个网页元素按指定的参数进行缩放。缩放后的大小取决于指定的宽度和高度。

例如，将指定元素的宽度增加为原来的 4 倍，高度增加为原来的 3 倍，代码如下。

```
scale(4,3)
```

【例 13.3】添加缩放效果(案例文件：ch13\13.3.html)

```
<!DOCTYPE html>
<html>
<head>
<title>2D 缩放效果</title>
<style>
```

```
div {
    margin: 50px;
    width: 100px;
    height: 100px;
    background-color:#FFB5B5;
    border: 1px solid black;
}
div#div2
{
-ms-transform: scale(2,2); /* IE 9 */
-webkit-transform: scale(2,2); /* Safari */
transform: scale(2,2); /* 标准语法 */
}

</style>
</head>
<body>
<div>春云吹散湘帘雨，絮黏蝴蝶飞还住。人在玉楼中，楼高四面风。</div>
缩放后的效果：
<div id="div2">春云吹散湘帘雨，絮黏蝴蝶飞还住。人在玉楼中，楼高四面风。</div>
</body>
</html>
```

在 IE 11.0 浏览器中浏览效果如图 13-3 所示，可以看出缩放前和缩放后的不同效果。

图 13-3　2D 缩放效果

## 13.2.4　案例 4——添加倾斜效果

使用 skew()方法可以为网页元素添加倾斜效果。语法格式如下。

```
transform:skew(<angle> [,<angle>]);
```

这里包含了两个角度值，分别表示 X 轴和 Y 轴倾斜的角度。如果第二个参数为空，则默认为 0，参数为负表示向相反方向倾斜。

例如，将网页元素围绕 X 轴翻转 30 度，围绕 Y 轴翻转 40 度，代码如下。

```
skew(30deg,40deg)
```

另外，如果只在 X 轴(水平方向)倾斜，方法如下。

225

```
skewX(<angle>);
```

如果只在 Y 轴(垂直方向)倾斜，方法如下。

```
skewY(<angle>);
```

【例 13.4】 添加倾斜效果(案例文件：ch13\13.4.html)

```
<!DOCTYPE html>
<html>
<head>
<title>2D 倾斜效果</title>
<style>
div {
    margin: 50px;
    width: 100px;
    height: 100px;
    background-color:#FFB5B5;
    border: 1px solid black;
}
div#div2
{
transform:skew(30deg,150deg);
-ms-transform:skew(30deg,15deg);            /* IE 9 */
-moz-transform:skew(30deg,15deg);           /* Firefox */
-webkit-transform:skew(30deg,15deg);        /* Safari 与 Chrome */
-o-transform:skew(30deg,40deg);             /* Opera */
}
</style>
</head>
<body>
<div>窗含西岭千秋雪，门泊东吴万里船。</div>
倾斜后的效果：
<div id="div2">窗含西岭千秋雪，门泊东吴万里船。</div>
</body>
</html>
```

在 IE 11.0 浏览器中浏览效果如图 13-4 所示，可以看出倾斜前和倾斜后的不同效果。

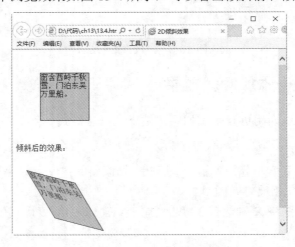

图 13-4　2D 倾斜效果

## 13.2.5　案例 5——添加综合变幻效果

使用 matrix()方法可以为网页元素添加移动、旋转、缩放和倾斜效果。语法格式如下。

```
transform: matrix(n,n,n,n,n,n)
```

这里包含了 6 个参数值，使用这 6 个值的矩阵可以添加不同的 2D 转换效果。

【例 13.5】添加综合变幻效果(案例文件：ch13\13.5.html)

```html
<!DOCTYPE html>
<html>
<head>
<title>2D 综合变幻效果</title>
<style>
div {
    margin: 50px;
    width: 100px;
    height: 100px;
    background-color:#FFB5B5;
    border: 1px solid black;
}
div#div2
{
transform:matrix(0.888,0.6,-0.6,0.888,0,0);
-ms-transform:matrix(0.888,0.6,-0.6,0.888,0,0);          /* IE 9 */
-webkit-transform:matrix(0.888,0.6,-0.6,0.888,0,0);      /* Safari 与 Chrome */
}
</style>
</head>
<body>
<div>众芳摇落独暄妍，占尽风情向小园。</div>
转换后的效果：
<div id="div2">众芳摇落独暄妍，占尽风情向小园。</div>
</body>
</html>
```

在 IE 11.0 浏览器中浏览效果如图 13-5 所示，可以看出综合变幻前和综合变幻后的不同效果。

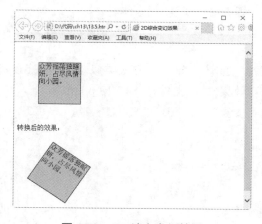

图 13-5　2D 综合变幻效果

# 13.3　添加 3D 转换效果

在 CSS3 中，3D 转换效果主要指网页元素在三维空间内进行转换的效果。其中 3D 转换中的属性如下。

(1)　transform：用于指定转换元素的方法。

(2)　transform-origin：用于更改转换元素的位置。

(3)　transform-style：规定被嵌套元素如何在 3D 空间中显示。

(4)　perspective：规定 3D 元素的透视效果。

(5)　perspective-origin：规定 3D 元素的底部位置。

(6)　backface-visibility：定义元素在不面向屏幕时是否可见。如果在旋转元素后，不希望看到其背面时，该属性很有用。

CSS3 中 3D 转换效果的属性在浏览器中的支持情况如表 13-2 所示。

表 13-2　常见浏览器对 3D 转换属性的支持情况

| 名　　称 | 图　　标 | 支持情况 |
| --- | --- | --- |
| Chrome 浏览器 | | 36.0 及以上版本 |
| IE 浏览器 | | 10.0 及以上版本 |
| Mozilla Firefox 浏览器 | | 16.0 及以上版本 |
| Opera 浏览器 | | 23.0 及以上版本 |
| Safari 浏览器 | | 4.0 及以上版本 |

3D 转换中的方法含义如下。

(1)　translate3d(x,y,z)：定义 3D 移动效果，沿着 X 轴或 Y 轴或 Z 轴移动元素。

(2)　rotate3d(x,y,z,angle)：定义 3D 旋转效果，在参数中规定角度。

(3)　scale3d(x,y,z)：定义 3D 缩放转换效果。

(4)　perspective(n)：定义 3D 元素的透视效果。

(5)　matrix3d()：定义 3D 转换效果，包含 6 个参数，可以定义旋转、缩放、移动和倾斜综合效果。

添加 3D 转换效果与添加 2D 转换效果的方法类似，下面以 3D 旋转效果为例进行讲解。

【例 13.6】沿 X 轴旋转效果(案例文件：ch13\13.6.html)

```
<!DOCTYPE html>
<html>
<head>
<title>3D 旋转效果</title>
<style>
div
{
width:100px;
height:75px;
```

```
background-color: #FFB5B5;
border:1px solid black;
}
div#div2
{
transform:rotateX(60deg);
-webkit-transform:rotateX(60deg); /* Safari 与 Chrome */}
</style>
</head>
<body>
<div>侯门一入深如海，从此萧郎是路人</div>
<div id="div2">侯门一入深如海，从此萧郎是路人</div>
</body>
</html>
```

在 IE 11.0 浏览器中浏览效果如图 13-6 所示，可以看出旋转前和旋转后的不同效果。

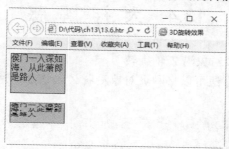

图 13-6　沿 X 轴旋转效果

【例 13.7】沿 Y 轴旋转效果(案例文件：ch13\13.7.html)

```
<!DOCTYPE html>
<html>
<head>
<title>3D 旋转效果</title>
<style>
div
{
width:100px;
height:75px;
background-color: #FFB5B5;
border:1px solid black;
}
div#div2
{
transform:rotateY(60deg);
-webkit-transform:rotateY(60deg); /* Safari 与 Chrome */}
</style>
</head>
<body>
<div>侯门一入深如海，从此萧郎是路人</div>
<div id="div2">侯门一入深如海，从此萧郎是路人</div>
</body>
</html>
```

在 IE 11.0 浏览器中浏览效果如图 13-7 所示，可以看出旋转前和旋转后的不同效果。

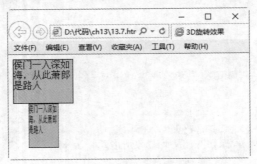

图 13-7　沿 Y 轴旋转效果

# 13.4　大 神 解 惑

小白：如何实现 3D 网页对象沿 Z 轴旋转？

大神：使用 rotate Z(n)方法可以将网页对象沿着 Z 轴作 3D 旋转。例如，将网页对象沿着 Z 轴作 60 度旋转，代码如下。

```
transform:rotateZ(60deg)
```

小白：如何能在 IE 9.0 浏览器中显示 3D 转换效果？

大神：如果想让 3D 转换效果也能在 IE 9.0 浏览器中正常现实，需要在转换属性前添加 -ms-。例如，在添加移动效果中的代码如下。

```
-ms-transform:translate(150px,50px);  /* IE 9 */
```

# 13.5　跟我练练手

练习 1：制作一个包含 2D 移动效果的网页。

练习 2：制作一个包含 2D 旋转效果的网页。

练习 3：制作一个包含 2D 缩放效果的网页。

练习 4：制作一个包含 2D 倾斜效果的网页。

练习 5：制作一个包含 3D 旋转效果的网页。

# 第 14 章
## CSS3 和 JavaScript 的搭配应用

网页吸引人之处，莫过于具有动态效果，利用 CSS 伪类元素可以轻易实现超级链接的动态效果。不过利用 CSS 能实现的动态效果非常有限。在网页设计中，还可以将 CSS 与 JavaScript 结合，以创建出具有动态效果的页面。

**本章要点(已掌握的在方框中打钩)**

☐ 熟悉 JavaScript 语法基础知识
☐ 了解常见的 JavaScript 编写工具
☐ 掌握 JavaScript 在 HTML 中的使用方法
☐ 掌握 JavaScript 与 CSS3 的结合使用方法
☐ 掌握 HTML5、CSS3 和 JavaScript 的搭配应用技术

# 14.1　JavaScript 语法基础

JavaScript 是一种面向对象、结构化、多用途的语言，它支持 Web 应用程序的客户端和服务器方面构件的开发。在客户端，利用 JavaScript 脚本语言，可以设计出多种网页特效，从而增加网页浏览量。

## 14.1.1　什么是 JavaScript

JavaScript 最初由网景公司的 Brendan Eich 设计，是一种动态、弱类型、基于原型的语言，内置支持类。经过近二十年的发展，它已经成为健壮的基于对象和事件驱动并具有相对安全性的客户端脚本语言。同时也是一种广泛用于客户端 Web 开发的脚本语言，常用来给 HTML 网页添加动态功能，比如响应用户的各种操作。

JavaScript 可以弥补 HTML 的缺陷，实现 Web 页面客户端动态效果，其主要作用如下。

(1) 动态改变网页内容。HTML 是静态的，一旦编写，内容是无法改变的。JavaScript 可以弥补这种不足，将内容动态地显示在网页中。

(2) 动态改变网页的外观。JavaScript 通过修改网页元素的 CSS 样式，达到动态地改变网页的外观。例如，修改文本的颜色、大小等属性，图片的位置动态地改变等。

(3) 验证表单数据。为了提高网页的运行效率，用户在填写表单时，利用 JavaScript 可以在客户端对数据进行合法性验证，验证成功之后才能提交到服务器上，进而减少服务器的负担和网络带宽的压力。

(4) 响应事件。JavaScript 是基于事件的语言，因此可以影响用户或浏览器产生的事件。只有事件产生时才会执行某段 JavaScript 代码，如当用户单击"计算"按钮时，程序才显示运行结果。

> **注意**　几乎所有浏览器都支持 JavaScript，如 Internet Explorer(IE)、Firefox、Netscape、Mozilla、Opera 等。

## 14.1.2　数据类型

在 JavaScript 中有 4 种基本数据类型：数值型(整数和实数)、字符串型(用""号'括起来的字符或数值)、布尔型(用 True 或 False 表示)和空值。此外，JavaScript 还定义了其他复合数据类型，例如 Date 对象是一个日期和时间类型。

JavaScript 具有的数据类型如表 14-1 所示。

表 14-1 JavaScript 的基本数据类型

| 数据类型 | 数据类型名称 | 示　例 |
|---|---|---|
| number | 数值类型 | 123、071(十进制)、0X1fa(十六进制) |
| string | 字符串类型 | 'Hello'、'get the &'、'b@911.com'、"Hello" |
| object | 对象类型 | Date、Window、Document、Function |
| boolean | 布尔类型 | true 和 false |
| null | 空类型 | null |
| undefined | 未定义类型 | 没有被赋值的变量所具有的"值" |

### 1. 数值型

JavaScript 的数值类型可以分为 4 类，即整数、浮点数、内部常量和特殊值。

整数可以为正数、0 或者负数；浮点数可以包含小数点，也可以包含一个"e"(大小写均可，在科学记数法中表示"10 的幂")，或者同时包含这两项。整数可以以 10(十进制)、8(八进制)和 16(十六进制)作为基数来表示。

内部常量和特殊值一般不常用，这里不再详细介绍。

### 2. 字符串

字符串是用一对单引号(' ')或双引号(" ")和引号中的部分构成的。一个字符串也是 JavaScript 中的一个对象，有专门的属性。

引号中间的部分可以是任意多的字符，如果没有则是一个空字符串。如果要在字符串中使用双引号，则应该将其包含在使用单引号的字符串中，使用单引号时则反之。

### 3. 布尔型

布尔类型表示一个逻辑数值，用于表示两种可能的情况。逻辑真，用 true 表示；逻辑假，用 false 来表示。通常，我们使用 1 表示真，0 表示假。

### 4. undefined

变量被创建后，该变量未被赋过值，那么此时变量的值就是未定义数据类型。对于数字，未定义数值表示 NaN；对于字符串，未定义数值表示 undefined；对于逻辑数值，未定义数值表示为假。

### 5. null

在 JavaScript 里，使用 null 声明的变量的值并不是 0。null 是一个特殊的类型，它表示一个空值，即没有值，而不是 0，0 是有值的。

由于 JavaScript 采用弱类型的形式，因而一个数据的变量或常量不必首先作声明，而是在使用或赋值时确定其数据类型。当然也可以先声明该数据类型，它是通过在赋值时自动说明其数据类型的。

### 14.1.3 变量

在 JavaScript 中使用 var 关键字来声明变量。语法格式如下所示。

```
var var_name;
```

JavaScript 是一种区分大小写的语言,因此变量 temp 和变量 Temp 代表不同的含义。另外,在命名变量时必须遵循以下规则。

● 变量名由字母、数字、下画线和美元符组成。
● 变量名必须以字母、下画线(_)或美元符($)开始。
● 变量名不能是保留字。

JavaScript 语言使用等于号(=)给变量赋值,等号左边是变量,等号右边是数值。对变量赋值的语法如下。

```
变量 = 值;
```

JavaScript 里的变量分为全局变量和局部变量两种。其中局部变量就是在函数里定义的变量,在这个函数里定义的变量仅在该函数中有效。如果不写 var,直接对变量进行赋值,那么 JavaScript 将自动把这个变量声明为全局变量。

使用示例如下所示。

```
var yourAppleNumber = 100
//等价于
var yourAppleNumber
yourAppleNumber = 100
```

### 14.1.4 案例 1——运算符的简单应用

在 JavaScript 的程序中要完成各种各样的运算,是离不开运算符的。它用于将一个或几个值进行运算而得出所需要的结果值。JavaScript 常用的运算符有算术运算符、逻辑运算符、比较运算符。

#### 1. 算术运算符

算术运算符是最简单、最常用的运算符,所以有时也称它们为简单运算符。可以使用它们进行通用的数学计算,如表 14-2 所示。

表 14-2　算术运算符

| 运　算　符 | 说　　　明 | 示　　　例 |
|---|---|---|
| + | 加法运算符,用于实现对两个数字进行求和 | x+100、100+1000、+100 |
| − | 减法运算符或负值运算符 | 100−60、−100 |
| * | 乘法运算符 | 100*6 |
| / | 除法运算符 | 100/50 |
| % | 求模运算符,也就是算术中的求余 | 100%30 |

| 运 算 符 | 说 明 | 示 例 |
|---|---|---|
| ++ | 将变量值加 1 后再将结果赋值给该变量 | ++x 用于在参与其他运算之前先将自己加 1 后，再用新的值参与其他运算；x++用于先用原值与其他值运算后，再将自己加 1 |
| -- | 将变量值减 1 后再将结果赋值给该变量 | x--、--x，与++的用法相同 |

### 2. 比较运算符

比较运算符用于对运算符的两个表达式进行比较，然后根据比较结果返回布尔类型的值，例如，比较两个值是否相同或比较两个数字值的大小等。在表 14-3 中列出了 JavaScript 支持的比较运算符。

表 14-3　比较运算符

| 运 算 符 | 说 明 | 示 例 |
|---|---|---|
| == | 判断左右两边表达式是否相等，当左边表达式等于右边表达式时返回 true，否则返回 false | Number == 100<br>Number1 == Number2 |
| != | 判断左边表达式是否不等于右边表达式，当左边表达式不等于右边表达时返回 true，否则返回 false | Number != 100<br>Number1 != Number2 |
| > | 判断左边表达式是否大于右边表达式，当左边表达式大于右边表达式时返回 true，否则返回 false | Number > 100<br>Number1 > Number2 |
| >= | 判断左边表达式是否大于等于右边表达式，当左边表达式大于等于右边表达式时返回 true，否则返回 false | Number >= 100<br>Number1 >= Number2 |
| < | 判断左边表达式是否小于右边表达式，当左边表达式小于右边表达式时返回 true，否则返回 false | Number < 100<br>Number1 < Number2 |
| <= | 判断左边表达式是否小于等于右边表达式，当左边表达式小于等于右边表达式时返回 true，否则返回 false | Number <= 100<br>Number1 <= Number2 |

### 3. 逻辑运算符

逻辑运算符通常用于执行布尔运算，它们常和比较运算符一起使用来表示复杂的比较运算。这些运算涉及的变量通常不止一个，而且常用于 if、while 和 for 语句中。表 14-4 列出了 JavaScript 支持的逻辑运算符。

表 14-4　逻辑运算符

| 运 算 符 | 说 明 | 示 例 |
|---|---|---|
| && | 逻辑与，若两边表达式的值都为 true，则返回 true；任意一个值为 false，则返回 false | 100>60&&100<200 返回 true；100>50&&10>100 返回 false |

续表

| 运 算 符 | 说 明 | 示 例 |
|---|---|---|
| \|\| | 逻辑或，只有表达式的值都为 false 时，才返回 false | 100>60\|\|10>100 返回 true；<br>100>600\|\|50>60 返回 false |
| ! | 逻辑非，若表达式的值为 true，则返回 false，否则返 true | !(100>60)返回 false；<br>!(100>600)返回 true |

除了上面介绍的常用运算符外，JavaScript 还支持条件表达式运算符 "?"。这个运算符是三元运算符，它有三个部分：一个计算值的条件和两个根据条件返回的真假值。格式如下所示。

```
条件 ? 表示式 1 ：表达式 2
```

在使用条件运算符时，如果条件为真，则表达值使用表达式 1 的值，否则使用表达式 2 的值。示例如下所示。

```
( x> y ) ? 100*3 : 11
```

如果 x 的值大于 y 值，则表达式的值为 300；如果 x 的值小于或等于 y 值时，表达式的值为 11。

【例 14.1】(案例文件：ch14\14.1.html)

```html
<!DOCTYPE html>
<HTML>
<HEAD>   <SCRIPT LANGUAGE = "JavaScript">
    var a=3;
    var b=5;
    var c=b-a;
     document.write(c+"<br>");
    if(a>b)
        { document.write("a 大于 b<br>");}
    else
        { document.write("a 小于 b<br>");}
    document.write(a>b?"2":"3");
 </SCRIPT>
</HEAD>
<BODY>
</BODY>
</HTML>
```

上面的代码创建了两个变量 a 和 b，变量 c 的值是 b 和 a 的差。下面使用 if 语句判断 a 和 b 的大小，并输出结果。最后使用了一个三元运算符，如果 a>b，则输出 2，否则输出 3。<br>表示在网页中换行，"+" 是一个连接字符串。

在 IE 11.0 浏览器中浏览效果如图 14-1 所示，可以看到网页中输出了 JavaScript 语句执行结果。

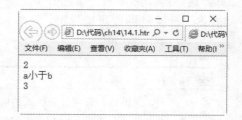

图 14-1   运算符使用示例

## 14.1.5 案例 2——流程控制语句的简单应用

JavaScript 编程中对流程的控制主要是通过条件判断、循环控制语句及 continue、break 语句来完成的。其中条件判断按预先设定的条件执行程序，它包括 if 语句和 switch 语句；而循环控制语句则可以重复完成任务，它包括 while 语句、do...while 语句及 for 语句。

### 1. if 语句

if 语句是使用最为普遍的条件选择语句，每一种编程语言都有一种或多种形式的 if 语句，在编程中它是经常被用到的。

语法格式如下所示。

```
if(条件语句)
{
    执行语句;
}
```

其中的"条件语句"可以是任何一种逻辑表达式，如果"条件语句"的返回结果为 true，则程序先执行后面大括号{}中的"执行语句"，然后接着执行它后面的其他语句。如果"条件语句"的返回结果为 false，则程序跳过"条件语句"后面的"执行语句"，直接去执行程序后面的其他语句。大括号的作用就是将多条语句组合成一个复合语句，作为一个整体来处理，如果大括号中只有一条语句，这对大括号{}可以省略。

### 2. if...else 语句

if...else 语句通常用于一个条件需要两个程序分支来执行的情况。

语法格式如下所示。

```
if(条件语句)
{
    执行语句块 1;
}
else
{
    执行语句块 2;
}
```

这种格式在 if 从句的后面添加一个 else 从句，这样当条件语句返回结果为 false 时，执行 else 后面的从句。

【例 14.2】(案例文件：ch14\14.2.html)

```
<!DOCTYPE html>
<HTML>
<HEAD>
  <SCRIPT LANGUAGE = "JavaScript">
        var a="john";
        if(a!="john")
            {
                document.write("<h1 style='text-align:center;color:red;'>欢
```

```
迎 JOHN 光临</h1>");
              }
        else{
              document.write("<p style='font-size:15px;font-
weight:bolder;color:blue'>请重新输入名称</p>");
              }
  </SCRIPT>
</HEAD>
<BODY>
</BODY>
</HTML>
```

上面的代码中使用 if…else 语句，对变量 a 的值进行判断，如果 a 值不等于 "john" 则输出红色标题，否则输出蓝色信息。

在 IE 11.0 浏览器中浏览效果如图 14-2 所示，可以看到网页输出了蓝色信息 "请重新输入名称"。

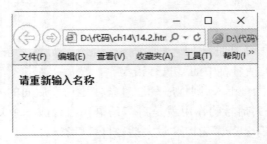

图 14-2   if…else 语句判断

### 3．switch 选择语句

switch 选择语句用于将一个表达式的结果同多个值进行比较，并根据比较结果选择执行语句。

语法格式如下所示。

```
switch (表达式)
{
    case 取值1:
        语句块 1;break;
    case 取值2:
        语句块 2;break;
...
    case 取值n;
  语句块 n;break;
    default :
        语句块 n+1;
}
```

case 语句只是相当于定义一个标记位置，程序根据 switch 条件表达式的结果，直接跳转到第一个匹配的标记位置处，开始顺序执行后面的所有程序代码，包括后面的其他 case 语句下的代码，直到碰到 break 语句或函数返回语句为止。default 语句是可选的，它匹配上面所有的 case 语句定义的值以外的其他值，也就是前面所有取值都不满足时，就执行 default 后面的语句块。

### 4．while 语句

while 语句是循环语句，也是条件判断语句。

语法格式如下所示。

```
while(条件表达式语句)
{
   执行语句块
}
```

当"条件表达式语句"的返回值为 true 时，则执行大括号{}中的语句块，当执行完大括号{}中的语句块后，再次检测条件表达式的返回值，如果返回值还为 true，则重复执行大括号{}中的语句块，直到返回值为 false 时，结束整个循环过程，接着往下执行 while 代码段后面的程序代码。

### 5．do…while 语句

do…while 语句的功能和 while 语句差不多，只不过它是在执行完第一次循环之后才检测条件表达式的值，这意味着包含在大括号中的代码块至少要被执行一次。另外，do…while 语句结尾处的 while 条件语句的括号后有一个分号";"。

语法格式如下所示。

```
do
{
   执行语句块
}while(条件表达式语句);
```

### 6．for 语句

for 语句通常由两部分组成，一部分是条件控制部分，另一部分是循环部分。

语法格式如下所示。

```
for(初始化表达式;循环条件表达式;循环后的操作表达式)
{
   执行语句块
}
```

在使用 for 循环前要先设定一个计数器变量，可以在 for 循环之前预先定义，也可以在使用时直接进行定义。在上述语法格式中，"初始化表达式"表示计数器变量的初始值；"循环条件表达式"是一个计数器变量的表达式，决定了计数器的最大值；"循环后的操作表达式"表示循环的步长，也就是每循环一次，计数器变量值的变化，该变化可以是增大的，也可以是减小的，或进行其他运算。for 循环是可以嵌套的，也就是在一个循环里还可以有另一个循环。

【例 14.3】(案例文件：ch14\14.3.html)

```
<!DOCTYPE html>
<HTML>
<HEAD>
```

```
    <SCRIPT LANGUAGE = "JavaScript">
            for(var i=0;i<5;i++){
                    document.write("<p style='font-size:"+i+"0px'>欢迎学习
JavaScript</p>");
                }
    </SCRIPT>
</HEAD>
<BODY>
</BODY>
</HTML>
```

上面的代码使用 for 循环输出了不同字体大小的语句。在 IE 11.0 浏览器中浏览效果如图 14-3 所示，可以看到网页中输出不同大小的语句，这些语句从小到大排列。

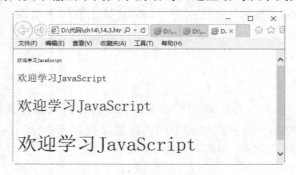

图 14-3 for 循环

除了上面的语句之外，JavaScript 还可以使用中断语句 break 和 continue。break 语句可以中止循环体中的执行语句和 switch 语句。一个无标号的 break 语句会把控制传给当前循环(while、do、for 或 switch)的下一条语句，如果有标号，控制会被传递给当前方法中的带有这一标号的循环语句。continue 语句只能出现在循环语句(while、do、for)的循环体语句中，无标号的 continue 语句的作用是跳过当前循环的剩余部分，接着执行下一次循环。

## 14.1.6  案例 3——函数的简单应用

如果在一个程序中需要使用某个功能代码达到 10 次或更多，这时可以将这个功能代码组成一个可以调用的函数，通过调用该函数来执行相应的语句，这样程序就将变得非常简洁，并便于后期进行维护。

在 JavaScript 中定义一个函数，必须以 function 关键字开头，函数名跟在关键字的后面，接着是函数参数列表和函数所执行的程序代码段。定义一个函数的格式如下所示。

```
function 函数名(参数列表)
{
    程序代码;
    return 表达式;
}
```

在上述格式中，参数列表表示在程序中调用某个函数时一串传递到函数中的某种类型的值或变量，如果这样的参数多于一个，那么两个参数之间需要用逗号隔开。虽然有些函数并不需要接收任何参数，但在定义函数时也不能省略函数名后面的那对小括号，保留小括号中的内容为空即可。

另外，函数中的程序代码必须位于一对大括号之间，如果主程序要求返回一个结果集，就必须使用 return 语句后面跟上这个要返回的结果。当然，return 语句后可以跟上一个表达式，返回值将是表达式的运算结果。如果在函数程序代码中省略了 return 语句后的表达式，或者函数结束时没有 return 语句，这个函数就返回一个为 undefined 的值。

【例 14.4】(案例文件：ch14\14.4.html)

```html
<!DOCTYPE html>
<HTML>
<HEAD>
<TITLE>计算器</TITLE>
<SCRIPT language="JavaScript">
 function compute(op)
  {
    var num1=0;
    var num2=0;
    num1=parseFloat(document.myform.num1.value);
    num2=parseFloat(document.myform.num2.value);
    if (op=="+")
document.myform.result.value=num1+num2;
    if (op=="-")
document.myform.result.value=num1-num2;
    if (op=="*")
document.myform.result.value=num1*num2;
    if (op=="/"  &&  num2!=0)
document.myform.result.value=num1/num2;
  }
</SCRIPT>
</HEAD>
<BODY>
<FORM action="" method="post" name="myform" id="myform">
  <P>第一个数
    <INPUT name="num1" type="text" id="num1" size="25">
    <BR>
    第二个数
    <INPUT name="num2" type="text" id="num2" size="25">
    </P>
  <P>
    <INPUT name="addButton" type="button" id="addButton" value="  +  "
onClick="compute('+')">
    <INPUT name="subButton" type="button" id="subButton" value="  -  "
onClick="compute('-')">
    <INPUT name="mulButton" type="button" id="mulButton" value="  ×  "
onClick="compute('*')">
    <INPUT name="divButton" type="button" id="divButton" value="  ÷  "
onClick="compute('/')">
  </P>
  <P>计算结果
    <INPUT name="result" type="text" id="result" size="25">
  </P>
</FORM>
```

```
<P>  </P>
</BODY>
</HTML>
```

在 IE 11.0 浏览器中浏览效果如图 14-4 所示，可以看到从网页中输入两个不同的数值，可以求它们的和、差、积和商。

图 14-4　计算器

JavaScript 不但允许用户根据自己的需要自定义函数，还支持大量的系统函数。常用的系统函数如表 14-5 所示。

表 14-5　常用的系统函数

| 函数名称 | 说　明 |
| --- | --- |
| eval() | 返回字符串表达式中的值 |
| parseInt() | 返回不同进制的数，默认是十进制，用于将一个字符串按指定的进制转换成一个整数 |
| parseFloat() | 返回实数，用于将一个字符串转换成对应的小数 |
| escape() | 返回对一个字符串进行编码后的结果字符串 |
| encodeURI | 返回一个对 URI 字符串编码后的结果 |
| decodeURI | 将一个已编码的 URI 字符串解码成最原始的字符串返回 |
| unescape () | 将一个用 escape 方法编码的结果字符串解码成原始字符串并返回 |
| isNaN() | 检测 parseInt()和 parseFloat()函数返回值是否为非数值型，如果是，返回 true，否则，返回 false |
| abs(x) | 返回 x 的绝对值 |
| acos(x) | 返回 x 的反余弦值(余弦值等于 x 的角度)，用弧度表示 |
| asin(x) | 返回 x 的反正弦值 |
| atan(x) | 返回 x 的反正切值 |
| atan2(x,y) | 返回平面内点(x, y)对应的复数的幅角，用弧度表示，其值在-π到π之间 |
| ceil(x) | 返回大于等于 x 的最小整数 |
| cos(x) | 返回 x 的余弦值 |
| exp(x) | 返回 e 的 x 次幂($e^x$) |

| 函数名称 | 说　明 |
| --- | --- |
| floor(x) | 返回小于等于 x 的最大整数 |
| log(x) | 返回 x 的自然对数(ln x) |
| max(a, b) | 返回 a、b 中较大的数 |
| min(a, b) | 返回 a、b 中较小的数 |
| pow(n, m) | 返回 n 的 m 次幂($n^m$) |
| random() | 返回大于 0 小于 1 的一个随机数 |
| round(x) | 返回 x 四舍五入后的值 |
| sin(x) | 返回 x 的正弦值 |
| sqrt(x) | 返回 x 的平方根 |
| tan(x) | 返回 x 的正切 |
| isFinite() | 如果括号内的数字是"有限"的(介于 Number.MIN_VALUE 和 Number.MAX_VALUE 之间)就返回 true；否则返回 false |
| toString() | 用法：<对象>.toString();，把对象转换成字符串。如果在括号中指定一个数值，则转换过程中所有数值转换成特定进制 |

# 14.2　常见的 JavaScript 编写工具

　　JavaScript 是一种脚本语言，代码不需要编译成二进制，而是以文本的形式存在，因此任何文本编辑器都可以作为其开发环境。通常使用的 JavaScript 编辑器有记事本和 Dreamweaver。

## 14.2.1　记事本编写工具

　　记事本是 Windows 系统自带的文本编辑器，也是最简洁方便的文本编辑器。由于记事本的功能过于单一，所以要求开发者必须熟练掌握 JavaScript 语言的语法、对象、方法和属性等。这对于初学者是个极大的挑战，因此，不建议使用记事本。但是由于记事本简单方便、打开速度快，所以常用来做局部修改，如图 14-5 所示。

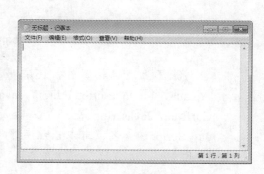

图 14-5　记事本窗口

　　在记事本中编写 JavaScript 程序的方法很简单，只需打开记事本文件之后，在打开的窗口中输入相关 JavaScript 代码即可。

　　【例 14.5】在记事本中编写 JavaScript 的脚本(案例文件：ch14\14.5.html)

　　打开记事本文件，在窗口中输入如下代码。

```
<html>
<body>
<script type="text/javascript">
document.write("Hello JavaScript!")
</script>
</body>
</html>
```

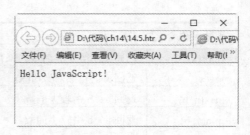

将记事本文件保存为.html 格式的文件，然后再使用 IE 11.0 浏览器打开即可浏览最后的效果，如图 14-6 所示。

图 14-6 最终效果

## 14.2.2 Dreamweaver 编写工具

Adobe 公司的 Dreamweaver CC 用户界面非常友好，是一个非常优秀的网页开发工具，并深受广大用户的喜爱。Dreamweaver CC 的主界面如图 14-7 所示。

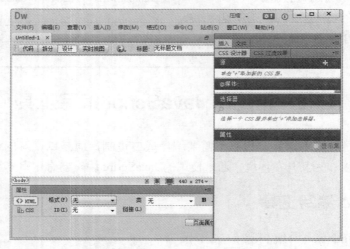

图 14-7 Dreamweaver CC 的主界面

除了上述编辑器外，还有很多种编辑器可以用来编写 JavaScript 程序。如 Aptana、1st Javascript Editor、Javascript Menu Master、Platypus Javascript Editor、SurfMap Javascript 等。"工欲善其事，必先利其器"，选择一款适合自己的 JavaScript 编辑器，可以让程序员的编辑工程事半功倍。

# 14.3 JavaScript 在 HTML 中的使用

创建好 JavaScript 脚本后，就可以在 HTML 中使用了。把 JavaScript 嵌入 HTML 中有多种形式：在 HTML 网页头中嵌入、在 HTML 网页中嵌入、在 HTML 网页的元素事件中嵌入、在 HTML 中调用已经存在的 JavaScript 文件等。

## 14.3.1　案例 4——在 HTML 网页头中嵌入 JavaScript 代码

如果不是通过 JavaScript 脚本生成 HTML 网页的内容，JavaScript 脚本一般放在 HTML 网页头部的\<head>与\</head>标签之间。这样，不会因为 JavaScript 影响整个网页的显示结果。

在 HTML 网页头部的\<head>与\</head>标签之间嵌入 JavaScript 的格式如下。

```
<html>
<head>
<title>在 HTML 网页头中嵌入 JavaScript 代码</title>
<script language="JavaScript">
<!--
...
JavaScript 脚本内容
...
//-->
</script>
</head>
<body>
...
</body>
</html>
```

在\<script>与\</script>标签中添加相应的 JavaScript 脚本，就可以直接在 HTML 文件中调用 JavaScript 代码，以实现相应的效果。

【例 14.6】在 HTML 网页头中嵌入 JavaScript 代码(案例文件：ch14\14.6.html)

```
<html>
<head>
  <script language = "javascript">
    document.write("欢迎来到javascript动态世界");
  </script>
</head>
<body>
  <p>学习javascript！！！</p>
</body>
</html>
```

该脚本功能是在 HTML 文档里输出一个字符串，即"欢迎来到 javascript 动态世界"。在 IE 11.0 浏览器中浏览效果如图 14-8 所示，可以看到在网页中输出了两句话，其中第一句就是 JavaScript 中输出的语句。

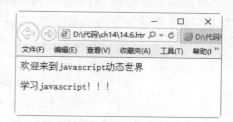

图 14-8　在网页头中嵌入 JavaScript 代码

 在 JavaScript 的语法中，分号"；"是 JavaScript 程序作为一个语句结束的标识符。

## 14.3.2 案例 5——在 HTML 网页中嵌入 JavaScript 代码

当需要使用 JavaScript 脚本生成 HTML 网页内容时，如某些 JavaScript 实现的动态树，就需要把 JavaScript 放在 HTML 网页主题部分的\<body>与\</body>标签中。

具体的代码格式如下。

```
<html>
<head>
<title>在 HTML 网页中嵌入 JavaScript 代码</title>
</head>
<body>
<script language="JavaScript">
<!--
…
JavaScript 脚本内容
…
//-->
</script>
</body>
</html>
```

另外，JavaScript 代码可以在同一个 HTML 网页的头部与主题部分同时嵌入，并且在同一个网页中可以多次嵌入 JavaScript 代码。

【例 14.7】在 HTML 网页中嵌入 JavaScript 代码(案例文件：ch14\14.7.html)

```
<html>
<head>
</head>
<body>
  <p>学习 JavaScript！！ </p>
  <script language = "javascript">
    document.write("欢迎来到 JavaScript 动态世界");
  </script>
</body>
</html>
```

该脚本功能是在 HTML 文档里输出一个字符串，即"欢迎来到 JavaScript 动态世界"。在 IE 11.0 浏览器中浏览效果如图 14-9 所示，可以看到在网页中输出了两句话，其中第二句就是 JavaScript 中输出的语句。

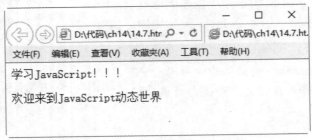

图 14-9　在网页中嵌入 JavaScript 代码

## 14.3.3 案例6——在 HTML 网页的元素事件中嵌入 JavaScript 代码

在开发 Web 应用程序的过程中，开发者可以给 HTML 文档设置不同的事件处理器，一般是设置某 HTML 元素的属性来引用一个脚本，可以是一个简单的动作，该属性一般以 on 开头，如按下鼠标事件 OnClick()等。这样，当需要对 HTML 网页中的该元素进行事件处理时(验证用户输入的值是否有效)，如果事件处理的 JavaScript 代码量较少，就可以直接在对应的 HTML 网页的元素事件中嵌入 JavaScript 代码。

【例 14.8】在 HTML 网页的元素事件中嵌入 JavaScript 代码(案例文件：ch14\14.8.html)

下面的 HTML 文档的作用是对文本框是否为空进行判断，如果为空则弹出提示信息，其具体内容如下。

```html
<html>
<head>
<title>判断文本框是否为空</title>
<script language="JavaScript">
function validate()
{
  var  txtNameObj = document.all.txtName;
  var  txtNameValue =  txtNameObj.value;
  if(( txtNameValue == null) || ( txtNameValue.length < 1))
  {
    window.alert("文本框内容为空，请输入内容");
        txtNameObj.focus();
        return;
  }
}
</script>
</head>
<body>
<form method=post action="#">
<input type="text" name="txtName">
<input type="button" value="确定" onclick="validate()">
</form>
</body>
</html>
```

在上面的 HTML 文档中使用 JavaScript 脚本，其作用是当文本框失去焦点时，就会对文本框的值进行长度检验，如果值为空，即可弹出"文本框内容为空，请输入内容"的提示信息。上面的 HTML 文档在 IE 11.0 浏览器中的显示结果如图 14-10 所示。直接单击【确定】按钮，即可看到相应的提示信息，如图 14-11 所示。

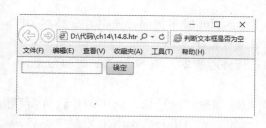

图 14-10 显示结果

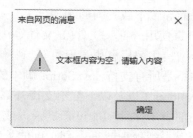

图 14-11 提示框

247

### 14.3.4　案例 7——在 HTML 中调用已经存在的 JavaScript 文件

如果 JavaScript 的内容较长，或者多个 HTML 网页中都调用相同的 JavaScript 程序，可以将较长的 JavaScript 或者通用的 JavaScript 写成独立的.js 文件，直接在 HTML 网页中调用。

【例 14.9】在 HTML 中调用已经存在的 JavaScript 文件(案例文件：ch14\14.9.html)

下面的 HTML 文件就是使用 JavaScript 脚本来调用外部 JavaScript 的文件。

```html
<html>
<head>
<title>使用外部文件</title>
<script src = "hello.js"></script>
</head>
<body>
此处引用了一个javascript文件
</body>
</html>
```

在 IE 11.0 浏览器中浏览效果如图 14-12 所示，可以看到网页首先弹出一个对话框，显示提示信息。单击【确定】按钮后，会显示网页内容。

图 14-12　导入 JavaScript 文件

可见通过这种外部引用 JavaScript 文件的方式，也可以实现相应的功能，这种功能具有下面几个优点。

● 通过外部脚本，可以轻易实现多个页面完成同一功能的脚本文件，可以很方便地通过更新一个脚本内容实现批量更新。

● 浏览器可以实现对目标脚本文件的高速缓存，这样可以避免引用同样功能的脚本代码而导致下载时间的增加。

与 C 语言使用外部头文件(.h 文件等)相似，引入 JavaScript 脚本代码时使用外部脚本文件的方式符合结构化编程思想，但也有一些缺点，具体表现在以下两个方面。

● 并不是所有支持 JavaScript 脚本的浏览器都支持外部脚本，如 Netscape 2 和 Internet Explorer 3 以及以下都不支持外部脚本。

● 外部脚本文件功能过于复杂，或其他原因导致的加载时间过长，则可能导致页面事件得不到处理或得不到正确的处理，程序员必须小心使用并确保脚本加载完成后，其中定义的函数才被页面事件调用，否则浏览器会报错。

综上所述，引入外部 JavaScript 脚本文件的方法是效果与风险并存的，设计人员应该权衡其优缺点，以决定是将脚本代码嵌入到目标 HTML 文件中，还是通过引用外部脚本的方式来实现相同的功能。一般情况下，将实现通用功能的 JavaScript 脚本代码作为外部脚本文件引用，而实现特有功能的 JavaScript 代码则直接嵌入到 HTML 文件中的<head>与</head>标记之间，使其及时并正确响应页面事件。

## 14.3.5 案例 8——通过 JavaScript 伪 URL 引入 JavaScript 脚本代码

在多数支持 JavaScript 脚本的浏览器中，可以通过 JavaScript 伪 URL 地址调用语句来引入 JavaScript 脚本代码。伪 URL 地址的一般格式：JavaScript:alert("已点击文本框! ")。由上可知，伪 URL 地址语句一般以 JavaScript 开始，后面就是要执行的操作。

【例 14.10】使用伪 URL 地址来引入 JavaScript 代码(案例文件：ch14\14.10.html)

```
<html>
<head>
<meta http-equiv=content-type content="text/html; charset=gb2312">
<title>伪 URL 地址引入 JavaScript 脚本代码</title>
</head>
<body>
<center>
<p>使用伪 URL 地址引入 JavaScript 脚本代码</p>
<form name="Form1">
  <input type=text name="Text1" value="点击"
       onclick="JavaScript:alert('已经用鼠标点击文本框!')">
</form>
</center>
</body>
</html>
```

在 IE 浏览器中预览上面的 HTML 文件，然后用鼠标单击其中的文本框，就会看到"已经用鼠标点击文本框!"的提示信息，其显示结果如图 14-13 所示。伪 URL 地址可用于文档中的任何地方，同时触发任意数量的 JavaScript 函数或对象固有的方法。由于这种方式的代码短而精且效果好，所以在表单数据合法性验证上，如验证某些字段是否符合要求等方面应用广泛。

图 14-13　使用伪 URL 地址引入 JavaScript 脚本代码

# 14.4　JavaScript 与 CSS3 的结合使用

JavaScript 是一种脚本语言,可以直接在网页上被浏览器解释运行。如果将 JavaScript 的程序和 CSS 的静态效果结合起来,可以创建出大量的动态特效,如动态内容、动态样式等。

## 14.4.1　案例 9——设置动态内容

JavaScript 和 CSS3 相结合,可以动态改变 HTML 页面元素的内容和样式,这种效果是 JavaScript 常用的功能之一。其实现也比较简单,需要利用 innerHTML 属性。innerHTML 属性是一个字符串,用来设置或获取位于对象起始和结束标签内的 HTML。

【例 14.11】(案例文件:ch14\14.11.html)

```
<!DOCTYPE html>
<html>
<head>
<title>改变内容</title>
<script type="text/javascript">
function changeit(){
     var html=document.getElementById("content");
     var html1=document.getElementById("content1");
     var t=document.getElementById("tt");
     var temp="<br><style>#abc {color:red;font-
size:36px;}</style>"+html.innerHTML;
     html1.innerHTML=temp;
}
</script>
</head>
<body>
<div id="content">
<div id="abc">
祝祖国生日快乐!
</div>
</div>
<div id="content1">
</div>
<input type="button" onclick="changeit()"  value="改变 HTML 内容">
</body>
</html>
```

在上面的 HTML 代码中,创建了几个 DIV 层,层下面有一个按钮,并且为按钮添加了一个单击事件,即调用 changeit 函数。在 JavaScript 程序函数 changeit 中,首先使用 getElementById 方法获取 HTML 对象,下面使用 innerHTML 属性设置 html1 层的显示内容。

在 IE 11.0 浏览器中浏览效果如图 14-14 所示,在显示页面中,有一个段落和按钮。当单击按钮时,会显示如图 14-15 所示窗口,会发现段落内容和样式发生变化,即增加了一个段落,并且字体变大,颜色为红色。

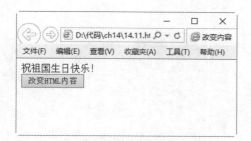

图 14-14 动态内容显示前

图 14-15 动态内容显示后

## 14.4.2 案例 10——改变动态样式

要改变 HTML 元素动态样式，首先需要获取到要改变的 HTML 对象，然后利用对象的相关样式属性设定不同的显示样式。在实现过程中，需要利用 styleSheets 属性，它表示当前HTML 网页上的样式属性集合，可以以数组形式获取；属性 rules 表示是第几个选择器；属性 cssRules 表示是第几条规则。

【例 14.12】(案例文件：ch14\14.12.html)

```
<!DOCTYPE html>
<html>
<head>
<link rel="stylesheet" type="text/css" href="14.12.css" />
<script>
function fnInit(){
//访问 styleSheet 中的一条规则，将其 backgroundColor 改为浅蓝色
var oStyleSheet=document.styleSheets[0];
var oRule=oStyleSheet.rules[0];
oRule.style.backgroundColor="#CECEFF";
oRule.style.width="200px";
oRule.style.height="120px";
}
</script>
<title>动态样式</title>
</head>
<body>
<div class="class1">
我会改变颜色
</div>
<a href=# onclick="fnInit()">改变背景色</a>
</body>
</html>
```

上面的 HTML 代码中，定义了一个 DIV 层，其样式规则为 class1，下面创建了一个超级链接，并且为超级链接定义了一个单击事件，当被单击时会调用 fnInit 函数。在 JavaScript 程序的 fnInit 函数中，首先使用"document.styleSheets[0]"语句获取当前的样式规则集合，下面使用"rules[0]"获取第一条样式规则元素，最后使用"oRule.style"样式对象分别设置背景色、宽度和高度样式。

【例 14.12】(案例文件：ch14\14.12.css)

```css
.class1
{
width:100px;
background-color:red;
height:80px;
}
```

此选择器比较简单，定义了宽度、高度和背景色。在 IE 11.0 浏览器中浏览效果如图 14-16 所示，网页显示了一个 DIV 层和超级链接。当单击超级链接时，会显示如图 14-17 所示的页面，此时 DIV 层背景色变为蓝色，并且层高度和宽度变大。

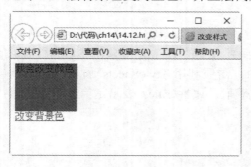

图 14-16　动态样式改变前

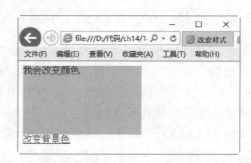

图 14-17　动态样式改变后

## 14.4.3　案例 11——动态定位网页元素

JavaScript 程序结合 CSS 样式属性，可以动态地改变 HTML 元素所在的位置。如果动态改变 HTML 元素的坐标位置，需要重新设定当前 HTML 元素的坐标位置。此时需要使用新的元素属性 pixelLeft 和 pixelTop，其中 pixelLeft 属性返回定位元素左边界偏移量的整数像素值。因为属性的非像素值返回的是包含单位的字符串，例如 30px，所示利用这个属性可以单独处理以像素为单位的数值。pixelTop 属性以此类推。

【例 14.13】(案例文件：ch14\14.13.html)

```html
<!DOCTYPE html>
<html>
<head>
<style type="text/css">
#d1 {
position: absolute;
width: 300px;
height: 300px;
visibility: visible;
color: #fff;
background: #555;
}
#d2 {
position: absolute;
width: 300px;
```

```
height: 300px;
visibility: visible;
color: #fff;
background: red;
}
#d3 {
position: absolute;
width: 150px;
height: 150px;
visibility: visible;
color: #fff;
background: blue;
}
</style>
<script>
var d1, d2, d3, w, h;
window.onload = function() {
d1 = document.getElementById('d1');
d2 = document.getElementById('d2');
d3 = document.getElementById('d3');
w = window.innerWidth;
h = window.innerHeight;
}
function divMoveTo(d, x, y) {
d.style.pixelLeft = x;
d.style.pixelTop = y;
}
function divMoveBy(d, dx, dy) {
d.style.pixelLeft += dx;
d.style.pixelTop += dy;
}
</script>
</head>
<body id="bodyId">
<form name="form1">
<h3>移动定位</h3>
<p>
<input type="button" value="移动 d2" onclick="divMoveBy(d2,100,100)"><br>
<input type="button" value="移动 d3 到 d2(0,0)"
onclick="divMoveTo(d3,0,0)"><br>
<input type="button" value="移动 d3 到 d2(75,75)"
onclick="divMoveTo(d3,75,75)"><br>
</p>
</form>
<div id="d1">
<b>d1</b>
</div>
<div id="d2">
<b>d2</b><br><br>
d2 包含 d3
<div id="d3">
<b>d3</b><br><br>
d3 是 d2 的子层
</div>
```

```
</div>
</body>
</html>
```

在 HTML 代码中，定义了三个按钮，并为三个按钮添加了不同的单击事件，即可以调用不同的 JavaScript 函数。下面定义了三个 div 层，分别为 d1、d2 和 d3，d3 是 d2 的子层。在 style 标记中，分别使用 ID 选择器定义了三个层的显示样式，例如绝对定位、是否显示、背景色、宽度和高度。在 JavaScript 代码中，使用"window.onload = function()"语句表示页面加载时执行这个函数，函数内使用语句"getElementById"获取不同的 DIV 对象。在 divMoveTo 函数和 divMoveBy 函数内，都重新定义了新的坐标位置。

在 IE 11.0 浏览器中浏览效果如图 14-18 所示，页面显示了三个按钮，每个按钮执行不同的定位操作。下面显示了三个层，其中 d2 层包含 d3 层。当单击第二个按钮时，可以重新动态定位 d3 的坐标位置，其显示效果如图 14-19 所示。关于其他按钮，有兴趣的读者可以测试。

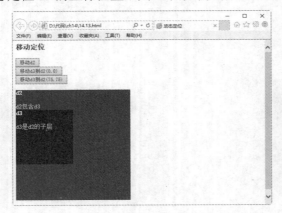

图 14-18　动态定位前

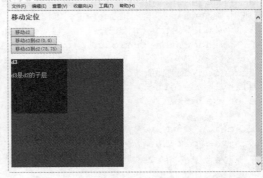

图 14-19　动态定位后

## 14.4.4　案例 12——设置网页元素的显示与隐藏

在有的网站，有时根据需要会自动或手动隐藏一些层，从而为其他层节省显示空间。实现层手动隐藏或展开，需要 CSS 代码和 JavaScript 代码相结合使用。实现该案例需要使用 display 属性，通过该值可以设置元素以块显示，还是不显示。

【例 14.14】(案例文件：ch14\14.14.html)

```
<!DOCTYPE html>
<html>
<head>
<title>隐藏和显示</title>
<script language="JavaScript" type="text/JavaScript">
<!--
function toggle(targetid){
    if (document.getElementById){
        target=document.getElementById(targetid);
        if (target.style.display=="block"){
            target.style.display="none";
```

```
            } else {
                target.style.display="block";
            }
    }
}
-->
</script>
<style type="text/css">
.div{ border:1px #06F solid;height:50px;width:150px;display:none;}
a {width:100px; display:block}
</style>
</head>
<body>
<a href="#" onclick="toggle('div1')">显示/隐藏</a>
<div id="div1" class="div">
<img src=11.jpg>
<p>市场价: 390 元</p>
<p>购买价: 190 元</p>
</div>
</body>
</html>
```

在代码中，创建了一个超级链接和一个 DIV 层 div1，DIV 层中包含了图片和段落信息。在类选择器 div 中，定义了边框样式、高度和宽度，并使用 display 属性设定层不显示。JavaScript 代码首先根据 ID 名称 targetid，判断 display 的当前属性值，如果值为 block，则设置为 none，如果值为 none，则设置值为 block。

在 IE 11.0 浏览器中浏览效果如图 14-20 所示，页面显示了一个超级链接。当单击【显示/隐藏】超级链接时，会显示如图 14-21 所示效果，此时显示一个 DIV 层，层里面包含了图片和段落信息。

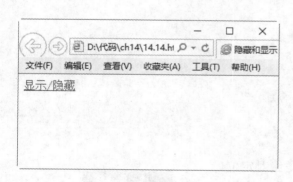

图 14-20　动态显示前

图 14-21　动态显示后

## 14.5　HTML5、CSS3 和 JavaScript 的搭配应用

HTML5、CSS3 和 JavaScript 搭配可以制作出各式各样的动态网页效果，本节就来介绍几个案例，学习 HTML5、CSS3 和 JavaScript 搭配应用的技巧。

## 14.5.1 案例 13——设定左右移动的图片

本案例将使用 HTML5、JavaScript 和 CSS3 创建一个左右移动的图片。具体步骤如下所示。

**step 01** 实现左右移动的图片，需要在页面上定义一张图片，然后利用 JavaScript 程序代码获取图片对象，并使其在一定范围内，即水平方向上自由移动。案例完成后的效果如图 14-22 所示。

图 14-22　图片移动

**step 02** 创建 HTML 页面，导入图片，代码如下。

```
<!DOCTYPE html>
<html>
<head>
<title>左右移动图片</title>
</head>
<body>
<img src="01.jpg" name="picture"
style="position: absolute; top: 70px; left: 30px;" BORDER="0" WIDTH="200"
HEIGHT="160">
<script LANGUAGE="JavaScript"><!--
setTimeout("moveLR('picture',300,1)",10);
//--></script>
</body>
</html>
```

上面的代码中，定义了一张图片，图片是绝对定位，左边位置是(70,30)，无边框，宽度为 200 像素，高度为 160 像素。script 标记中，使用 setTimeout 方法，定时移动图片。在 IE 11.0 浏览器中浏览效果如图 14-23 所示，可以看到网页上显示一张图片。

**step 03** 加入 JavaScript 代码，实现图片左右移动，代码如下。

图 14-23　图片显示

```
<script LANGUAGE="JavaScript"><!--
step = 0;
obj = new Image();
function anim(xp,xk,smer) //smer = direction
{
obj.style.left = x;
x += step*smer;
if (x>=(xk+xp)/2) {
if (smer == 1) step--;
else step++;
}
else {
if (smer == 1) step++;
else step--;
}
if (x >= xk) {
x = xk;
smer = -1;
}
if (x <= xp) {
x = xp;
smer = 1;
}
// if (smer > 2) smer = 3;
setTimeout('anim('+xp+','+xk+','+smer+')', 50);
}
function moveLR(objID,movingarea_width,c)
{
if (navigator.appName=="Netscape") window_width = window.innerWidth;
else window_width = document.body.offsetWidth;
obj = document.images[objID];
image_width = obj.width;
x1 = obj.style.left;
x = Number(x1.substring(0,x1.length-2)); // 30px -> 30
if (c == 0) {
if (movingarea_width == 0) {
right_margin = window_width - image_width;
anim(x,right_margin,1);
}
else {
right_margin = x + movingarea_width - image_width;
if (movingarea_width < x + image_width) window.alert("No space for
moving!");
else anim(x,right_margin,1);
}
}
else {
if (movingarea_width == 0) right_margin = window_width - image_width;
else {
x = Math.round((window_width-movingarea_width)/2);
right_margin = Math.round((window_width+movingarea_width)/2)-image_width;
}
anim(x,right_margin,1);
}
```

```
}
//--></script>
```

在 IE 11.0 浏览器中浏览效果如图 14-24 所示，可以看到网页上显示一张图片，并在水平方向上自由移动。

图 14-24　最终效果

## 14.5.2　案例 14——制作颜色选择器

本案例将创建一个颜色选择器，实现自由获取颜色值。具体步骤如下所示。

**step 01** 本案例原理非常简单，即将几个常用的颜色值进行组合，组合在一起后合并，就是所要选择的颜色值。这些都是利用 JavaScript 代码完成的。案例完成后的实际效果如图 14-25 所示。

图 14-25　设定页面背景色

**step 02** 创建基本 HTML 页面，代码如下。

```
<!DOCTYPE html>
<html>
<head><title>背景色选择器</title>
</head>
<body bgcolor="#FFFFFF">
</body>
</html>
```

上述代码比较简单，只是实现了一个页面框架。

step 03 添加 JavaScript 代码，实现颜色选择，代码如下。

```
<script language="JavaScript">
<!--
var hex = new Array(6)
hex[0] = "FF"
hex[1] = "CC"
hex[2] = "99"
hex[3] = "66"
hex[4] = "33"
hex[5] = "00"
function display(triplet)
{
  document.bgColor = '#' + triplet
  alert('现在的背景色是 #'+triplet)
}
function drawCell(red, green, blue)
{
  document.write('<TD BGCOLOR="#' + red + green + blue + '">')
  document.write('<A HREF="javascript:display(\'' + (red + green + blue) +
'\')">')
  document.write('<IMG SRC="place.gif" BORDER=0 HEIGHT=12 WIDTH=12>')
  document.write('</A>')
  document.write('</TD>')
}
function drawRow(red, blue)
{
  document.write('<TR>')
  for (var i = 0; i < 6; ++i)
  {
    drawCell(red, hex[i], blue)
  } document.write('</TR>')
}function drawTable(blue)
{
  document.write('<TABLE CELLPADDING=0 CELLSPACING=0 BORDER=0>')
  for (var i = 0; i < 6; ++i)
  {
    drawRow(hex[i], blue)
  }
  document.write('</TABLE>')
}
function drawCube()
{
  document.write('<TABLE CELLPADDING=5 CELLSPACING=0 BORDER=1><TR>')
  for (var i = 0; i < 6; ++i)
  {
    document.write('<TD BGCOLOR="#FFFFFF">')
    drawTable(hex[i])
    document.write('</TD>')
  } document.write('</TR></TABLE>')
}drawCube()
// --></script>
```

上面的代码中，创建了一个数组对象 hex 用来存放不同的颜色值。下面几个函数分别将数组中的颜色组合在一起，并在页面显示，display 函数完成定义背景颜色和显示颜色值。

在 IE 11.0 浏览器中浏览效果如图 14-26 所示，可以看到页面显示多个表格，每个单元格代表一种颜色。

图 14-26　最终效果

### 14.5.3　案例 15——制作跑马灯效果

网页中有一种特效称为跑马灯，即文字从左到右自动输出，和晚上写字楼的广告霓虹灯非常相似。在网页中，如果 CSS 样式设计非常完美，就会显示出更加靓丽的网页效果。具体步骤如下所示。

step 01 完成跑马灯效果，需要使用 JavaScript 语言设置文字内容、移动速度和相应输入框，使用 CSS 设置显示文字样式。输入框用来显示水平移动文字。案例完成后的实际效果如图 14-27 所示。

图 14-27　跑马灯效果

step 02 创建 HTML 文件，实现输入表单。

```
<!DOCTYPE html>
<html>
<head>
<title>跑马灯</title>
</head>
<body onLoad="LenScroll()">
```

```
<center>
<form name="nextForm">
<input type=text name="lenText">
</form>
</center>
</body>
</html>
```

上面的代码非常简单，创建了一个表单。表单中存放了一个文本域，用于显示移动文字。在 IE 11.0 浏览器中浏览效果如图 14-28 所示，可以看到页面中只是存在一个文本域，没有其他显示信息。

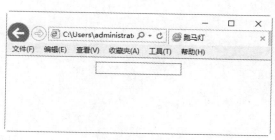

**图 14-28 实现基本表单**

step 03 添加 JavaScript 代码，实现文字移动。

```
<script language="javascript">
var msg="欢迎光临贝拉时尚风情杂货铺！";      //移动文字
var interval = 400;              //移动速度
var seq=0;

function LenScroll() {
  document.nextForm.lenText.value = msg.substring(seq, msg.length) + "    " +
msg;
  seq++;
  if (seq > msg.length)
    seq = 0;
  window.setTimeout("LenScroll();", interval);
}
</script>
```

上面代码中，创建了一个变量 msg 用于定义移动的文字内容，变量 interval 用于定义文字移动速度，LenScroll()函数用于在表单输入框中显示移动信息。

在 IE 11.0 浏览器中浏览效果如图 14-29 所示，可以看到输入框中显示了移动文字，并且从右向左移动。

step 04 添加 CSS 代码，修饰输入框和页面。

```
<style type="text/css">
<!--
body{
  background-color:#FFFFFF;  /* 页面背景色 */
}
input{
  background:transparent;      /* 输入框背景透明 */
```

```
 border:none;              /* 无边框 */
 color:#ffb400;
 font-size:45px;
 font-weight:bold;
 font-family:黑体;
}--></style>
```

上面代码设置了页面背景颜色为白色。在 input 标记选择器中，定义了边框背景为透明，无边框，字体颜色为黄色，大小为 45 像素，加粗并以黑体显示。在 IE 11.0 浏览器中浏览效果如图 14-30 所示，可以看到页面中相比较原来页面字体变大，颜色为黄色，没有输入框显示。

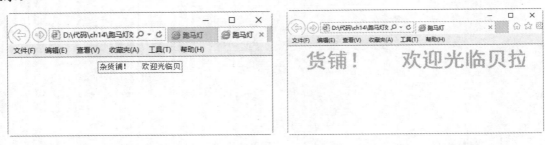

图 14-29  实现移动效果          图 14-30  最终效果

# 14.6  综合案例——制作树形导航菜单

树形导航菜单是网页设计中最常用的菜单之一。本案例将创建一个树形导航菜单，具体步骤如下所示。

step 01  实现一个树形菜单，需要三个方面配合：一个是<ul>无序列表，用于显示的菜单；一个是 CSS 样式，修饰树形菜单样式；一个是 JavaScript 程序，实现单击时展开菜单选项。案例完成后的效果如图 14-31 所示。

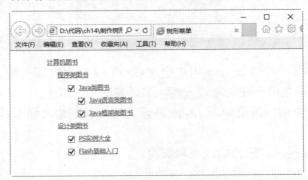

图 14-31  树形菜单

step 02  创建 HTML 页面，实现菜单列表，代码如下。

```
<!DOCTYPE html>
<html>
```

```html
<head>
<title>树形菜单</title>
</head>
<body>
<ul id="menu_zzjs_net">
 <li>
  <label><a href="javascript:;">计算机图书</a></label>
  <ul class="two">
   <li>
    <label><a href="javascript:;">程序类图书</a></label>
    <ul class="two">
     <li>
      <label><input type="checkbox" value="123456"><a
href="javascript:;">Java 类图书</a></label>
      <ul class="two">
       <li><label><input type="checkbox" value="123456"><a
href="javascript:;">Java 语言类图书</a></label></li>
       <li>
        <label><input type="checkbox" value="123456"><a
href="javascript:;">Java 框架类图书</a></label>
        <ul class="two">
         <li>
          <label><input type="checkbox" value="123456"><a
href="javascript:;">Struts2 图书</a></label>
          <ul class="two">
           <li><label><input type="checkbox" value="123456"><a
href="javascript:;">Struts1</a></label></li>
           <li><label><input type="checkbox" value="123456"><a
href="javascript:;">Struts2</a></label></li>
          </ul>
         </li>
         <li><label><input type="checkbox" value="123456"><a
href="javascript:;">Hibernate 入门</a></label></li>
        </ul>
       </li>
      </ul>
     </li>
    </ul>
   </li>
  </ul>
 </li>
 <li>
  <label><a href="javascript:;">设计类图书</a></label>
  <ul class="two">
   <li><label><input type="checkbox" value="123456"><a
href="javascript:;">PS 案例大全</a></label></li>
   <li><label><input type="checkbox" value="123456"><a href=
"javascript:;">Flash 基础入门</a></label></li>
  </ul>
 </li>
</ul>
</li>
```

```
</ul>
</body>
</html>
```

在 IE 11.0 浏览器中浏览效果如图 14-32 所示，可以看到无序列表在页面上显示，并且显示全部元素。

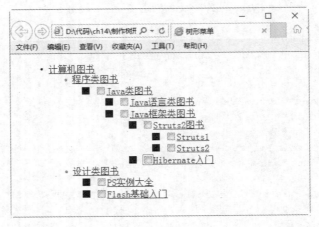

图 14-32　无序列表

step 03　添加 JavaScript 代码，实现单击展开效果，代码如下。

```
<script type="text/javascript">
 function addEvent(el,name,fn){//绑定事件
  if(el.addEventListener) return el.addEventListener(name,fn,false);
  return el.attachEvent('on'+name,fn);
 }
 function nextnode(node){//寻找下一个兄弟并剔除空的文本结点
  if(!node)return;
  if(node.nodeType == 1)
   return node;
  if(node.nextSibling)
   return nextnode(node.nextSibling);
 }
 function prevnode(node){//寻找上一个兄弟并剔除空的文本结点
  if(!node)return;
  if(node.nodeType == 1)
   return node;
  if(node.previousSibling)
   return prevnode(node.previousSibling);
 }
 function parcheck(self,checked){//递归寻找父元素，并找到 input 元素进行操作
  var par = prevnode(self.parentNode.parentNode.parentNode.previousSibling),
parspar;
  if(par&&par.getElementsByTagName('input')[0]){
   par.getElementsByTagName('input')[0].checked = checked;

parcheck(par.getElementsByTagName('input')[0],sibcheck(par.getElementsByTag
Name('input')[0]));
```

```
  }
 }
 function sibcheck(self){//判断兄弟结点是否已经全部选中
  var sbi = self.parentNode.parentNode.parentNode.childNodes,n=0;
  for(var i=0;i<sbi.length;i++){
   if(sbi[i].nodeType != 1)
//由于孩子结点中包括空的文本结点，所以这里累计长度的时候也要算上去
   n++;
   else if(sbi[i].getElementsByTagName('input')[0].checked)
   n++;
  }
  return n==sbi.length?true:false;
 }
 addEvent(document.getElementById('menu_zzjs_net'),'click',function(e){
//绑定 input 单击事件，使用 menu_zzjs_net 根元素代理
  e = e||window.event;
  var target = e.target||e.srcElement;
  var tp = nextnode(target.parentNode.nextSibling);
  switch(target.nodeName){
   case 'A'://单击 A 标签展开和收缩树形目录，并改变其样式会选中 checkbox
    if(tp&&tp.nodeName == 'UL'){
     if(tp.style.display != 'block' ){
      tp.style.display = 'block';
      prevnode(target.parentNode.previousSibling).className = 'ren'
     }else{
      tp.style.display = 'none';
      prevnode(target.parentNode.previousSibling).className = 'add'
     }
    }
   break;
   case 'SPAN'://单击图标只展开或者收缩
    var ap = nextnode(nextnode(target.nextSibling).nextSibling);
    if(ap.style.display != 'block' ){
     ap.style.display = 'block';
     target.className = 'ren'
    }else{
     ap.style.display = 'none';
     target.className = 'add'
    }
   break;
   case 'INPUT'://单击 checkbox，父元素选中，则孩子结点中的 checkbox 也同时选中，孩子
结点取消，父元素随之取消
    if(target.checked){
     if(tp){
      var checkbox = tp.getElementsByTagName('input');
      for(var i=0;i<checkbox.length;i++)
       checkbox[i].checked = true;
     }
    }else{
     if(tp){
      var checkbox = tp.getElementsByTagName('input');
      for(var i=0;i<checkbox.length;i++)
```

```
        checkbox[i].checked = false;
    }
  }
  parcheck(target,sibcheck(target));//当孩子结点取消选中的时候，调用该方法递归其
父结点的 checkbox 逐一取消选中
  break;
  }
});
window.onload = function(){//页面加载时给有孩子结点的元素动态添加图标
  var labels = document.getElementById('menu_zzjs_net').getElementsByTagName
('label');
  for(var i=0;i<labels.length;i++){
   var span = document.createElement('span');
   span.style.cssText ='display:inline-block;height:18px;vertical-
align:middle;width:16px;cursor:pointer;';
   span.innerHTML = ' '
   span.className = 'add';
   if(nextnode(labels[i].nextSibling)&&nextnode(labels[i].nextSibling).
nodeName == 'UL')
    labels[i].parentNode.insertBefore(span,labels[i]);
   else
    labels[i].className = 'rem'
  }
}
</script>
```

在 IE 11.0 浏览器中浏览效果如图 14-33 所示，可以看到无序列表在页面上显示，使用鼠标单击可以展开或关闭相应的选项，但其样式非常难看。

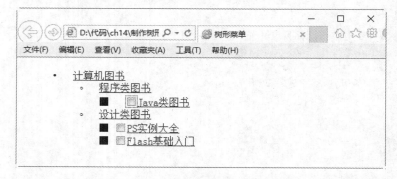

**图 14-33  实现鼠标单击事件**

step 04 添加 CSS 代码，修饰列表选项，代码如下。

```
<style type="text/css">
body{margin:0;padding:0;font:12px/1.5 Tahoma,Helvetica,Arial,sans-serif;}
ul,li,{margin:0;padding:0;}
ul{list-style:none;}
#menu_zzjs_net{margin:10px;width:200px;overflow:hidden;}
#menu_zzjs_net li{line-height:25px;}
#menu_zzjs_net .rem{padding-left:16px;}
#menu_zzjs_net .add{background:url() -4px -31px no-repeat;}
```

```
#menu_zzjs_net .ren{background:url() -4px -7px no-repeat;}
#menu_zzjs_net li a{color:#666666;padding-left:5px;
outline:none;blr:expression(this.onFocus=this.blur());}
#menu_zzjs_net li input{vertical-align:middle;margin-left:5px;}
#menu_zzjs_net .two{padding-left:20px;display:none;}
</style>
```

在 IE 11.0 浏览器中浏览效果如图 14-34 所示，可以看到样式相比较原来的页面变得非常漂亮。

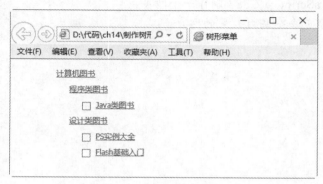

图 14-34　最终效果

## 14.7　大神解惑

小白：JavaScript 中 innerHTML 与 innerText 的用法区别是什么？

大神：假设现在有一个 DIV 层，如下所示。

```
<div id="test">
  <span style="color:red">test1</span> test2
</div>
```

innerText 属性表示从起始位置到终止位置的内容，但它去除 HTML 标签。例如上面示例的 innerText 的值也就是"test1 test2"，其中 span 标签去除了。

innerHTML 属性除了包含全部内容外，还包含对象标签本身。例如上面示例的 text.innerHTML 的值也就是<div id="test">test1 test2</div>。

小白：JavaScript 如何控制换行？

大神：无论使用哪种引号创建字符串，字符串中间不能包含强制换行符。例如：

```
var temp='<h2 class="a">A list</h2>
        <ol>
        </ol>';
```

这样是错误的。

正确写法：使用反斜杠来转义换行符。

```
var temp='<h2 class="a">A list</h2>\
<ol>\
</ol>'
```

# 14.8　跟我练练手

练习 1：使用 JavaScript 制作一个循环输出的例子。

练习 2：制作一个在 HTML 网页头中嵌入 JavaScript 代码的网页。

练习 3：制作一个在 HTML 页面中调用已经存在的 JavaScript 文件的网页。

练习 4：使用 JavaScript 与 CSS3 制作一个网页。

练习 5：制作一个包含跑马灯效果的网页。

# 第 15 章
## CSS 与 XML 的
## 综合运用

　　XML 是一种标准化的文本格式，可以在 Web 上表示结构化信息，利用它可以存储有复杂结构的数据信息。XML 是 HTML 的补充，但 XML 并不是 HTML 的替代品。在将来的网页开发中，XML 将被用来描述、存储数据，而 HTML 则是用来格式化和显示数据的。

**本章要点(已掌握的在方框中打钩)**

☐ 熟悉 XML 语法基础知识
☐ 掌握 XML 使用 CSS 的方法
☐ 掌握设置字体属性的方法
☐ 掌握设置色彩属性的方法
☐ 掌握设置边框属性的方法
☐ 掌握设置文本属性的方法

# 15.1 XML 语法基础

XML 是标记语言，可支持开发者为 Web 信息设计自己的标记。XML 要比 HTML 强大得多，它不再是固定的标记，而是允许定义数量不限的标记来描述文档中的资料，允许存在嵌套的信息结构。

## 15.1.1 实例 1——XML 的基本应用

随着因特网的发展，为了控制网页显示样式，就增加了一些描述如何显现数据的标记，例如<center>、<b>等标记。但随着 HTML 的不断发展，W3C 组织意识到 HTML 存在一些无法避免的问题。

(1) 不能解决所有解释数据的问题，例如影音文件或化学公式、音乐符号等其他型态的内容。

(2) 存在效能问题，需要下载整份文件，才能开始对文件做搜寻的动作。

(3) 扩充性、弹性、易读性均不佳。

为了解决以上问题，专家们使用 SGML 精简制作，并依照 HTML 的发展经验，产生出一套使用规则严谨，但是简单的描述数据语言——XML。

XML(eXtensible Markup Language，可扩展标记语言)是 W3C 推荐参考通用标记语言，同样也是 SGML 的子类，可以定义自己的一组标记。它具有下面几个特点。

(1) XML 是一种元标记语言，所谓"元标记语言"就是开发者可以根据自己的需要定义自己的标记，例如开发者可以定义标记<book>、<name>，任何满足 XML 命名规则的名称都可以作为标记，这就为不同应用程序的应用打开了大门。

(2) 允许通过使用自定义格式，标识、交换和处理数据库可以理解的数据。

(3) 基于文本的格式，允许开发人员描述结构化数据并在各种应用之间发送和交换这些数据。

(4) 有助于在服务器之间传输结构化数据。

(5) XML 使用的是非专有的格式，不受版权、专利、商业秘密或是其他种类的知识产权的限制。XML 的功能非常强大，同时对于人类或是计算机程序来说，都容易阅读和编写，因而成为交换语言的首选。网络带给人类的最大好处是信息共享，在不同的计算机发送数据，而 XML 是用来告诉"数据是什么"，利用 XML 可以在网络上交换任何一种信息。

【例 15.1】(实例文件：ch15\15.1.xml)

```xml
<?xml version="1.0" encoding="GB2312" ?>
<电器>
    <家用电器>
        <品牌>小天鹅洗衣机</品牌>
        <购买时间>2017-03-015</购买时间>
        <价格 币种="人民币">899 元</价格>
    </家用电器>
        <家用电器>
        <品牌>海尔冰箱</品牌>
```

```
        <购买时间>2017-03-15</购买时间>
        <价格 币种="人民币">3990</价格>
      </家用电器>
</电器>
```

此处需要将文件保存为 XML 文件。该文件中，每个标记是用汉语编写的，是自定义标记。整个电器可以看作是一个对象，该对象包含了多个家用电器，家用电器是用来存储电器的相关信息的，也可以说家用电器对象是一种数据结构模型。在页面中没有对哪个数据的样式进行修饰，而只告诉我们数据结构是什么，数据是什么。

在 IE 11.0 浏览器中浏览效果如图 15-1 所示，可以看到整个页面以树形结构显示，通过单击"–"可以关闭整个树形结构，单击"+"可以展开树形结构。

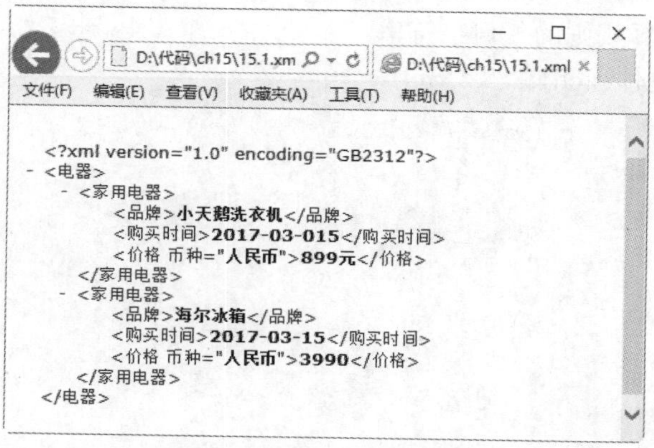

图 15-1　XML 文件显示

## 15.1.2　实例 2——XML 文档的组成和声明

一个完整的 XML 文档由声明、元素、注释、字符引用和处理指令组成。在文档中，所有这些 XML 文档的组成部分都是通过元素标记来指明的。可以将 XML 文档分为三个部分，如图 15-2 所示。

XML 声明必须作为 XML 文档的第一行，前面不能有空白、注释或其他处理指令。完整的声明格式如下。

```
<?xml version="1.0" encoding="编码"
standalone="yes/no" ?>
```

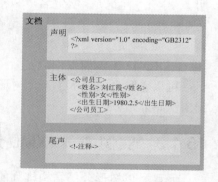

图 15-2　XML 文档的组成

其中 version 属性不能省略，且必须在属性列表中排在第一位，指明所采用的 XML 的版本号，值为 1.0。该属性用来保证对 XML 未来版本的支持。encoding 属性是可选属性，该属性指定了文档采用的编码方式，即规定了采用哪种字符集对 XML 文档进行字符编码，常用的编码方式为 UTF—8 和 GB2312。如果没有使用 encoding 属性，那么该属性的默认值是 UTF—8，如果 encoding 属性值设置为 GB2312，则文档必须使用 ANSI 编码保存，文档的标记以及标记内容只可以使用 ASCII 字符和中文。

271

使用 GB2312 编码的 XML 声明如下。

```
<?xml version="1.0" encoding="GB2312" ?>
```

XML 文档主体必须有根元素。所有的 XML 必须包含可定义根元素的单一标记对。所有其他元素都必须处于这个根元素内部。所有的元素均可拥有子元素。子元素必须被正确地嵌套于它们的父元素内部。根标记以及根标记内容共同构成 XML 文档主体。没有文档主体的 XML 文档将不会被浏览器或其他 XML 处理程序所识别。

注释可以提高文档的阅读性，尽管 XML 解析器通常会忽略文档中的注释，但位置适当且有意义的注释可以大大提高文档的可读性。所以 XML 文档中不用于描述数据的内容都可以包含在注释中，注释以"<!--"开始，以"-->"结束，在起始符和结束符之间为注释内容，注释内容可以输入符合注释规则的任何字符串。

**【例 15.2】** (实例文件：ch15\15.2.xml)

```
<?xml version="1.0" encoding="gb2312"?>
<!--这是一个优秀学生名单-->
<学生名单>
<学生>
    <姓名>刘五</姓名>
    <学号>21</学号>
    <性别>男</性别>
</学生>
<学生>
    <姓名>张三</姓名>
    <学号>22</学号>
    <性别>女</性别>
</学生>
</学生名单>
```

上面代码中，第一句代码是一个 XML 声明。<学生>标记是<学生名单>标记的子元素，而<姓名>标记和<学号>标记是<学生>的子元素。<!--...-->是一个注释。

在 IE 11.0 浏览器中浏览效果如图 15-3 所示，可以看到页面显示了一个树形结构，并且数据层次感非常好。

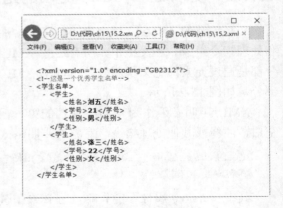

图 15-3　浏览效果

## 15.1.3　实例 3——XML 元素介绍

元素是以树形分层结构排列的，它可以嵌套在其他元素中。

### 1. 元素类别

在 XML 文档中，元素分为非空元素和空元素两种类型。一个 XML 非空元素是由开始标记、结束标记以及标记之间的数据构成的。开始标记和结束标记用来描述标记之间的数据。标记之间的数据被认为是元素的值。非空元素的语法结构如下所示。

```
<开始标记>文本内容</结束标记>
```

而空元素就是不包含任何内容的元素，即开始标记和结束标记之间没有任何内容的元素。其语法结构如下所示。

```
<开始标记></结束标记>
```

可以把元素内容为文本的非空元素转换为空元素。例如：

```
<hello>下午好</hello>
```

<hello>是一个非空元素，如果把非空元素的文本内容转换为空元素的属性，那么转换后的空元素可以写为：

```
<hello content="下午好"></hello>
```

### 2．元素命名规则

XML 元素命名规则与 Java、C 等命名规则类似，它也是一种对大小写敏感的语言。XML 元素命名必须遵守下列规则。

- 元素名中可以包含字母、数字和其他字符。如<place>、<地点>、<no123>等。
- 元素名中虽然可以包含中文，但是在不支持中文的环境中将不能解释包含中文字符的 XML 文档。
- 元素名中不能以数字或标点符号开头。例如<123no>、<.name>、<?error>元素名称都是非法名称。
- 元素名中不能包含空格。如<no 123>。

### 3．元素嵌套

元素的内容可以包含子元素。子元素本身也是元素，被嵌套在上层元素之内。如果子元素嵌套了其他元素，那么它同时也是父元素，例如下面所示部分代码。

```
<?xml version="1.0" encoding="GB2312" ?>
<students>
  <student>
    <name>张三</name>
    <age>20</age>
  </student>
  ...
</students>
```

<student>是<students>的子元素，同时也是<name>和<age>的父元素，而<name>和<age>是<student>的子元素。

### 4．元素实例

【例 15.3】(实例文件：ch15\15.3.xml)

```
<?xml version="1.0" encoding="GB2312" ?>
<通讯录>
  <!--"记录"标记中包含姓名、地址、电话和电子邮件 -->
  <记录 date="2011/2/1">
```

273

```
        <姓名>张三</姓名>
        <地址>河南省郑州市中州大道</地址>
        <电话>0371-12345678</电话>
        <电子邮件>zs@tom.com</电子邮件>
    </记录>
    <记录 date="2014/3/12">
        <姓名>李四</姓名>
        <地址>河北省邯郸市工农大道</地址>
        <电话>13012345678</电话>
    </记录>
    <记录 date="2014/2/23">
        <姓名>王五</姓名>
        <地址>吉林省长春市幸福路</地址>
        <电话>13112345678</电话>
        <电子邮件>wangwu@sina.com</电子邮件>
    </记录>
</通讯录>
```

文件代码中，第一行是 XML 声明，它声明该文档是 XML 文档、文档所遵守的版本号以及文档使用的字符编码集。在这个例子中，遵守的是 XML 1.0 版本规范，字符编码是 GB2312 编码方式。<记录>是<通讯录>的子标记，但<记录>标记同时是<姓名>和<地址>等标记的父元素。

在 IE 11.0 浏览器中浏览效果如图 15-4 所示，可以看到页面显示了一个树形结构，每个标记中间包含相应的数据。

图 15-4　元素包含

# 15.2　使用 CSS 修饰 XML 文件

我们知道 XML 文档本身只包含数据，而没有关于显示数据样式的信息。如果需要将 XML 文档数据美观地显示出来，而不是以树形结构显示，可以通过 CSS 来控制 XML 文档中各个元素的呈现方式。

## 15.2.1　实例 4——XML 使用 CSS

XML 文档数据需要使用 CSS 属性定义显示样式，其方法是把 CSS 代码做成独立文件，然后引入到 XML 中。在 XML 文档引入样式表 CSS，可以将数据的内容和表示分离开，并且能够实现 CSS 的重复使用。

XML 文件引用 CSS 文件，XML 文件中必须使用下面的操作指令。

```
<?xml-stylesheet href="URI" type="text/css"?>
```

xml-stylesheet 表示在这里使用了样式表。样式表的 URI 表示要引入文件所在的路径，如果只是一个文件的名字，该 CSS 文件必须和 XML 文档同在一个目录的下面；如果 URI 是一个链接，该链接必须是有效的、可访问的。type 表示该文件所属的类型是文本形式的，其内容是 CSS 代码。

【例 15.4】(实例文件：ch15\15.4.xml)

```xml
<?xml version="1.0" encoding="GB2312" ?>
<?xml-stylesheet type="text/css" href="15.4.css"?>
<student>
<name>孙福全</name>
<sex>男</sex>
<name>王小玲</name>
<sex>女</sex>
</student>
```

【例 15.4】(实例文件：ch15\15.4.css)

```css
student{
background-color: #ddeecc;
font-family:"幼圆";
text-align:center;
display:block;
}
name{
font-size:20px;
color:red;
}
sex{
font-size:12px;
font-style:italic;
}
```

CSS 文件中，针对 student、name 和 sex 三个标记设置了不同的显示样式。例如字体大小、字体颜色、对齐方式等。

在 IE 11.0 浏览器中浏览效果如图 15-5 所示，可以看到 XML 文档不再以树形结构显示，并且没有标记出现，而只是显示其标记中的数据。

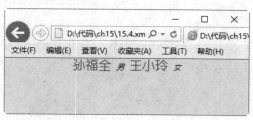

图 15-5　XML 引入 CSS 文件

## 15.2.2　实例 5——设置字体属性

CSS3 样式表提供了多种字体属性，使设计者对字体可以进行更详细的设置，从而更加丰富页面效果。例如 font-style、font-variant、font-weight、font-size 和 font-family 等属性，在前面已经介绍，就不再重复讲解了。同样，这些字体属性可以应用于 XML 文件元素。

【例 15.5】(实例文件：ch15\15.5.xml)

```xml
<?xml version="1.0" encoding="gb2312"?>
<?xml-stylesheet href="15.5.css" type="text/css"?>
<company>
  <name>水月网页设计工作室</name>
  <address>郑州市花园路松风大夏</address>
  <phone>13612345678</phone>
</company>
```

【例 15.5】(实例文件：ch15\15.5.css)

```css
company{
  color: #ddeecc;
  font:normal small-caps bolder 15pt "幼圆";
  background-color:#123543;
}
name{
  font-size:30px;
  display:block;
}
address{
  font-size:12px;
  display:block;
}
phone{
  font-size:12px;
  font-style:italic;
  display:block;
}
```

上面的 CSS 代码针对 XML 中的标记，进行了字体、背景颜色和前景色设置。

在 IE 11.0 浏览器中浏览效果如图 15-6 所示，可以看到网页显示了一个公司介绍信息，其中字体大小不一样，联系电话以斜体显示。

图 15-6　CSS 定义 XML 字体属性

## 15.2.3　实例 6——设置色彩属性

颜色和背景是网页设计中两个重要的元素，一个颜色搭配协调、背景优美的文档总是能吸引不少访问者。CSS 的强大表现功能在控制颜色和背景方面同样发挥得淋漓尽致。XML 元素的背景可设置成一种颜色或一幅影像。

在 CSS3 中，如果需要设置文本颜色，即网页前景色，通常使用 color 属性。定义元素背景的相关属性如下：background-color、background-image、background-repeat、background-attachment、background-position。这些前面都已经介绍，这里就不再赘述。

【例 15.6】(实例文件：ch15\15.6.xml)

```xml
<?xml version="1.0" encoding="GB2312" ?>
<?xml-stylesheet href="15.6.css" type="text/css"?>
<img>
插花
</img>
```

【例 15.6】(实例文件：ch15\15.6.css)

```css
img{
  display:block;
  color:red;
  text-align:center;
  font-size:40px;
  left:50px;
  top:170px;
  background-image:URL("08.jpg");
  background-repeat:no-repeat;
  background-position:left;
}
```

上面的 CSS 代码设置背景以块显示，字体颜色为红色，字体大小为 40 像素，并居中显示。background-image 引入背景图片为 08.jpg，并设置了图片不重复。

在 IE 11.0 浏览器中浏览效果如图 15-7 所示，可以看到页面背景为一张图片，且不重复，在图片上显示了"插花"两个红色字体。

图 15-7　CSS 定义 XML 背景

## 15.2.4　实例 7——设置边框属性

在 CSS3 中，可以使用 border-style、border-width 和 border-color 这三个属性设定边框。页面元素的边框就是将元素内容及间隙包含在其中的边线，类似于表格的外边线。页面元素边框以三个方面来描述：宽度、样式和颜色，这三个方面决定了边框所显示出来的外观。

【例 15.7】(实例文件：ch15\15.7.xml)

```xml
<?xml version="1.0" encoding="GB2312"?>
<?xml-stylesheet href="15.7.css" type="text/css"?>
<Border>
    <smallBorder>
        鸣筝金粟柱，素手玉房前。
    </smallBorder>
</Border>
```

【例 15.7】(实例文件：ch15\15.7.css)

```css
Border{
    border-style:solid;
```

网站开发案例课堂

```
    border-width:15px;
    border-color:#123456;
    width:250px;
    height:150px;
    text-align:center;
}
smallBorder{
    font-size:20px;
    color:red;
}
```

在 Border 标记中，设置边框显示样式，例如直线形式显示，颜色为深蓝色，宽度为 15 像素，并且设置显示块的宽度为 250 像素，高度为 150 像素，边框内元素居中显示。在 smallBorder 标记中设置了字体大小和字体颜色。

在 Mozilla Firefox 52.0 浏览器中浏览效果如图 15-8 所示，可以看到页面中显示了一个边框，边框中显示的是红色字体，其内容是："鸣筝金粟柱，素手玉房前。"

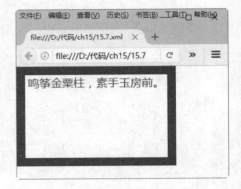

图 15-8　设置 XML 元素边框

## 15.2.5　实例 8——设置文本属性

在 CSS3 中，提供了多种文本属性来实现对文本的控制，例如 text-indent、text-align、white-space、line-height、vertical-align、text-transform 和 text-decoration。这些前面已经介绍过，这里就不再介绍了。利用上面这些属性，可以控制 XML 元素的显示样式。

【例 15.8】(实例文件：ch15\15.8.xml)

```xml
<?xml version="1.0" encoding="gb2312"?>
<?xml-stylesheet type="text/css" href="15.8.css"?>
<big>
  <one>健康</one>
<title>饮茶养生养颜 特殊时期慎饮茶</title>
<content>
金银花，味甘，性寒，具有清热解毒、疏散风热的作用。金银花为清热解毒之良药，既能清里热，又能散表热，临床上主要用于治疗各种痈肿疮毒、热毒血痢及温热病等。金银花药性偏寒，不适合长期饮用，仅适合在炎热的夏季暂时饮用以防治痢疾。
</content>
</big>
```

【例 15.8】(实例文件：ch15\15.8.css)

```css
big{
  width:500px;
  border:#6600FF 1px solid;
  height:200px;
  font-size:12px;
  font-family:"幼圆";
  }
one{
  font-size:18px;
```

```
    width:500px;
    height:25px;
    line-height:25px;
    text-align:center;
    color:#FF3300;
    margin-top:5px;
    font-weight:800;
    text-decoration:underline;
    }
title{
    margin:10px 0 10px 10px;
    display:block;
    color:#0033FF;
    font-size:14px;
    font-weight:800;
    text-align:center;
    }
content{
    display:block;
    line-height:20px;
    width:490px;
    margin-left:10px;
    font-weight:800;
    text-indent:2em;
    }
```

上面 CSS 代码分别定义了不同标记的显示样式，例如宽度、高度、边框样式、字体大小、行高和是否带有下画线等。

在 IE 11.0 浏览器中浏览效果如图 15-9 所示，可以看到页面中显示了一个公告栏，栏中显示了不同的颜色字体，并且段落缩进两个单元格显示。

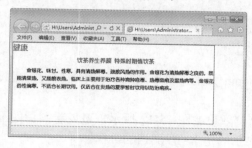

图 15-9　修饰 XML 文本

## 15.3　综合实例 1——招聘广告

CSS3 结合 XML 文档，可以创建出多种多样的样式，例如在 HTML 页面中常见的招聘信息。本实例将结合前面学习的 XML 和 CSS 知识，创建一个基于 XML 文档的招聘广告。具体步骤如下所示。

step 01　分析需求。创建一个招聘广告，就文件而言包括两大部分：一个 XML 文档，一个 CSS 文件。XML 文档需要包含招聘标题、招聘内容和联系方式；而 CSS 文件需要针对 XML 文档标记进行样式修饰。实例完成后的实际效果如图 15-10 所示。

step 02 构建 XML 文档。

```
<?xml version="1.0" encoding="GB2312"?>
<?xml-stylesheet href="15.9.css"
type="text/css"?>
<zhaopin>
    <title>
        招聘广告
    </title>
    <content>
        因公司发展需要，现诚聘软件工程师 3 名。要求：具有
        Java 基础，了解软件设计模式，熟练掌握 Eclipse 工具使用。
    </content>
    <address>
        联系方式:13012345678
    </address>
</zhaopin>
```

图 15-10　招聘显示

在 XML 文件中，有一个根标记<zhaopin>，下面包含了三个子标记，分别为<title>标记、<content>标记和<address>标记。标记中分别存放着相应的数据。

在 IE 11.0 浏览器中浏览效果如图 15-11 所示，可以看到页面中显示了一个树形结构，其元素中包含不同的信息。

step 03 添加 CSS 样式文件，修饰整体样式。

```
zhaopin{
    display:block;
    position:absolute;
    top:50px;
    left:50px;
    width:300px;
    height:300px;
    border:2px #ddeecc solid;
    text-align:center;
}
```

上面的代码定义了 zhaopin 元素以块形式显示，绝对定位，坐标为(50,50)，高度和宽度都是 300 像素。

在 IE 11.0 浏览器中浏览效果如图 15-12 所示，可以看到页面不再以树形结构显示，而是显示了一个边框，边框内显示的是 XML 文档的数据。

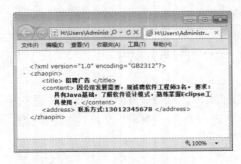

图 15-11　XML 文档显示

图 15-12　定义边框样式

step 04 添加 CSS 样式，修饰标题、内容和地址信息。

```
title{
    font-family:黑体;
    font-variant:normal;
    font-size:50px;
    color:red;
}
content{
    display:block;
    font-family:"幼圆";
    font-variant:normal;
    font-size:20px;
    color:blue;
    text-indent:2em;
    line-height:35px;
}
address{
    position:absolute;
    left:100px;
    top:260px;
    text-align:right;
    font-style:italic;
}
```

在 CSS 文件中，针对上面不同的标记设置相应的样式，例如修饰字体、定位和块的大小。

在 IE 11.0 浏览器中浏览效果如图 15-13 所示，可以看到页面边框内，标题以红色字体显示，正文以蓝色字体显示，联系方式以斜体显示。

图 15-13　最终效果

## 15.4　综合实例 2——图文混排页面

图文搭配布局是页面显示的永恒话题，用文字进行介绍，以图形进行说明，二者相得益彰，互为补充。本实例使用 XML 文档结合 CSS 文件完成图文混搭的布局。具体步骤如下所示。

step 01 分析需求。将图形和文字放在一起进行布局，需要将图形放在一个指定位置显示，最好定义其显示大小，文字可以环绕图片，也可以放在一侧显示。实例完成后的效果如图 15-14 所示。

step 02 构建 XML 文档。

```
<?xml version="1.0" encoding="GB2312"?>
<?xml-stylesheet type="text/css" href="15.10.css"?>
<xinwen>
  <content>
    <right>
      <img></img>
      九典寿星口服液 三大服务保长寿
      <br />
      专家：立秋进补应适度缺啥补啥最重要
      <br />
      养生：起床后 5 个坏现象 说明你越来越老
```

281

```
        <br/>
      </right>
    · 国内 ｜ 猪肉价格连续两周出现下跌 媒体称是"假摔"
    <br />
    · 财经 ｜ 沪指午盘跌近百点挫３.６８% 大盘跌回一年前
    <br />
    · 互联网 ｜ 网络借贷平台频现危机
    <br />
    · 体育 ｜世界女排大奖赛首站 中国队一胜二负列第三
    <br />
    · 娱乐 ｜ 打工妹卖房拍电影自己当主角 遭亲友泼冷水 (图)
    <br />
    · 女人 ｜ 阻击紫外线 彻查身体防晒死角
</content>
</xinwen>
```

在 XML 文件中，首先定义了根标记 xinwen，然后定义了 content 标记，content 标记中包含了 right、img 和 br 标记。

在 IE 11.0 浏览器中浏览效果如图 15-15 所示，可以看到页面中显示了一个树形结构，其元素中包含了不同的文本数据。

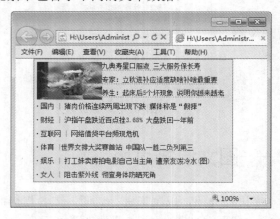

图 15-14　图文混排

图 15-15　图文混排树形结构

step 03 添加 CSS 样式，修饰 xinwen、br 和 content 元素。

```
xinwen{
  width:400px;
  font-size:12px;
  font-family:"宋体";
  margin:0 auto 0 auto;
  }
br{
  display:block;
  }
content{
  width:350px;
  border:#CC6600 1px solid;
  float:left;
  line-height:25px;
```

```
    margin-left:10px;
    background-color:#ddeecc;
    }
```

在 CSS 文件中，创建了不同标记选择器，针对 XML 文件标记进行修饰。基本都是设置字体、边框、定位和背景属性。需要说明的是，由于使用了 XML 文档，所有<br>标记不能像在 HTML 里那样实现换行的效果，这里需要为 br 定义 CSS 样式，才能实现正文里的换行效果。

在 IE 11.0 浏览器中浏览效果如图 15-16 所示，可以看到页面中显示了黄色边框，边框内显示了相关列表信息。

step 04 添加 CSS 样式，修饰 img 和 right 元素。

```
img{
    width:115px;
    height:70px;
    background-image:url(003.jpg);
    float:left;
    margin:5px 0 0 5px;
    }
right{
    border-bottom:#999999 dotted 2px;
    }
```

上面的 CSS 代码定义了 img 和 right 元素显示样式，例如宽度、高度、背景图片、左浮动和外边距距离等。

在 IE 11.0 浏览器中浏览效果如图 15-17 所示，可以看到页面边框内显示了一张图片。

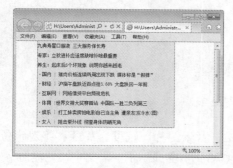

图 15-16　修饰指定标记

图 15-17　最终效果

## 15.5　综合实例 3——古诗欣赏

在一些古典风格的网站中，往往有很多漂亮的古诗页面，用来展现诗歌。本实例将模拟这种效果。具体步骤如下所示。

step 01 分析需求。如果要对古诗内容进行展示，需要通过绝对定位的方法，为 XML 文档的段落文字排版。同样也可以导入一个漂亮的背景，配合文字展示。实例完成后的效果如图 15-18 所示。

step 02 创建 XML 文档。

```
<?xml version="1.0" encoding="GB2312"?>
<?xml-stylesheet type="text/css" href="15.11.css"?>
<qiu>  <title>立秋</title>
  <author>宋  刘翰 </author>
  <content>
            乳鸦啼散玉屏空，一枕新凉一扇风。<br/>
            睡起秋色无觅处，满阶梧桐月明中 。<br/>
            </content></qiu>
```

创建的 XML，文档内容非常简单，创建了一个根标记 qiu，及其子标记 title、author 和 content。xml-stylesheet 表示引入一个 CSS 文件。在 IE 11.0 浏览器中浏览效果如图 15-19 所示，可以看到页面显示了一个树形结构。

图 15-18　古诗欣赏　　　　　　　　　　　　图 15-19　古诗树形结构

step 03 创建 CSS 文件，修饰 qiu 元素。

```
qiu{
  margin:0px;
  background:url(lan.jpg) no-repeat;  /*添加背景图片 */
  width:460px;
  height:320px;
  position:absolute;  /* 绝对定位 */}
```

上面代码定义了 qiu 标记显示样式，例如外边距、背景图片、宽度、高度和绝对定位。在 IE 11.0 浏览器中浏览效果如图 15-20 所示，可以看到页面显示了一段文字，无任何格式。

step 04 添加 CSS 代码，修饰 title 和 author 元素。

```
title{
  font-size:30px;
  color:green;
  position:absolute;
  left:140px;
  top:20px;
}
author{
  font-size:18px;
  color:#4f2b00;
  position:absolute;
  left:160px;
```

```
    top:50px;
}
```

上面的 CSS 代码定义了 title 和 author 标记的显示样式，例如字体大小、颜色、绝对定位和坐标位置。

在 IE 11.0 浏览器中浏览效果如图 15-21 所示，可以看到页面中的标题和作者信息在指定位置显示。

图 15-20　定义背景

图 15-21　定义标题和作者信息

step 05　添加 CSS 代码，修饰 content 和 br 元素。

```
content{
    position:absolute;   /* 绝对定位 */
    font-size:24px;
    line-height:30px;   /* 行间距 */
    left:40px;
    top:70px;
    font-family:"幼圆";}
br{  display:block;      /* 让诗句分行显示 */}
```

在 CSS 文件中，定义了 content 元素的显示样式，例如字体大小、行高、坐标位置等。这里的<br>标记也是起到了换行作用，即将标记的 display 属性定义为 block 块。在 IE 11.0 浏览器中浏览效果如图 15-22 所示，可以看到页面的古诗在指定位置显示，并且标题颜色为绿色，作者颜色为黄色。

图 15-22　最终效果

网站开发案例课堂

# 15.6　大 神 解 惑

小白：XML 和 HTML 文件有什么相同和不同？

大神：HTML 和 XML 都是从 SGML 发展而来的标记语言，因此，它们有些共同点，如相似的语法和标记。不过 HTML 是在 SGML 定义下的一个描述性语言，只是一个 SGML 的应用。而 XML 是 SGML 的一个简化版本，是 SGML 的一个子集。

XML 是用来存放数据的，它不是 HTML 的替代品。XML 和 HTML 是两种不同用途的语言。XML 是被设计用来描述数据的，而 HTML 只是一个显示数据的标记语言。

# 15.7　跟我练练手

练习 1：制作一个包含优秀员工名单的 XML 文件。

练习 2：制作一个使用 CSS 的 XML 文件。

练习 3：制作一个设置字体和色彩属性的 XML 文件。

练习 4：制作一个设置边框和文本属性的 XML 文件。

练习 5：制作一个招聘广告的 XML 文件。

练习 6：制作一个图文混排的 XML 文件。

# 第 IV 篇

# 网 页 布 局

第 16 章

CSS 定位与 DIV
布局核心技术

　　网页设计中，能否很好地定位网页中的每个元素，是网页整体布局的关键。一
个布局混乱、元素定位不准的页面，是每个浏览者都不喜欢的。而把每个元素都精
确定位到合理位置，是构建美观大方页面的前提。

**本章要点(已掌握的在方框中打钩)**

☐ 了解块级元素和行内级元素的基本概念

☑ 掌握盒子模型的使用方法

☐ 掌握 CSS3 新增弹性盒模型的使用方法

☐ 掌握使用盒子模型制作图文排版效果网页的方法

☐ 掌握制作淘宝导购菜单的方法

# 16.1　认识块级元素和行内级元素

通过块元素可以把 HTML 里<p>和<h1>之类的文本标签定义成类似 DIV 分区的效果，而通过内联元素可以把元素设置成"行内"元素，这两种元素的 CSS 作用比较小，但是也有一定的使用价值。

## 16.1.1　案例 1——块级元素和行内级元素的应用

块元素指在没有 CSS 样式作用下，新的块元素会另起一行顺序排列下去。DIV 就是块元素之一。块元素使用 CSS 中的 block 定义，具体的特点如下。

(1)　总是在新行上开始。

(2)　行高以及顶边距和底边距都可控制。

(3)　如果用户不设置宽度的话，则会默认为整个容器的 100%；而如果设置了值，就是按照所设置的值显示。

常用的<p>、<h1>、<form>、<ul>和<li>标签都是块元素，块元素的应用比较简单，下面给出一个块元素应用案例。

【例 16.1】(案例文件：ch16\16.1.html)

```
<!DOCTYPE html>
<html>
<head>
<title>块元素</title>
<style>
    .big{
        width:800px;
        height:105px;
        background-image:url(07.jpg);
        }
    a{
        font-size:12px;
        display:block;
        width:100px;
        height:20px;
        line-height:20px;
        background-color:#F4FAFB;
        text-align:center;
        text-decoration:none;
        border-bottom:1px dotted #6666FF;
        color:black;
        }
    a:hover{
        font-size:13px;
        display:block;
        width:100px;
        height:20px;
        line-height:20px;
```

```
                text-align:center;
                text-decoration:none;
                color:green;
                }
</style>
</head>
<body>
    <div class="big">
    <p>
      <a href="#">管理应用</a><a href="#">财务管理</a><a href="#">在线管理</a>
      <a href="#">客户关系管理</a><a href="#">一体化管理</a>
    </p>
    </div>
</body>
</html>
```

在 IE 11.0 浏览器中浏览效果如图 16-1 所示，可以看到左边显示了一个导航栏，右边显示了一张图片。其导航栏就是以块元素形式显示。

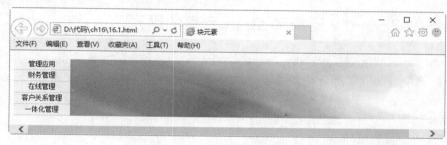

图 16-1　块元素显示

利用 display:inline 语句，可以把元素定义为行内元素，行内元素的特点如下。

(1)　和其他元素都在同一行上。

(2)　行高以及顶边距和底边距不可改变。

(3)　宽度就是它的文字或图片的宽度，不可改变。

常见的行内元素有<span>、<a>、<label>、<input>、<img>和<strong>等，行内元素的应用也比较简单。

【例 16.2】(案例文件：ch16\16.2.html)

```
<!DOCTYPE html>
<html>
<head>
<title>行内元素</title>
<style type="text/css">
.hang {
    display:inline;
}
</style>
</head>
<body>
<div>
<a href="#" class="hang">这是 a 标签</a>
```

```
<span class="hang">这是 span 标签</span>
<strong class="hang">这是 strong 标签</strong>
<img class="hang" src=6.jpg/>
</div>
</body>
</html>
```

在 IE 11.0 浏览器中浏览效果如图 16-2 所示，可以看到页面显示的三个 HTML 元素，都在同一行显示，包括超级链接、文本信息。

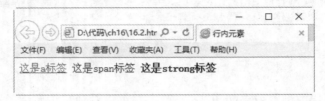

图 16-2　行内元素显示

### 16.1.2　案例 2——div 元素和 span 元素的区别

div 和 span 标记的区别在于，div 是一个块级元素，其包含的元素会自动换行。span 标记是一个行内标记，其前后都不会发生换行。div 标记可以包含 span 标记元素，但 span 标记一般不包含 div 标记。

【例 16.3】(案例文件：ch16\16.3.html)

```
<!DOCTYPE html>
<html>
<head>
<title>div 与 span 的区别</title>
    </head>
<body>
 <p>div 自动分行：</p>
 <div><b>宁静</b></div>
 <div><b>致远</b></div>
 <div><b>明治</b></div>
 <p>span 同一行：</p>
 <span><b>老虎</b></span>
 <span><b>狮子</b></span>
 <span><b>老鼠</b></span>
</body>
</html>
```

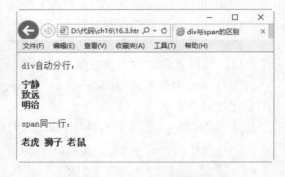

图 16-3　div 与 span 元素的区别

在 IE 11.0 浏览器中浏览效果如图 16-3 所示，可以看到 div 层所包含的元素进行自动换行，而对于 span 标记，三个 HTML 元素在同一行显示。

## 16.2　盒　子　模　型

将网页上每个 HTML 元素，都认为是长方形的盒子，是网页设计的一大创新。在控制页面方面，盒子模型有着至关重要的作用。熟练掌握盒子模型及其各个属性，是控制页面中每个 HTML 元素的前提。

## 16.2.1　盒子模型的概念

CSS3 中，所有的页面元素都包含在一个矩形框内，称为盒子。盒子模型是由 margin(边界)、border(边框)、padding(空白)和 content(内容)几个属性组成。此外，在盒子模型中，还具备高度和宽度两个辅助属性。盒子模型如图 16-4 所示。

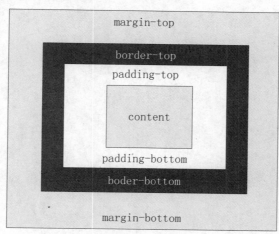

图 16-4　盒子模型

从图 16-4 中可以看出，盒子模型包含如下 4 个部分。

(1)　content(内容)：内容是盒子模型中必需的一部分，内容可以是文字、图片等元素。

(2)　padding(空白)：也称内边距或补白，用来设置内容和边框之间的距离。

(3)　border(边框)：可以设置内容边框线的粗细、颜色和样式等，前面已经介绍过。

(4)　margin(边界)：外边距，用来设置内容与内容之间的距离。

一个盒子的实际高度(宽度)是由 content+padding+border+margin 组成的。在 CSS3 中，可以通过设定 width 和 height 来控制 content 的大小，并且对于任何一个盒子，都可以分别设定 4 条边的 border、padding 和 margin。

## 16.2.2　案例3——定义网页 border 区域

border 是内边距和外边距的分界线，可以分离不同的 HTML 元素。border 有三个属性，分别是边框样式(style)、颜色(color)和宽度(width)。

【例 16.4】(案例文件：ch16\16.4.html)

```html
<!DOCTYPE html>
<html>
<head>
<title>border边框</title>
  <style type="text/css">
```

```
.div1{
 border-width:10px;
 border-color:#ddccee;
 border-style:solid;
 width:410px;
 }
.div2{
 border-width:1px;
 border-color:#adccdd;
 border-style:dotted;
 width:410px;
 }
.div3{
 border-width:1px;
 border-color:#457873;
 border-style:dashed;
 width:410px;
 }
 </style>
</head>
<body>
 <div class="div1">
     这是一个宽度为 10px 的实线边框。
     </div>
     <br /><br />
     <div class="div2">
      这是一个宽度为 1px 的虚线边框。
      </div>
      <br /><br />
      <div class="div3">
       这是一个宽度为 1px 的点状边框。
       </div>
</body>
</html>
```

在 IE 11.0 浏览器中浏览效果如图 16-5 所示，可以看到显示了三个不同风格的盒子。第一个盒子边框线宽度为 10 像素，边框样式为实线，颜色为紫色；第二个盒子边框线宽度为 1 像素，边框样式为虚线，颜色为浅绿色；第三个盒子边框宽度为 1 像素，边框样式为点状，颜色为绿色。

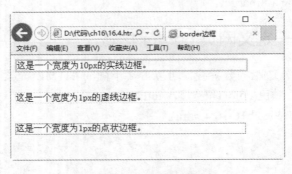

图 16-5　设置盒子边框

## 16.2.3　案例 4——定义网页 padding 区域

在 CSS3 中，可以设置 padding 属性定义内容与边框之间的距离，即内边距。语法格式如下所示。

```
padding : length
```

padding 属性值可以是一个具体的长度，也可以是一个相对于上级元素的百分比，但不可以使用负值。padding 属性能为盒子定义上、下、左、右间隙的宽度，也可以单独定义各方位的宽度。常用形式如下所示。

```
padding : padding-top | padding-right | padding-bottom | padding-left
```

如果提供 4 个参数值，将按顺时针的顺序作用于四边；如果只提供 1 个参数值，将用于全部的四条边；如果提供 2 个参数值，第一个作用于上、下两边，第二个作用于左、右两边；如果提供 3 个参数值，第一个用于上边，第二个用于左、右两边，第三个用于下边。

其具体含义如表 16-1 所示。

表 16-1　padding 属性子属性

| 属　　性 | 描　　述 |
| --- | --- |
| padding-top | 设定上间隙 |
| padding-bottom | 设定下间隙 |
| padding-left | 设定左间隙 |
| padding-right | 设定右间隙 |

【例 16.5】(案例文件：ch16\16.5.html)

```html
<!DOCTYPE html>
<html>
<head>
<title>padding</title>
  <style type="text/css">
    .wai{
      width:400px;
      height:250px;
      border:1px #993399 solid;
    }
    img{
      max-height:120px;
      padding-left:50px;
      padding-top:20px;
      }
  </style>
</head>
<body>
  <div class="wai">
    <img src="07.jpg" />
      <p>这张图片的左内边距是 50px，顶内边距是 20px</p>
    </div>
```

```
</body>
</html>
```

在 IE 11.0 浏览器中浏览效果如图 16-6 所示，可以看到一个 div 层中显示了一张图片。此图片可以看作一个盒子模型，并定义了图片的左内边距和上内边距。可以看出，内边距其实是对象 img 和外层 DIV 之间的距离。

图 16-6　设置内边距

### 16.2.4　案例 5——定义网页 margin 区域

margin(边界)用来设置页面中元素和元素之间的距离，即定义元素周围的空间范围，是页面排版中一个比较重要的概念。语法格式如下所示。

```
margin : auto | length
```

其中 auto 表示根据内容自动调整，length 表示由浮点数字和单位标识符组成的长度值或百分数。margin 属性包含的四个子属性控制一个页面元素四周的边距样式，如表 16-2 所示。

表 16-2　margin 属性子属性

| 属　　性 | 描　　述 |
| --- | --- |
| margin-top | 设定上边距 |
| margin-bottom | 设定下边距 |
| margin-left | 设定左边距 |
| margin-right | 设定右边距 |

如果希望很精确地控制块的位置，需要对 margin 有更深入的了解。margin 设置可以分为行内元素块之间设置、非行内元素块之间设置和父子块之间设置。

#### 1. 行内元素 margin 设置

【例 16.6】(案例文件：ch16\16.6.html)

```
<!DOCTYPE html>
<html>
<head>
<title>行内元素设置margin</title>
```

```
<style type="text/css">
<!--
span{
  background-color:#a2d2ff;
  text-align:center;
  font-family:"幼圆";
  font-size:12px;
  padding:10px;
  border:1px #ddeecc solid;
}
span.left{
  margin-right:20px;
  background-color:#a9d6ff;
}
span.right{
  margin-left:20px;
  background-color:#eeb0b0;
}
-->
</style>
    </head>
<body>
  <span class="left">行内元素 1</span><span class="right">行内元素 2</span>
</body>
</html>
```

在 IE 11.0 浏览器中浏览效果如图 16-7 所示，可以看到一个蓝色盒子和一个红色盒子。二者之间的距离使用 margin 设置，其距离是左边盒子的右边距(margin-right)加上右边盒子的左边距(margin-left)。

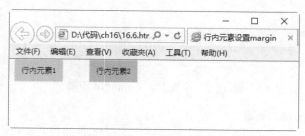

图 16-7　行内元素 margin 设置

### 2．非行内元素块之间 margin 设置

如果不是行内元素，而是产生换行效果的块级元素，情况就发生了变化。两个换行块级元素之间的距离不再是 margin-bottom 和 margin-top 的和，而是两者中的较大者。

【例 16.7】(案例文件：ch16\16.7.html)

```
<!DOCTYPE html>
<html>
<head>
<title>块级元素的 margin</title>
<style type="text/css">
<!--
```

```
h1{
  background-color:#ddeecc;
  text-align:center;
  font-family:"幼圆";
  font-size:12px;
  padding:10px;
  border:1px #445566 solid;
  display:block;
}
-->
</style>
  </head>
<body>
  <h1 style="margin-bottom:50px;">距离下面块的距离</h1>
  <h1 style="margin-top:30px;">距离上面块的距离</h1>
</body>
</html>
```

在 IE 11.0 浏览器中浏览效果如图 16-8 所示，可以看到两个 h1 盒子，二者上下之间存在距离，其距离为 margin-bottom 和 margin-top 中较大的值，即 50 像素。如果修改下面 h1 盒子元素的 margin-top 为 40 像素，会发现执行结果没有任何变化。如果修改其值为 60 像素，会发现下面的盒子会向下移动 10 像素。

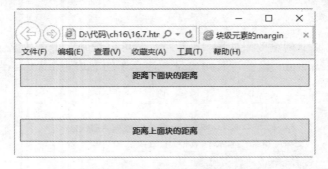

图 16-8　设置上、下 margin 距离

### 3. 父子块之间 margin 设置

当一个 div 块包含在另一个 div 块中间时，二者便会形成一个典型的父子关系。其中子块的 margin 设置将会以父块的 content 为参考。

【例 16.8】(案例文件：ch16\16.8.html)

```
<!DOCTYPE html>
<html>
<head>
<title>包含块的margin</title>
<style type="text/css">
<!--
div{
  background-color:#fffebb;
  padding:10px;
  border:1px solid #000000;
}
```

```
h1{
  background-color:#a2d2ff;
  margin-top:0px;
  margin-bottom:30px;
  padding:15px;
  border:1px dashed #004993;
  text-align:center;
  font-family:"幼圆";
  font-size:12px;
}
-->
</style>
  </head>
<body>
  <div>
    <h1>子块 div</h1>
  </div>
</body>
</html>
```

在 IE 11.0 浏览器中浏览效果如图 16-9 所示，可以看到子块 h1 盒子距离父 div 下边界为 40 像素(子块 30 像素的外边距加上父块 10 像素的内边距)，其他 3 边距离都是父块的 padding 距离，即 10 像素。

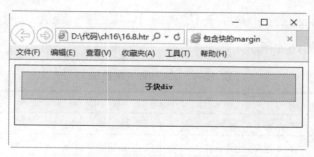

图 16-9　设置包含盒子的 margin 距离

在上例中，如果设定了父元素的高度值，并且父块高度值小于子块的高度加上 margin 的值，此时 IE 浏览器会自动扩大，保持子元素 margin-bottom 的空间以及父元素的 padding-bottom。而 Firefox 就不会这样，会保证父元素高度的完全吻合，而这时子元素将超过父元素的范围。

当将 margin 设置为负数时，会使得被设为负数的块向相反的方向移动，甚至覆盖在另外的块上。

## 16.3　弹性盒模型

CSS3 引入了新的盒模型处理机制，即弹性盒模型。该模型决定元素在盒子中的分布方式以及如何处理盒子的可用空间。通过弹性盒模型，可用轻松地设计出自适应浏览器窗口的流动布局或自适应字体大小的弹性布局。

CSS3 为弹性盒模型新增了 8 个属性，如表 16-3 所示。

表 16-3　CSS3 新增盒子模型属性

| 属　　性 | 说　　明 |
|---|---|
| box-orient | 定义盒子分布的坐标轴 |
| box-align | 定义子元素在盒子内垂直方向上的空间分配方式 |
| box-direction | 定义盒子的显示顺序 |
| box-flex | 定义子元素在盒子内的自适应尺寸 |
| box-flex-group | 定义自适应子元素群组 |
| box-lines | 定义子元素分布显示 |
| box-ordinal-group | 定义子元素在盒子内的显示位置 |
| box-pack | 定义子元素在盒子内水平方向上的空间分配方式 |

## 16.3.1　案例6——定义盒子布局方向(box-orient)

box-orient 属性用于定义盒子元素内部的流动布局方向，即是横着排还是竖着走。语法格式如下所示。

```
box-orient:horizontal | vertical | inline-axis | block-axis
```

其参数值含义如表 16-4 所示。

表 16-4　box-orient 属性值

| 属 性 值 | 说　　明 |
|---|---|
| horizontal | 盒子元素从左到右在一条水平线上显示它的子元素 |
| vertical | 盒子元素从上到下在一条垂直线上显示它的子元素 |
| inline-axis | 盒子元素沿着内联轴显示它的子元素 |
| block-axis | 盒子元素沿着块轴显示它的子元素 |

 　弹性盒模型是 W3C 标准化组织于 2009 年发布的，目前还没有主流浏览器对其支持，不过采用 Webkit 和 Mozilla 渲染引擎的浏览器都自定义了一套私有属性，用来支持弹性盒模型。下面代码中会存在一些 Firefox 浏览器的私有属性定义。

【例 16.9】(案例文件：ch16\16.9.html)

```
<!DOCTYPE html>
<html>
<head>
<title>
box-orient
</title>
<style>
div{height:50px;text-align:center;}
```

```
.d1{background-color:#F6F;width:180px;height:500px}
.d2{background-color:#3F9;width:600px;height:500px}
.d3{background-color:#FCd;width:180px;height:500px}
body{
        display:box;/*标准声明，盒子显示*/
        display:-moz-box;/*兼容 Mozilla Gecko 引擎浏览器*/
        orient:horizontal;/*定义元素为盒子显示*/
        -mozbox-box-orient:horizontal;/*兼容 Mozilla Gecko 引擎浏览器*/
        box-orient:horizontal;/*CSS3 标准化设置*/
}
</style>
</head>
<body>
<div class=d1>左侧布局</div>
<div class=d2>中间布局</div>
<div class=d3>右侧布局</div>
</body>
</html>
```

上面代码中，CSS 样式定义了每个 div 层的背景色和大小；在 body 标记选择器中，定义了 body 容器中元素以盒子模型显示，并使用 box-orient 定义元素水平并列显示。

在 Firefox 52.0 浏览器中浏览效果如图 16-10 所示，可以看到显示了三个层，三个 div 层并列显示，分别为"左侧布局""中间布局"和"右侧布局"。

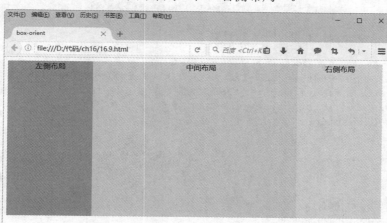

**图 16-10 盒子元素水平并列显示**

## 16.3.2 案例 7——定义盒子布局顺序(box-direction)

box-direction 是用来确定子元素的排列顺序，也可以说是内部元素的流动顺序。语法格式如下所示。

```
box-direction:normal | reverse | inherit
```

其参数值如表 16-5 所示。

表 16-5   box-direction 属性值

| 属 性 值 | 说　明 |
| --- | --- |
| normal | 正常显示顺序，即如果盒子元素的 box-orient 属性值为 horizontal，则其包含的子元素按照从左到右的顺序显示，即每个子元素的左边总是靠近前一个子元素的右边；如果盒子元素的 box-orient 属性值为 vertical，则其包含的子元素按照从上到下的顺序显示 |
| reverse | 反向显示，盒子所包含的子元素的显示顺序将与 normal 相反 |
| inherit | 继承上级元素的显示顺序 |

【例 16.10】(案例文件：ch16\16.10.html)

```html
<!DOCTYPE html>
<html>
<head>
<title>
box-direction
</title>
<style>
div{height:50px;text-align:center;}
.d1{background-color:#F6F;width:180px;height:500px}
.d2{background-color:#3F9;width:600px;height:500px}
.d3{background-color:#FCd;width:180px;height:500px}
body{
    display:box;/*标准声明，盒子显示*/
    display:-moz-box;/*兼容 Mozilla Gecko 引擎浏览器*/
    orient:horizontal;/*定义元素为盒子显示*/
    -mozbox-box-orient:horizontal;/*兼容 Mozilla Gecko 引擎浏览器*/
    box-orient:horizontal;/*CSS3 标准声明*/
    -moz-box-direction:reverse;
    box-direction:reverse;

}
</style>
</head>
<body>
<div class=d1>左侧布局</div>
<div class=d2>中间布局</div>
<div class=d3>右侧布局</div>
</body>
</html>
```

可以发现此案例代码和上一个案例代码基本相同，只不过多了一个 box-direction 属性设置，此处设置布局进行反向显示。

在 Firefox 52.0 浏览器中浏览效果如图 16-11 所示，可以发现与上一个图形相比较，左侧布局和右侧布局进行了互换。

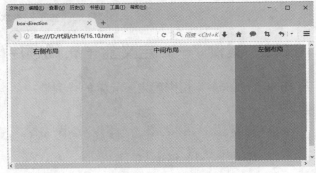

图 16-11   盒子布局顺序设置

## 16.3.3　案例 8——定义盒子布局位置(box-ordinal-group)

box-ordinal-group 属性用于设置盒子中每个子元素在盒子中的具体位置。语法格式如下所示。

```
box-ordinal-group:<integer>
```

参数值 integer 是一个自然数，从 1 开始，用来设置子元素的位置序号。子元素分别将根据这个属性值从小到大进行排列。在默认情况下，子元素将根据元素的位置进行排列。如果没有设置 box-ordinal-group 属性值的子元素，则其序号默认都为 1，并且序号相同的元素将按照它们在文档中加载的顺序进行排列。

【例 16.11】(案例文件：ch16\16.11.html)

```html
<!DOCTYPE html>
<html>
<head>
<title>
box-ordinal-group
</title>
<style>
body{
    margin:0;
    padding:0;
    text-align:center;
    background-color:#d9bfe8;
}
.box{
    margin:auto;
    text-align:center;
    width:988px;
    display:-moz-box;
    display:box;
    box-orient:vertical;
    -moz-box-orient:vertical;
}
.box1{
    -moz-box-ordinal-group:2;
    box-ordinal-group:2;
}
.box2{
    -moz-box-ordinal-group:3;
    box-ordinal-group:3;
}
.box3{
    -moz-box-ordinal-group:1;
    box-ordinal-group:1;
}
.box4{
    -moz-box-ordinal-group:4;
    box-ordinal-group:4;
}
```

```
</style>
</head>
<body>
<div class=box>
<div class=box1><img src=1.jpg/></div>
<div class=box2><img src=2.jpg/></div>
<div class=box3><img src=3.jpg/></div>
<div class=box4><img src=4.jpg/></div>
</div>
</body>
</html>
```

在上面的样式代码中，类选择器 box 中代码 display:box 设置了容器以盒子方式显示，box-orient:vertical 代码设置排列方向从上到下。在下面的 box1、box2、box3 和 box4 类选择器中，使用 box-ordinal-group 属性都设置了其显示顺序。

在 Firefox 52.0 浏览器中浏览效果如图 16-12 所示，可以看到第三个层显示在第一个和第二个层之上。

图 16-12　设置层显示顺序

## 16.3.4　案例 9——定义盒子弹性空间(box-flex)

box-flex 属性能够灵活地控制子元素在盒子中的显示空间。显示空间包括子元素的宽度和高度，而不只是子元素所在栏目的宽度，也可以说是子元素在盒子中所占的面积。

语法格式如下所示。

```
box-flex:<number>
```

number 属性值为一个整数或者小数。当盒子中包含多个定义了 box-flex 属性的子元素时，浏览器将会把这些子元素的 box-flex 属性值相加，然后根据它们各自的值占总值的比例来分配盒子剩余的空间。

【例 16.12】(案例文件：ch16\16.12.html)

```
<!DOCTYPE html>
<html>
```

```html
<head>
<title>
box-flex
</title>
<style>
body{
margin:0;
padding:0;
text-align:center;
}
.box{
height:50px;
text-align:center;
width:960px;
overflow:hidden;
    display:box;/*标准声明，盒子显示*/
    display:-moz-box;/*兼容 Mozilla Gecko 引擎浏览器*/
    orient:horizontal;/*定义元素为盒子显示*/
    -mozbox-box-orient:horizontal;/*兼容 Mozilla Gecko 引擎浏览器*/
    box-orient:horizontal;/*CSS3 标准声明*/
}
.d1{
background-color:#F6F;
width:180px;
height:500px;
}
.d2,.d3{
  border:solid 1px #CCC;
  margin:2px;
}
.d2{
-moz-box-flex:2;
box-flex:2;
background-color:#3F9;
height:500px;
}
.d3{
-moz-box-flex:4;
box-flex:4;
background-color:#FCD;
height:500px;
}
.d2 div,.d3 div{display:inline;}
</style>
</head>
<body>
<div class=box>
<div class=d1>左侧布局</div>
<div class=d2>中间布局</div>
<div class=d3>右侧布局</div>
</div>
</body>
</html>
```

上面 CSS 样式代码中，使用 display:box 语句设定容器内元素以盒子方式布局，box-orient:horizontal 语句设定盒子之间在水平方向上并列显示，类选择器 d1 中使用 width 和 height 设定显示层的大小，而在 d2 和 d3 中，使用 box-flex 分别设定两个盒子显示的面积。

在 Firefox 52.0 浏览器中浏览效果如图 16-13 所示，可以看到左侧布局所占空间比中间布局小。

图 16-13　设置盒子面积

## 16.3.5　案例 10——管理盒子空间(box-pack 和 box-align)

当弹性元素和非弹性元素混合排版时，可能会出现所有子元素的尺寸大于或小于盒子的尺寸，从而出现盒子空间不足或者富余的情况，这时就需要一种方法来管理盒子的空间。如果子元素的总尺寸小于盒子的尺寸，则可以使用 box-align 和 box-pack 属性进行管理。

box-pack 属性用于设置子容器在水平轴上的空间分配方式，语法格式如下所示。

```
box-pack:start|end|center|justify
```

其参数值含义如表 16-6 所示。

表 16-6　box-pack 属性值

| 属 性 值 | 说　　明 |
| --- | --- |
| start | 所有子容器都分布在父容器的左侧，右侧留空 |
| end | 所有子容器都分布在父容器的右侧，左侧留空 |
| justify | 所有子容器平均分布(默认值) |
| center | 平均分配父容器剩余的空间(能压缩子容器的大小，并且有全局居中的效果) |

box-align 属性用于管理子容器在竖轴上的空间分配方式，语法格式如下所示。

```
box-align: start|end|center|baseline|stretch
```

其参数值含义如表 16-7 所示。

表 16-7　box-align 属性值

| 属 性 值 | 说　　明 |
| --- | --- |
| start | 子容器从父容器顶部开始排列，富余空间显示在盒子底部 |
| end | 子容器从父容器底部开始排列，富余空间显示在盒子顶部 |
| center | 子容器横向居中，富余空间在子容器两侧分配，上面一半，下面一半 |
| baseline | 所有盒子沿着它们的基线排列，富余的空间可前可后显示 |
| stretch | 每个子元素的高度被调整到适合盒子的高度显示。即所有子容器和父容器保持同一高度 |

**【例 16.13】**(案例文件：ch16\16.13.html)

```html
<!DOCTYPE html>
<html>
<head>
<title>
box-pack
</title>
<style>
body,html{
height:100%;
width:100%;
}
body{
        margin:0;
        padding:0;
        display:box;/*标准声明，盒子显示*/
        display:-moz-box;/*兼容 Mozilla Gecko 引擎浏览器*/
        -mozbox-box-orient:horizontal;/*兼容 Mozilla Gecko 引擎浏览器*/
        box-orient:horizontal;/*CSS3 标准声明*/
        -moz-box-pack:center;
        box-pack:center;
        -moz-box-align:center;
        box-align:center;
        background:#04082b url(a.jpg) no-repeat top center;
}
.box{
border:solid 1px red;
padding:4px;
}
</style>
</head>
<body>
<div class=box>
<img src=yueji.jpg>
</div>
</body>
</html>
```

上面代码中，display:box 语句定义了容器
内元素以盒子形式显示，box-orient:horizontal
定义了盒子水平显示，box-pack:center 定义了
盒子两侧平均分配空间，box-align:center 语句
定义了盒子上下两侧平均分配空间，即图片盒
子居中显示。

在 Firefox 52.0 浏览器中浏览效果如图 16-14
所示，可以看到盒子在容器中部显示。

图 16-14　设置盒子在中间显示

## 16.3.6　案例 11——盒子空间的溢出管理(box-lines)

弹性布局中盒子内的元素很容易出现空间溢出的现象，与传统的盒子模型一样，CSS3 允
许使用 overflow 属性来处理溢出内容的显示。当然还可以使用 box-lines 属性来避免空间溢出
的问题。语法格式如下所示。

```
box-lines:single|multiple
```

参数值 single 表示子元素都单行或单列显示，multiple 表示子元素可以多行或多列显示。

【例 16.14】(案例文件：ch16\16.14.html)

```
<!DOCTYPE html>
<html>
<head>
<title>
box-lines
</title>
<style>
.box{
border:solid 1px red;
width:600px;
height:400px;
display:box;/*标准声明，盒子显示*/
display:-moz-box;/*兼容 Mozilla Gecko 引擎浏览器*/
-mozbox-box-orient:horizontal;/*兼容 Mozilla Gecko 引擎浏览器*/
-moz-box-lines:multiple;
box-lines:multiple;
}
.box div{
    margin:4px;
    border:solid 1px #aaa;
    -moz-box-flex:1;
    box-flex:1;
}
.box div img{width: 120px;}
</style>
</head>
<body>
<div class=box>
<div><img src="b.jpg"></div>
<div><img src="c.jpg"></div>
<div><img src="d.jpg"></div>
<div><img src="e.jpg"></div>
<div><img src="f.jpg"></div>
</div>
</body>
</html>
```

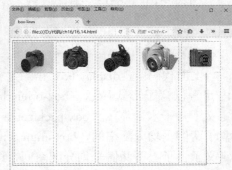

在 Firefox 52.0 浏览器中浏览效果如图 16-15 所示，可以看到右边盒子还是发生溢出现象。这是因为目前各大主流浏览器还没有明确支持这种用法，所以导致 box-lines 属性被实际应用时显示无效。相信在未来的一段时间内，各个浏览器会支持该属性。

图 16-15  溢出管理

## 16.4  综合案例 1——图文排版效果

一个宣传页，需要包括文字和图片信息。本案例将结合前面学习的盒子模型及其相关属性，创建一个旅游宣传页。具体操作步骤如下所示。

step 01 分析需求。整个宣传页面，需要一个 DIV 层包含并带有边框，DIV 层包括两个部分，上部空间包含一张图片，下面显示文本信息并带有底边框；下部空间显示两張图片。案例完成后的效果如图 16-16 所示。

**step 02** 构建 HTML 页面，使用 DIV 搭建框架。

```html
<!DOCTYPE html>
<html>
<head>
<title>图文排版</title>
</head>
<body>
  <div class="big">
     <div class="up">
        <img src="top.jpg" border="0" />
           <p>·反季游正流行 众信旅游暑期邀你到南半球过冬 </p>
           <p> ·西安世园会暨旅游推介会今日在沈阳举行！</p>
           <p> ·澳大利亚旅游局中国区首代邓李宝茵八月底卸任</p>
           <p> ·"彩虹部落"土族:旅游经济支撑下的文化记忆恢复(组图)</p>
     </div>
     <div class="down">
        <img src="bottom1.jpg" border="0" />    <img
src="bottom2.jpg" border="0" />
     </div>
  </div>
</body>
</html>
```

在 IE 11.0 浏览器中浏览效果如图 16-17 所示，可以看到页面自上向下，显示图片、段落信息和图片。

图 16-16 旅游宣传页

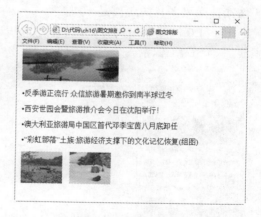

图 16-17 构建 HTML 文档

**step 03** 添加 CSS 代码，修饰整体 DIV。

```css
<style>
 *{
   padding:0px;
   margin:0px;
   }
body{
   font-family:"宋体";
   font-size:12px;
   }
```

```
.big{
  width:220px;
  border:#0033FF 1px solid;
  margin:10px 0 0 20px;
  }
</style>
```

CSS 样式代码在 body 标志选择器设置了字形和字体大小，并在 big 类选择器中，设置整个层的宽度、边框样式和外边距。

在 IE 11.0 浏览器中浏览效果如图 16-18 所示，可以看到页面图片信息和文本都在一个矩形盒子内显示，其边框颜色为蓝色，宽度为 1 像素。

**step 04** 添加 CSS 代码，修饰字体和图片。

```
.up p{
  margin:5px;
  }
.up img{
  margin:5px;
  text-align:center;}
.down{
  text-align:center;
  border-top:#FF0000 1px dashed;
  }
.down img{
  margin-top:5px;
  }
```

上面代码定义了段落、图片的外边距，例如 margin-top:5px 语句设置了下面图片的外边距为 5 像素，两张图片的距离是 10 像素。

在 IE 11.0 浏览器中浏览效果如图 16-19 所示，可以看到字体居中显示，下面带有一条红色虚线，宽度为 1 像素。

图 16-18　设置整体 DIV 样式

图 16-19　设置各个元素外边距

# 16.5　综合案例 2——淘宝导购菜单

网上购物已经成为一种时尚，其中淘宝网是网上购物影响比较大的网站之一。淘宝网的宣传页面到处都是。本案例结合前面学习的知识，创建一个淘宝导购菜单。具体步骤如下所示。

step 01 分析需求。根据实际效果，需要创建一个 div 层，其包含三个部分：左边导航栏、中间图片显示区域、右边导航栏，然后使用 CSS 样式设置导航栏字体和边框。案例完成后的具体效果如图 16-20 所示。

step 02 构建 HTML 页面，使用 DIV 搭建框架。

```
<!DOCTYPE html>
<html>
<head>
<title>淘宝网</title>
</head>
<body>
<div class="wrap">
  <div class="area">
 <div>
   <div class="tab_area">
   <ul>
   <li class="current"><a href="#">男 T 恤</a></li>
   <li><a href="#">男衬衫</a></li>
   <li><a href="#">休闲裤</a></li>
   <li><a href="#">牛仔裤</a></li>
                <li><a href="#">男短裤</a></li>
                        <li><a href="#">西裤</a></li>
   <li><a href="#">皮鞋</a></li>
                     <li><a href="#">休闲鞋</a></li>
                     <li><a href="#">男凉鞋</a></li>
                     </ul>
                  </div>
       <div class="tab_area1">
  <ul>
<li><a href="#">女 T 恤</a></li>
   <li><a href="#">女衬衫</a></li>
   <li><a href="#">开衫</a></li>
   <li><a href="#">女裤</a></li>
              <li><a href="#">女包</a></li>
              <li><a href="#">男包</a></li>
   <li><a href="#">皮带</a></li>
              <li><a href="#">登山鞋</a></li>
              <li><a href="#">户外装</a></li>
  </ul>
  </div>
</div>
<div class="img area">
  <img src=nantxu.jpg/>
</div>
  </div>
</body>
</html>
```

在 Firefox 52.0 浏览器中浏览效果如图 16-21 所示，三部分内容分别自上而下显示，第一部分是导航菜单栏，第二部分也是一个导航菜单栏，第三部分是一个图片信息。

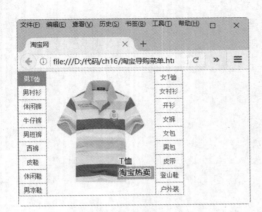

图 16-20　淘宝导购菜单

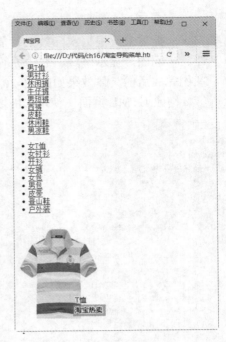

图 16-21　基本 HTML 显示

step 03　添加 CSS 代码，修饰整体样式。

```
<style type="text/css">
body, p, ul, li{margin:0; padding:0;}
body{font:12px Arial,宋体,sans-serif;}
.wrap{width:318px;height:248px; background-color:#FFFFFF; float:left;
border: 1px solid #F27B04;}
.area{width:318px;  float:left;}
.tab_area{width:53px; height:248px;  border-right:1px solid
#F27B04;overflow:hidden; }
.tab_area1{width:53px; height:248px;  border-left:1px solid
#F27B04;overflow:hidden; position:absolute; left:265px; top:1px; }
.img_area{
  width:208px;
  height:248px;
  overflow:hidden;
  position:absolute;
  top:-2px;
  left:55px;
}
</style>
```

上面 CSS 样式代码中，设置了页面字体、段落、列表和列表选项的样式。需要注意的是，类选择器 tab_area 定义了左边列表选项，即左边导航菜单，其宽度为 53 像素，高度为 248 像素，边框色为黄色。类选择器 tab_area1 定义了右边列表选项，即右边导航菜单，其宽度和高度同左侧菜单相同，但此次使用 position 定义了这个 div 层显示的绝对位置，语句为 "position:absolute; left:265px; top:1px;"。类选择器 img_area 定义了中间图片显示样式，也是使用 position 绝对定位。

在 Firefox 52.0 浏览器中浏览效果如图 16-22 所示，可以看到网页中显示了三个部分，左右两侧为导航菜单栏，中间是图片。

step 04 添加 CSS 代码，修饰列表选项。

```
img{border:0;}
li{list-style:none;}
a{font-size:12px; text-decoration:none}
a:link,a:visited {color:#999;}
.tab_area ul li,.tab_area1 ul li
{width:53px;height:27px;text-align:center;line-height:26px;
float:left;border-bottom:1px solid #F27B04;}
.tab_area ul li a,.tab_area1 ul li a{color:#3d3d3d;}
.tab_area ul li.current,.tab_area1 ul li.current{ height:27px; background-
color:#F27B04;}
.tab_area ul li.current a,.tab_area1 ul li.current a{color:#fff; font-
size:12px; font-weight:400; line-height:27px}
```

上面 CSS 样式代码完成对字体大小、颜色、是否带有下画线等属性的定义。

在 Firefox 52.0 浏览器中浏览效果如图 16-23 所示，可以看到网页中左右两个导航菜单，相较于上一步骤，字体颜色和大小发生变化。

图 16-22　设置整体布局样式

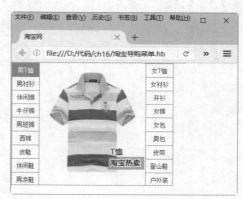

图 16-23　修饰列表选项

# 16.6　大神解惑

小白：如何理解 margin 的加倍问题？

大神：当 div 层被设置为 float 时，在 IE 下设置的 margin 会加倍。这是一个 IE 存在的 bug。其解决办法是，在这个 div 里面加上 display:inline;。

例如：

```
<#div id="imfloat"></#div>
```

相应的 CSS 为：

```
#imfloat{
```

```
float:left;
margin:5px;
display:inline;
}
```

**小白**：margin:0 auto 表示什么含义？

**大神**：margin:0 auto 定义元素向上补白 0 像素，左右为自动使用。这样按照浏览器解析习惯可以让页面居中显示，一般这个语句用于 body 标记中。在使用 margin:0 auto 语句使页面居中时，一定要给元素设置一个高度并且不要让元素浮动，即不要加 float，否则作用会失效。

# 16.7　跟我练练手

练习 1：制作一个包含块级元素和行内级元素的网页。

练习 2：制作一个包含 div 元素和 span 元素的网页。

练习 3：制作一个包含盒子布局方向的网页。

练习 4：使用盒子模型制作一个图文混排的网页。

练习 5：使用盒子模型制作一个导购菜单页面。

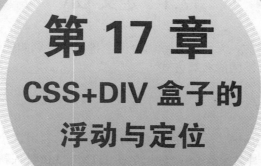

# 第 17 章
## CSS+DIV 盒子的浮动与定位

　　CSS+DIV 是 Web 标准中常用术语之一，与早期的表格定位方式比较，CSS+DIV 可以非常灵活地布局页面，制作出漂亮而又有个性的网页。本章就来学习 CSS+DIV 盒子的浮动与定位方法。

**本章要点(已掌握的在方框中打钩)**

☐ 了解 DIV 的基本概念
☐ 掌握盒子定位的各种方法
☐ 掌握其他 CSS 布局定位的方法
☐ 掌握 CSS3 多列布局的方法
☐ 掌握制作阴影文字效果的方法

# 17.1 定义 DIV

使用 DIV 进行网页排版，是现在比较流行的一种趋势。例如使用 CSS 属性，可以轻易设置 DIV 位置，演变出多种不同的布局方式。

## 17.1.1 什么是 DIV

<div>作为一个容器标记被广泛地应用在 HTML 中。利用这个标记，加上 CSS 对其控制，可以很方便地实现各种效果。<div>标记早在 HTML 3.0 时代就已经出现，但那时并不常用，直到 CSS 的出现，才逐渐发挥出它的优势。

## 17.1.2 案例 1——创建 DIV

<div>(division)简单而言就是一个区块容器标记，即<div>与</div>之间相当于一个容器，可以容纳段落、标题、表格、图片，乃至章节、摘要和备注等各种 HTML 元素。因此，可以把<div>与</div>中的内容视为一个独立的对象，用于 CSS 的控制。声明时只需要对<div>进行相应的控制，其中的各标记元素就会因此而改变。

【例 17.1】(案例文件：ch17\17.1.html)

```html
<!DOCTYPE html>
<html>
<head>
<title>div 层</title>
<style type="text/css">
<!--
div{
  font-size:18px;
  font-weight:bolder;
  font-family:"幼圆";
  color:#FF0000;
  background-color:#eeddcc;
  text-align:center;
  width:300px;
  height:100px;
  border:1px #992211 dotted;
}
-->
</style>
    </head>
<body>
<center>
  <div>
  这是 div 层
  </div>
</center>
</body>
</html>
```

上面例子通过 CSS 对 div 块控制，绘制了一个 div 容器，容器中放置了一段文字。

在 IE 11.0 浏览器中浏览效果如图 17-1 所示，可以看到一个矩形方块的 div 层，居中显示，字体为红色，边框为浅红色，背景色为浅黄色。

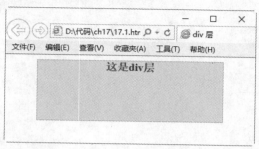

图 17-1 div 层显示

## 17.2 盒子的定位

网页中各种元素需要有自己合理的位置，从而搭建整个页面的结构。在 CSS3 中，可以通过 position 属性对页面元素进行定位。

语法格式如下所示。

```
position : static | absolute | fixed | relative
```

其参数含义如表 17-1 所示。

表 17-1 position 属性参数值

| 参 数 名 | 说 明 |
| --- | --- |
| static | 元素定位的默认值，无特殊定位，对象遵循 HTML 定位规则，不能通过 z-index 进行层次分级 |
| relative | 相对定位，对象不可重叠，可以通过 left、right、bottom 和 top 等属性在正常文档中偏移位置，可以通过 z-index 进行层次分级 |
| absolute | 生成绝对定位的元素，相对于 static 定位以外的第一个父元素进行定位。元素的位置通过 left、top、right 以及 bottom 属性进行规定 |
| fixed | 生成绝对定位的元素，相对于浏览器窗口进行定位。元素的位置通过 left、top、right 以及 bottom 属性进行规定 |

## 17.2.1 案例 2——静态定位

静态定位就是指没有使用任何移动效果的定义方式，语法格式如下所示。

```
position : static
```

【例 17.2】(案例文件：ch17\17.2.html)

```html
<!DOCTYPE html>
<html>
<head>
<style type="text/css">
h2.pos_left
{
position:static;
left:-20px
}
h2.pos_right
{
position:static;
left:20px
}
</style>
</head>
<body>
<h2>这是位于正常位置的标题</h2>
<h2 class="pos_left">这个标题相对于其正常位置不会向左移动</h2>
<h2 class="pos_right">这个标题相对于其正常位置不会向右移动</h2>
</body>
</html>
```

在 IE 11.0 浏览器中浏览效果如图 17-2 所示，可以看到页面显示了三个标题，最上面标题正常显示，下面两个标题虽然设置了向左或向右移动，但结果还是以正常位置显示，这就是静态定位。

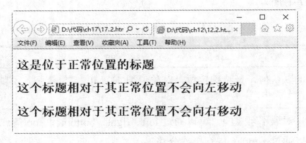

图 17-2　静态定位

## 17.2.2　案例 3——相对定位

如果对一个元素进行相对定位，首先它将出现在它所在的位置上，然后通过设置垂直或水平位置，让这个元素"相对于"它的原始起点进行移动。相对定位时，无论是否进行移动，元素仍然占据原来的空间。因此，移动元素会导致它覆盖其他框。

相对定位的语法格式如下所示。

```
position : relative
```

【例 17.3】(案例文件：ch17\17.3.html)

```
<!DOCTYPE html>
```

```
<html>
<head>
<style type="text/css">
h2.pos_left
{
position:relative;
left:-20px
}
h2.pos_right
{
position:relative;
left:20px
}
</style>
</head>
<body>
<h2>这是位于正常位置的标题</h2>
<h2 class="pos_left">这个标题相对于其正常位置向左移动</h2>
<h2 class="pos_right">这个标题相对于其正常位置向右移动</h2>
</body>
</html>
```

在 IE 11.0 浏览器中浏览效果如图 17-3 所示，可以看到页面显示了三个标题，最上面标题正常显示，下面两个标题以正常标题为原点，分别向左或向右移动了 20 像素。

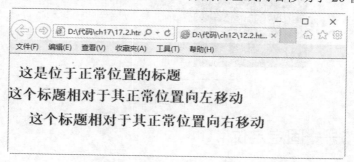

图 17-3　相对定位

## 17.2.3　案例 4——绝对定位

绝对定位是参照浏览器的左上角，配合 top、left、bottom 和 right 进行定位的，如果没有设置上述四个值，则默认依据父级的坐标原点为原始点。绝对定位可以通过上、下、左、右来设置元素，使之处在任何一个位置。

绝对定位与相对定位的区别在于：绝对定位的坐标原点为上级元素的原点，与上级元素有关；相对定位的坐标原点为本身偏移前的原点，与上级元素无关。

在父层 position 属性为默认值时，上、下、左、右的坐标原点以 body 的坐标原点为起始位置。绝对定位的语法格式如下所示。

```
position : absolute
```

只要将上面代码加入到样式中，使用样式的元素就可以以绝对定位的方式显示了。

【例 17.4】(案例文件：ch17\17.4.html)

```html
<!DOCTYPE html>
<html>
<head>
<title>绝对定位</title>
</head>
<body>
  <div style="background-color: black; width:200px; height:200px">
    <h2 style="position:absolute; left:80px; top:80px; width:110px;
height:50px; background-color:Red;">这是绝对定位</h2>
  </div>
</body>
</html>
```

在 IE 11.0 浏览器中浏览效果如图 17-4 所示，可以看到红色元素框以浏览器左上角为原点，坐标位置为(80, 80)，宽度为 110 像素，高度为 50 像素。

图 17-4　绝对定位

## 17.2.4　案例 5——固定定位

固定定位的参照位置不是上级元素块而是浏览器窗口，所以可以使用固定定位来设定类似传统框架样式布局，以及广告框架或导航框架等。使用固定定位的元素可以脱离页面，无论页面如何滚动，始终处在页面的同一位置上。

固定定位语法格式如下所示。

```css
position : fixed
```

【例 17.5】(案例文件：ch17\17.5.html)

```html
<!DOCTYPE html>
<html>
<head>
<title>CSS 固定定位</title>
<style type="text/css">...
* {
padding:0;
margin:0;
}
```

```
#fixedLayer {
width:100px;
line-height:50px;
background: #FC6;
border:1px solid #F90;
position:fixed;
left:10px;
top:10px;
}
</style>
</head>
<body>
<div id="fixedLayer">固定不动</div>
<p>我动了</p>
<p>我动了</p>
<p>我动了</p>
<p>我动了</p>
<p>我动了</p>
<p>我动了</p>
<p>我动了</p>
<p>我动了</p>
<p>我动了</p>
<p>我动了</p>
<p>我动了</p>
</body>
</html>
```

在 IE 11.0 浏览器中浏览效果如图 17-5 所示，可以看到拖动滚动条时，无论页面内容怎么变化，其黄色框"固定不动"始终处在页面左上角。

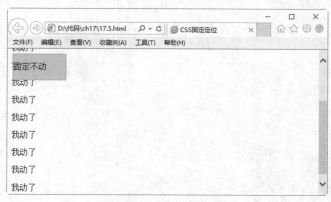

图 17-5　固定定位

## 17.2.5　案例 6——盒子的浮动

除了使用 position 进行定位外，还可以使用 float 定位。使用 float 只能在水平方向定位，而不能在垂直方向定位。float 表示浮动属性，它用来改变元素块的显示方式。

float 语法格式如下所示。

```
float : none | left |right
```

其属性值如表 17-2 所示。

表 17-2　float 属性值

| 属 性 值 | 说 明 |
| --- | --- |
| none | 元素不浮动 |
| left | 浮动在左面 |
| right | 浮动在右面 |

实际上，使用 float 可以实现两列布局，也就是让一个元素在左面浮动，一个元素在右面浮动，并控制好这两个元素的宽度。

【例 17.6】(案例文件：ch17\17.6.html)

```
<!DOCTYPE html>
<html>
<head>
<title>float 定位</title>
<style>
* {
    padding:0px;
    margin:0px;
}
.big {
    width:600px;
    height:100px;
    margin:0 auto 0 auto;
    border:#332533 1px solid;
}
.one {
    width:300px;
    height:20px;
    float:left;
    border:#996600 1px solid;
}
.two {
    width:290px;
    height:20px;
    float:right;
    margin-left:5px;
    display:inline;
    border:#FF3300 1px solid;
}
</style>
</head>
<body>
<div class="big">
  <DIV class="one">
  <p>非诚勿扰</p>
  </DIV>
  <DIV class="two">
```

```
  <p>开心一刻</p>
  </DIV>
</div>
</body>
</html>
```

在 IE 11.0 浏览器中浏览效果如图 17-6 所示，可以看到显示了一个大矩形框，大矩形框中存在两个小的矩形框，而且并列显示。

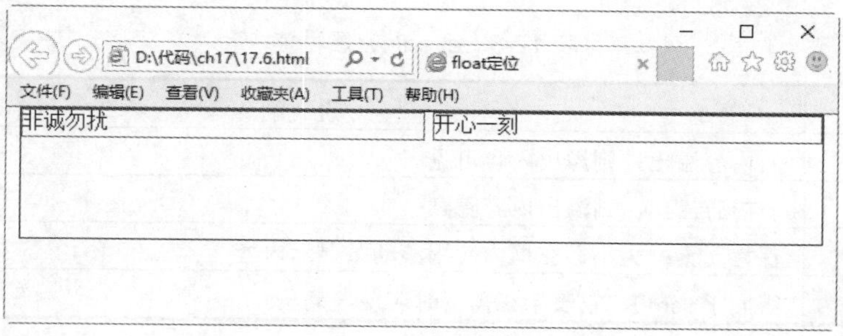

图 17-6　浮动布局

使用 float 属性不但可改变元素的显示位置，而且会对相邻内容造成影响。定义了 float 属性的元素会覆盖其他元素，而被覆盖的区域将处于不可见状态。使用该属性能够实现文字内容环绕图片的效果。

如果不想让 float 下面的其他元素浮动环绕在该元素周围，可以使用 CSS3 属性 clear，清除这些浮动元素。

clear 语法格式如下所示。

```
clear : none | left | right | both
```

其中，none 表示允许两边都可以有浮动对象，both 表示不允许有浮动对象，left 表示不允许左边有浮动对象，right 表示不允许右边有浮动对象。使用 float 以后，在必要的时候就需要通过 clear 语句清除 float 带来的影响，以免出现"其他 DIV 跟着浮动"的效果。

# 17.3　其他 CSS 布局定位方式

在了解了盒子的定位之后，下面再来介绍其他 CSS 布局定位方式。

## 17.3.1　案例 7——溢出(overflow)定位

如果元素框被指定了大小，而元素的内容不适合该大小，例如元素内容较多，元素框显示不下，此时则可以使用溢出属性 overflow 来控制这种情况。

overflow 语法格式如下所示。

```
overflow : visible | auto | hidden | scroll
```

各属性值及其说明如表 17-3 所示。

overflow 属性适用于以下情况。

(1) 当元素有负边界时。

(2) 元素框宽于上级元素内容区，换行不被允许。

(3) 元素框宽于上级元素区域宽度。

(4) 元素框高于上级元素区域高度。

(5) 元素定义了绝对定位。

表 17-3　overflow 属性值

| 属 性 值 | 说　明 |
| --- | --- |
| visible | 若内容溢出，则溢出内容可见 |
| hidden | 若内容溢出，则溢出内容隐藏 |
| scroll | 保持元素框大小，在框内应用滚动条显示内容 |
| auto | 等同于 scroll，它表示在需要时应用滚动条 |

【例 17.7】(案例文件：ch17\17.7.html)

```
<!DOCTYPE html>
<html>
<head>
    <title>overflow 属性</title>
    <style>
      div{
          position:absolute;
          color:#445633;
          height:200px;
          width:30%;
          float:left;
          margin:0px;
          padding:0px;
          border-right:2px dotted #cccccc;
          border-bottom:2px solid #cccccc;
          padding-right:10px;
          overflow:auto;
      }
    </style>
</head>
<body>
    <div>
        <p>综艺节目排名</p><p>1 非诚勿扰</p><p>2 康熙来了</p>
        <p>3 快乐大本营</p><p>4 娱乐大风暴</p><p>5 天天向上</p><p>6 爱情连连看</p>
        <p>7 锵锵三人行</p><p>8 我们约会吧</p>
    </div>
</body>
</html>
```

在 IE 11.0 浏览器中浏览效果如图 17-7 所示，可以看到在一个元素框中显示了多个元素，拖动显示的滚动条可以查看全部元素。如果 overflow 设置的值为 hidden，则会隐藏多余元素。

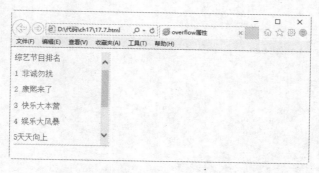

图 17-7　溢出定位

### 17.3.2　案例 8——隐藏(visibility)定位

visibility 属性指定是否显示一个元素生成的元素框。这意味着元素仍占据其本来的空间，不过可以完全不可见。即设定元素的可见性。

visibility 语法格式如下所示。

```
visibility : visible | collapse | hidden
```

其属性值如表 17-4 所示。

表 17-4　visibility 属性值

| 属　性　值 | 说　　明 |
| --- | --- |
| visible | 元素可见 |
| hidden | 元素隐藏 |
| collapse | 主要用来隐藏表格的行或列。隐藏的行或列能够被其他内容使用。对于表格外的其他对象，其作用等同于 hidden |

如果元素 visibility 属性的值设定为 hidden，表现为元素隐藏，即不可见。但是，元素不可见，并不等同于元素不存在，它仍然会占有部分页面位置，影响页面的布局，就如同可见一样。换句话说，元素仍然处于页面中的位置上，只是无法看到它而已。

【例 17.8】(案例文件：ch17\17.8.html)

```
<!DOCTYPE html>
<html>
<head>
  <title>visibility 属性</title>
  <style type="text/css">
    .div{
      padding:5px;
    }
    .pic{
      float:left;
```

```
      padding:20px;
      visibility:visible;
    }
   h1{
      font-weight:bold;
      text-align:center;
    }
  </style>
</head>
<body>
  <h1>插花</h1>
  <div class="div">
    <div class="pic">
      <img src="08.jpg"  width=150px height=100px />
    </div>
      <p>插花就是把花插在瓶、盘、盆等容器里，而不是栽在这些容器中。所插的花材，或枝，或
花，或叶，均不带根，只是植物体上的一部分，并且不是随便乱插的，而是根据一定的构思来选材，遵
循一定的创作法则，插成一个优美的形体(造型)，借此表达一种主题，传递一种感情和情趣，使人看
后赏心悦目，获得精神上的美感和愉快。
</p>
<p>
在我国插花的历史源远流长，发展至今已为人们日常生活所不可缺少。一件成功的插花作品，并不是一
定要选用名贵的花材、高价的花草。一般看来并不起眼的绿叶、一个花蕾，甚至路边的野花野草，常见
的水果、蔬菜，都能插出一件令人赏心悦目的优秀作品来。使观赏者在心灵上产生共鸣是创作者唯一的
目的，如果不能产生共鸣那么这件作品也就失去了观赏价值。具体地说，即插花作品在视觉上首先要立
即引起一种感观和情感上的自然反应，如果未能立刻产生反应，那么摆在眼前的这些花材将无法吸引观
赏者的目光。在插花作品中引起观赏者情感产生反应的要素有三点：一是创意(或称立意)，指的是表达
什么主题，应选什么花材；二是构思(或称构图)，指的是这些花材怎样巧妙配置造型，在作品中充分
展现出各自的美；三是插器，指的是与创意相配合的插花器皿。三者有机配合，作品便会给人以美的享
受。
</p>
  </div>
</body>
</html>
```

在 IE 11.0 浏览器中浏览效果如图 17-8 所示，可以看到图片在左边显示，并被文本信息
所环绕。此时 visibility 属性为 visible，表示图片可以看见。

图 17-8　隐藏定位

### 17.3.3 案例 9——z-index 空间定位

z-index 属性用于调整定位时重叠块的上下位置，与它的名称一样，想象页面为 x-y 轴，垂直于页面的方向为 z 轴，z-index 值大的页面位于其值小的上方，如图 17-9 所示。

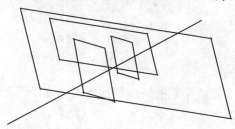

图 17-9 z-index 空间定位模型

【例 17.9】(案例文件：ch17\17.9.html)

```
<!DOCTYPE html>
<html>
<title>z-index 属性</title>
<style type="text/css">
<!--
body{
    margin:10px;
    font-family:Arial;
    font-size:13px;
    }
#block1{
    background-color:#ff0000;
    border:1px dashed #000000;
    padding:10px;
    position:absolute;
    left:20px;
    top:30px;
    z-index:1;          /*高低值 1*/
    }
#block2{
    background-color:#ffc24c;
    border:1px dashed #000000;
    padding:10px;
    position:absolute;
    left:40px;
    top:50px;
    z-index:0;            /*高低值 0*/
    }
#block3{
    background-color:#c7ff9d;
    border:1px dashed #000000;
    padding:10px;
    position:absolute;
    left:60px;
    top:70px;
```

```
        z-index:-1;   /*高低值-1*/
    }
-->
</style>
</head>
<body>
    <div id="block1">AAAAAAAAAA</div>
    <div id="block2">BBBBBBBBBB</div>
    <div id="block3">CCCCCCCCCC</div>
</body>
</html>
```

在上面的例子中对 3 个有重叠关系的块分别设置了 z-index 的值。设置后的效果如图 17-10 所示。

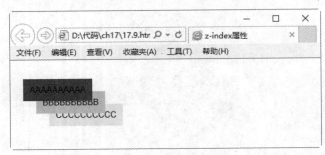

图 17-10    z-index 空间定位

## 17.4    新增 CSS3 多列布局

在 CSS3 没有推出来之前，网页设计者如果要设计多列布局，不外乎有两种方式，一种 是浮动布局，另一种是定位布局。浮动布局比较灵活，但容易发生错位。定位布局可以精确 地确定位置，不会发生错位，但无法满足模块的适应能力。为了解决多列布局的难题，CSS3 新增了多列自动布局，目前支持多列自动布局的浏览器为火狐浏览器。

### 17.4.1    案例 10——设置列宽度

在 CSS3 中，可以使用 column-width 属性定义多列布局中每列的宽度，可以单独使用， 也可以和其他多列布局属性组合使用。

column-width 语法格式如下所示。

```
column-width: [<length> | auto]
```

其中属性值<length>是由浮点数和单位标识符组成的长度值，不可为负值。auto 根据浏览 器计算值自动设置。

【例 17.10】设置列宽度(案例文件：ch17\17.10.html)

```
<!DOCTYPE html>
<html>
<head>
```

```
<title>多列布局属性</title>
<style>
body{
    -moz-column-width:300px;/*兼容 Webkit 引擎，指定列宽为 300 像素*/
    column-width:300px;  /*CSS3 标准化指定列宽为 300 像素*/
}
h1{
    color:#333333;
    background-color:#DCDCDC;
    padding:5px 8px;
    font-size:20px;
    text-align:center;
    padding:12px;
}
h2{
    font-size:16px;text-align:center;
}
p{color:#333333;font-size:14px;line-height:180%;text-indent:2em;}
</style>
</head>
<body>
<h1>支付宝新动向</h1>
<h2>支付宝进军农村支付市场</h2>
<p>
12 月 19 日下午消息，支付宝公司确认，已于今年 7 月成立了新农村事业部，意在扩展三四线城市和
农村的非电商类的用户规模。
</p><p>
支付宝方面表示，支付宝的新农村事业部目前在农村的拓展将分两路并进，分别是农村便民支付普及和
农村金融服务合作。
</p><p>
农村便民支付普及方面，支付宝计划与各大农商行、电信经销网点合作，为农村用户提供各种支付应用
的指导和咨询服务，从而实现网络支付的农村普及。
</p>
...
</body>
</html>
```

在上面代码 body 标记选择器中，使用 column-width 指定了要显示的多列布局每列的宽度。下面分别定义标题 h1、h2 和段落 p 的样式，例如字体大小、字体颜色、行高和对齐方式等。

在 IE 11.0 浏览器中浏览效果如图 17-11 所示，可以看到页面文章分为两列显示，列宽相同。

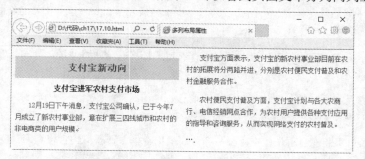

图 17-11　设置列宽度

## 17.4.2 案例 11——设置列数

在 CSS3 中，可以直接使用 column-count 指定多列布局的列数，而不需要通过列宽度自动调整列数。

column-count 语法格式如下所示。

```
column-count: auto | <integer>
```

integer 属性值表示一个整数，用于定义栏目的列数，取值为大于 0 的整数，不可以为负值。auto 属性值表示根据浏览器计算值自动设置。

【例 17.11】设置页面列数(案例文件：ch17\17.11.html)

```
<!DOCTYPE html>
<html>
<head>
<title>多列布局属性</title>
<style>
body{
    -moz-column-count:4;/*Webkit 引擎定义多列布局列数*/
    column-count:3;  /*CSS3 标准定义多列布局列数*/
}
h1{
    color:#333333;
    background-color:#DCDCDC;
    padding:5px 8px;
    font-size:20px;
    text-align:center;
    padding:12px;
}
h2{
    font-size:16px;text-align:center;
}
p{color:#333333;font-size:14px;line-height:180%;text-indent:2em;}
</style>
</head>
<body>
<h1>支付宝新动向</h1>
<h2>支付宝进军农村支付市场</h2>
<p>
12 月 19 日下午消息，支付宝公司确认，已于今年 7 月成立了新农村事业部，意在扩展三四线城市和
农村的非电商类的用户规模。
</p><p>
支付宝方面表示，支付宝的新农村事业部目前在农村的拓展将分两路并进，分别是农村便民支付普及和
农村金融服务合作。
</p><p>
农村便民支付普及方面，支付宝计划与各大农商行、电信经销网点合作，为农村用户提供各种支付应用
的指导和咨询服务，从而实现网络支付的农村普及。
</p>
<p>比如，新农村事业部会与一些贷款公司和涉农机构合作。贷款机构将资金通过支付宝借贷给农户，
资金不流经农户之手而是直接划到卖房处。比如，农户需要贷款购买化肥，那贷款机构的资金直接通过
支付宝划到化肥商家处。
```

这种贷后资金监控合作模式能够确保借款资金定向使用，降低法律和坏账风险。此外，可以减少涉事公司大量人工成本，便于公司信息数据统计，并完善用户的信用记录。

支付宝方面认为，三四线城市和农村市场已经成为电商和支付企业的下一个金矿。2012 年淘宝天猫的交易额已经突破 1 万亿，其中三四线以下地区的增长速度超过 60%，远高于一二线地区。
```
</p>
</body>
</html>
```

上面的 CSS 代码除了 column-count 属性设置外，其他样式属性和上一个例子基本相同，就不再介绍了。

在 Firefox 浏览器中浏览效果如图 17-12 所示，可以看到页面根据指定的情况，显示了 3 列布局，其布局宽度由浏览器自动调整。

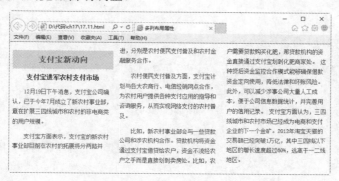

图 17-12　设置列数

## 17.4.3　案例 12——设置列间距

多列布局中，可以根据内容和喜好的不同，调整多列布局中列之间的距离，从而完成整体版式规划。在 CSS3 中，column-gap 属性用于定义两列之间的间距。

column-gap 语法格式如下所示。

```
column-gap: normal | <length>
```

其中属性值 normal 表示根据浏览器默认设置进行解析，一般为 1em；属性值 length 表示由浮点数和单位标识符组成的长度值，不可为负值。

【例 17.12】设置列间距(案例文件：ch17\17.12.html)

```
<!DOCTYPE html>
<html>
<head>
<title>多列布局属性</title>
<style>
body{
    -moz-column-count:2; /*Webkit 引擎定义多列布局列数*/
    column-count:2; /*CSS3 定义多列布局列数*/
    -moz-column-gap:5em; /*Webkit 引擎定义多列布局列间距*/
    column-gap:5em; /*CSS3 定义多列布局列间距*/
    line-height:2.5em;
}
```

```
h1{
    color:#333333;
    background-color:#DCDCDC;
    padding:5px 8px;
    font-size:20px;
    text-align:center;
    padding:12px;
}
h2{
    font-size:16px;text-align:center;
}
p{color:#333333;font-size:14px;line-height:180%;text-indent:2em;}
</style>
</head>
<body>
<h1>支付宝新动向</h1>
<h2>支付宝进军农村支付市场</h2>
<p>
12月19日下午消息,支付宝公司确认,已于今年7月成立了新农村事业部,意在扩展三四线城市和
农村的非电商类的用户规模。
</p><p>
支付宝方面表示,支付宝的新农村事业部目前在农村的拓展将分两路并进,分别是农村便民支付普及和
农村金融服务合作。
</p><p>
农村便民支付普及方面,支付宝计划与各大农商行、电信经销网点合作,为农村用户提供各种支付应用
的指导和咨询服务,从而实现网络支付的农村普及。
</p>
</body>
</html>
```

上面代码中,使用-moz-column-count 私有属性设定了多列布局的列数,使用-moz-column-gap 私有属性设定列间距为 5em,行高为 2.5em。

在 IE 11.0 浏览器中浏览效果如图 17-13 所示,可以看到页面分为两列,列之间的距离相比较例 17.10 增大了不少。

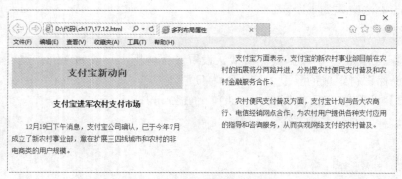

图 17-13　设置列间距

## 17.4.4　案例 13——设置列边框样式

在 CSS3 中,边框样式使用 column-rule 属性定义,包括边框宽度、边框颜色和边框样式等。column-rule 语法格式如下所示。

```
column-rule: <length> | <style> | <color>
```

其中属性值含义如表 17-5 所示。

表 17-5 column-rule 属性值

| 属 性 值 | 含 义 |
|---|---|
| length | 由浮点数和单位标识符组成的长度值，不可为负值。用于定义边框宽度，其功能和 column-rule-width 属性相同 |
| style | 定义边框样式，其功能和 column-rule-style 属性相同 |
| color | 定义边框颜色，其功能和 column-rule-color 属性相同 |

【例 17.13】设置列边框样式(案例文件：ch17\17.13.html)

```html
<!DOCTYPE html>
<html>
<head>
<title>多列布局属性</title>
<style>
body{
    -moz-column-count:3;
    column-count:3;
    -moz-column-gap:3em;
    column-gap:3em;
    line-height:2.5em;
    -moz-column-rule:dashed 2px gray;/*Webkit 引擎定义多列布局边框样式*/
    column-rule:dashed 2px gray;  /*CSS3 定义多列布局边框样式*/
}
h1{
    color:#333333;
    background-color:#DCDCDC;
    padding:5px 8px;
    font-size:20px;
    text-align:center;
    padding:12px;
}
h2{
    font-size:16px;text-align:center;
}
p{color:#333333;font-size:14px;line-height:180%;text-indent:2em;}
</style>
</head>
<body>
<h1>支付宝新动向</h1>
<h2>支付宝进军农村支付市场</h2>
<p>
12 月 19 日下午消息，支付宝公司确认，已于今年 7 月成立了新农村事业部，意在扩展三四线城市和
农村的非电商类的用户规模。
</p><p>
支付宝方面表示，支付宝的新农村事业部目前在农村的拓展将分两路并进，分别是农村便民支付普及和
农村金融服务合作。
</p><p>
农村便民支付普及方面，支付宝计划与各大农商行、电信经销网点合作，为农村用户提供各种支付应用
的指导和咨询服务，从而实现网络支付的农村普及。
</p>
</body>
</html>
```

在 body 标记选择器中，定义了多列布局的列数、列间距和列边框样式，其边框样式是灰色破折线样式，宽度为 2 像素。

在 IE 11.0 浏览器中浏览效果如图 17-14 所示，可以看到页面列之间添加了一个边框，其样式为破折线。

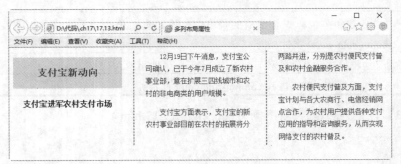

图 17-14　设置列边框样式

## 17.5　综合案例 1——定位网页布局样式

一个美观大方的页面，必然是一个布局合理的页面。左右布局是网页中比较常见的一种布局方式，即根据信息种类不同，将信息分别在当前页面左右侧显示。本案例将利用前面学习的知识，创建一个左右布局的页面。具体步骤如下所示。

step 01　分析需求。首先需要将整个页面分为左右两个模块，左模块放置一类信息，右模块放置一类信息。可以设定其宽度和高度。

step 02　创建 HTML 页面，实现基本列表。创建 HTML 页面，同时用 DIV 在页面中划分左边 DIV 层和右边 DIV 层两个区域，并且将信息放入到相应的 DIV 层中，注意DIV 层内引用 CSS 样式名称。

```
<!DOCTYPE html>
<html>
<head>
<title>布局</title>
</head>
<body>
<center>
<div class="big">
  <p class=pp>女人</p>
  <div class="left">
    <h1>女人</h1>
    <p>·男人性福告白：女人的性感与年龄成正比 09:59 </p>
    <p>·六类食物能有效对抗紫外线 11:15 </p>
    <p>·打造夏美人 受 OL 追捧的清爽发型 10:05 </p>
    <p>·美丽帮帮忙：别让大油脸吓跑男人 09:47 </p>
    <p>·简约雪纺清凉衫 百元搭出欧美范儿 14:51 </p>
    <p>·花边连衣裙超勾人 7 月穿搭出新意 11:04 </p>
  </div>
```

```
<div class="right">
    <h1>健康</h1>
    <p> •女性养生：让女人老得快的 10 个原因 19:18 </p>
    <p> •养生盘点：喝豆浆的九大好处和七大禁忌 09:14</p>
    <p> •养生警惕：14 个护肤心理 "错" 觉 19:57</p>
    <p> •柿子番茄骨汤 8 种营养师最爱的食物 15:16</p>
    <p> •夏季养生指南："夫妻菜"宜常吃 10:48 </p>
    <p> •10 条食疗养生方法，居家宅人的养生经 13:54 </p>
</div>
</div>
</center>
</body>
</html>
```

在 IE 11.0 浏览器中浏览效果如图 17-15 所示，可以看到页面显示了两个模块，分别是"女人"和"健康"，二者上下排列。

step 03　添加 CSS 代码，修饰整体样式和 DIV 层。

```
<style>
* {
    padding:0px;
    margin:0px;
}
body {
    font:"宋体";
    font-size:18px;
}
.big{
    width:570px;
    height:210px;
    border:#C1C4CD 1px solid;
    }
</style>
```

在 IE 11.0 浏览器中浏览效果如图 17-16 所示，可以看到页面比原来字体变小，并且大的 DIV 显示了边框。

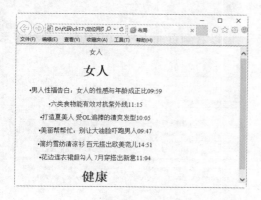

图 17-15　上下排列

图 17-16　修饰整体样式

step 04 添加 CSS 代码，设置两个层左右并列显示。

```css
.left{
    width:280px;
    float:right;  //设置右边悬浮
    border:#C1C4CD 1px solid;
    }
    .right{
    width:280px;
    float:left;//设置左边悬浮
    margin-left:6px;
    border:#C1C4CD 1px solid;
    }
```

在 IE 11.0 浏览器中浏览效果如图 17-17 所示，可以看到页面中文本信息左右并列显示，但字体没有发生变化。

step 05 添加 CSS 代码，定义文本样式。

```css
h1{
    font-size:14px;
    padding-left:10px;
    background-color:#CCCCCC;
    height:20px;
    line-height:20px;
    }
    p{
    margin:5px;
    line-height:18px;
    color:#2F17CD;
    }
.pp{
    width:570px;
    text-align:left;
    height:20px;
    background-color:D5E7FD;
    position:relative;
    left:-3px;
    top:-3px;
    font-size:16px;
    text-decoration:underline;
}
```

在 IE 11.0 浏览器中浏览效果如图 17-18 所示，可以看到页面中文本信息左右并列显示，其字体颜色为蓝色，行高为 18 像素。

图 17-17　设置左右悬浮

图 17-18　文本修饰样式

# 17.6 综合案例 2——制作阴影文字效果

下面结合前面所学的知识，来制作阴影文字效果。具体的操作步骤如下。

step 01 打开记事本文件，在其中输入如下代码。

```html
<!DOCTYPE html>
<html>
<head>
<title>文字阴影效果</title>
<style type="text/css">
<!--
body{
    margin:15px;
    font-family:黑体;
    font-size:60px;
    font-weight:bold;
}
#block1{
      position:relative;
      z-index:1;
}
#block2{
      color:#AAAAAA;
/*阴影颜色*/
      position:relative;
      top:-1.06em;
/*移动阴影*/
      left:0.1em;
      z-index:0;
/*阴影重叠关系*/
}
-->
</style>
</head>
<body>
<div id="father">
      <div id="block1">定位阴影效果</div>
      <div id="block2">定位阴影效果</div>
</div>
</body>
</html>
```

step 02 在 IE 11.0 浏览器中浏览效果如图 17-19 所示，可以看到文字显示为阴影效果。

图 17-19 文字阴影效果

337

# 17.7　大神解惑

**小白**：如何将 DIV 块居中显示？

**大神**：如果想让 DIV 居中显示，需要将 margin 的属性参数设置为块参数的一半数值。举例说明，如果 DIV 的宽度和高度分别为 500px 和 400px，需要设置以下参数：margin-left: −250px，margin-top:−200px。

**小白**：position 设置对 CSS 布局有什么影响？

**大神**：CSS 中常见的 4 个属性是 top、right、bottom 和 left，表示的是块在页面中的具体位置，但是这些属性的设置必须要和 position 配合使用才会产生效果。当 position 的属性设置为 relative 时，上述 CSS 的 4 个属性表示各个边界离原来位置的距离；当 position 的属性设置为 absolute 时，表示的是块的各个边界离页面边框的距离。然而，当 position 的属性设置为 static 时，则上述 4 个属性的设置不能生效，子块的位置也不会发生变化。

# 17.8　跟我练练手

练习 1：制作一个包含 DIV 块的网页。

练习 2：使用盒子定位技术，制作一个固定不动定位的网页。

练习 3：制作一个包含溢出定位的网页。

练习 4：制作一个包含隐藏定位的网页。

练习 5：制作一个包含三列布局的网页。

练习 6：制作一个包含阴影文字的网页。

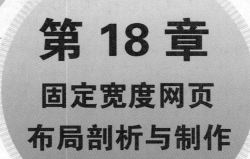

# 第 18 章
## 固定宽度网页布局剖析与制作

使用 CSS+DIV 布局可以使网页结构清晰，并将内容、结构与表现相分离，以方便设计人员对网页进行改版和引用数据。本章就来对固定宽度网页布局进行剖析并制作相关的网页布局样式。

**本章要点(已掌握的在方框中打钩)**

- ☐ 了解 CSS 排版的观念
- ☐ 掌握 CSS 定位的方法
- ☐ 掌握制作单列布局模式的方法
- ☐ 掌握制作 1-2-1 型布局模式的方法
- ☐ 掌握制作 1-3-1 型布局模式的方法

# 18.1　CSS 排版的观念

　　DIV 在 CSS+DIV 页面排版中是一个块的概念，DIV 的起始标记和结束标记之间的所有内容都是用来构成这个块的，其中所包含元素特性由 DIV 标记属性来控制，或者是通过使用样式表格式化这个块来进行控制。CSS+DIV 页面排版思想是，首先在整体上进行<div>标记的分块，然后对各个块进行 CSS 定位，最后再在各个块中添加相应的内容。

## 18.1.1　将页面用 div 分块

　　使用 DIV+CSS 页面排版布局，需要对网页有一个整体构思，即网页可以划分为几个部分。例如上、中、下结构，还是左右两列结构，还是三列结构。根据网页构思，可将页面划分为几个 DIV 块，用来存放不同的内容。当然，大块中还可以存放不同的小块。最后，使用 CSS 属性，对这些 DIV 进行定位。

　　在现在的网页设计中，一般情况下网站都是上中下结构，即上面是页面头部，中间是页面内容，最下面是页脚，整个上中下结构最后放到一个 DIV 容器中，方便控制。页面头部一般用来存放 Logo 和导航菜单，页面内容包含页面要展示的信息、链接和广告等，页脚存放版权信息和联系方式等。

　　将上中下结构放置到一个 DIV 容器中，方便后面排版并且便于对页面进行整体调整，如图 18-1 所示。

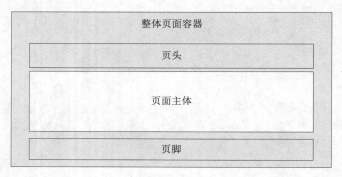

图 18-1　网页结构图(一)

## 18.1.2　设置各块位置

　　复杂的网页布局，不是单纯的一种结构，而是包含多种网页结构。例如总体上是上中下，中间内分为两列布局等，如图 18-2 所示。

　　页面总体结构确定后，一般情况下，页头和页脚变化就不大了。会发生变化的，就是页面主体，此时需要根据页面展示的内容，决定中间布局采用什么样式，三列水平分布还是两列分布等。

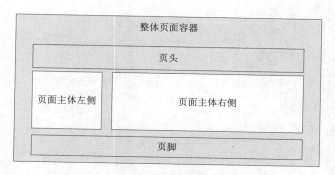

图 18-2　网页结构图(二)

### 18.1.3　案例 1——用 CSS 定位

页面版式确定后，就可以利用 CSS 对 DIV 进行定位，使其在指定位置出现，从而实现对页面的整体规划。然后再向各个页面添加内容。

下面创建一个总体为上中下布局，页面主体布局为左右结构的页面的 CSS 定位案例。

#### 1．创建 HTML 页面，使用 DIV 构建层

首先构建 HTML 网页，使用 DIV 划分最基本的布局块，其代码如下所示。

```html
<html>
<head>
<title>CSS 排版</title>
<body>
<div id="container">
  <div id="banner">页面头部</div>
  <div id=content>
  <div id="right">
页面主体右侧
  </div>
  <div id="left">
页面主体左侧
  </div>
</div>
  <div id="footer">页脚</div>
</div>
</body>
</html>
```

上面代码中，创建了 5 个层，其中 ID 名称为 container 的 DIV 层是一个布局容器，即所有的页面结构和内容都是在这个容器内实现；名称为 banner 的 DIV 层是页头部分；名称为 footer 的 DIV 层是页脚部分；名称为 content 的 DIV 层是中间主体，该层包含了两个层，一个是 right 层，一个是 left 层，分别放置不同的内容。

在 IE 11.0 浏览器中浏览效果如图 18-3 所

图 18-3　使用 DIV 构建层

示,可以看到网页中显示了这几个层,从上到下依次排列。

### 2. CSS 设置网页整体样式

其次需要对 body 标记和 container 层(布局容器)进行 CSS 修饰,从而对整体样式进行定义,代码如下所示。

```css
<style type="text/css">
<!--
body {
  margin:0px;
  font-size:16px;
  font-family:"幼圆";
}
#container{
  position:relative;
  width:100%;
}
-->
</style>
```

上面代码只是设置了文字大小、字形、布局容器 container 的宽度、层定位方式,布局容器撑满整个浏览器。

在 IE 11.0 浏览器中浏览效果如图 18-4 所示,可以看到此时相比较上一个显示页面,发生的变化不大,只不过字形和字体大小发生了变化,因为 container 没有带边框和背景色,无法显示该层。

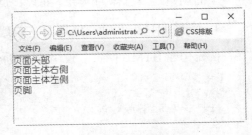

图 18-4　设置网页整体样式

### 3. CSS 定义页头部分

接下来就可以使用 CSS 对页头进行定位,即 banner 层,使其在网页上显示,代码如下。

```css
#banner{
  height:80px;
  border:1px solid #000000;
  text-align:center;
  background-color:#a2d9ff;
  padding:10px;
  margin-bottom:2px;
}
```

上面代码首先设置了 banner 层的高度为 80 像素,默认宽度充满整个 container 布局容器,下面分别设置了边框样式、字体对齐方式、背景色、内边距和外边距的底部等。

在 IE 11.0 浏览器中浏览效果如图 18-5 所示,可以看到在页面顶部显示了一个浅绿色的边框,边框充满整个浏览器,中间显示了一个"页面头部"的文本信息。

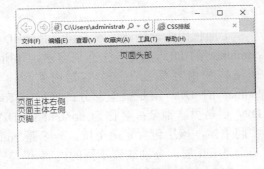

图 18-5　定义网页头部

### 4. CSS 定义页面主体

在页面主体如果两个层并列显示，需要使用 float 属性，将一个层设置到左边，一个层设置到右边。其代码如下所示。

```css
#right{
  float:right;
  text-align:center;
  width:80%;
  border:1px solid #ddeecc;
  margin-left:1px;
  height:200px;
}
#left{
  float:left;
  width:19%;
  border:1px solid #000000;
  text-align:center;
  height:200px;
  background-color:#bcbcbc;
}
```

上面代码设置了这两个层的宽度，right 层占有空间的 80%，left 层占有空间的 19%，并分别设置了两个层的边框样式、对齐方式、背景色等。

在 IE 11.0 浏览器中浏览效果如图 18-6 所示，可以看到页面主体部分分为两个层并列显示。左边背景色为灰色，占有空间较小；右侧背景色为白色，占有空间较大。

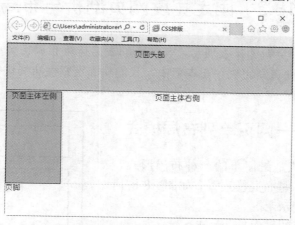

**图 18-6　定义网页主体**

### 5. CSS 定义页脚

最后需要设置页脚部分，页脚通常在主体下面。因为页面主体中使用了 float 属性设置层浮动，所以需要在页脚层设置 clear 属性，使其不受浮动的影响。其代码如下所示。

```css
#footer{
  clear:both;          /* 不受 float 影响 */
  text-align:center;
```

```
height:30px;
border:1px solid #000000;
background-color:#ddeecc;
}
```

上面代码设置了页脚对齐方式、高度、边框和背景色等。在 IE 11.0 浏览器中浏览效果如图 18-7 所示,可以看到页面底部显示了一个边框,背景色为浅绿色,边框充满整个 DIV 布局容器。

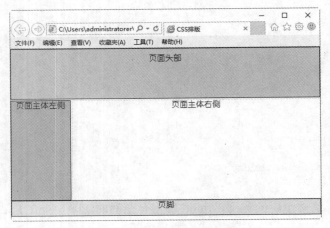

图 18-7　定义网页页脚

## 18.2　固定宽度网页剖析与布局

CSS 的排版是一种全新的排版理念,与传统的表格排版布局完全不同,首先在页面上分块,然后应用 CSS 属性重新定位。在本节中,我们就固定宽度布局进行深入的讲解,使读者能够熟练掌握这些方法。

### 18.2.1　案例 2——网页单列布局模式

网页单列布局模式是最简单的一种布局形式,也被称为"网页 1-1-1 型布局模式"。如图 18-8 所示为网页单列布局模式示意图。

制作单列布局网页的操作步骤如下。

step 01 打开记事本文件,在其中输入如下代码,该段代码的作用是在页面中放置第一个圆角矩形框。

```
<!DOCTYPE html>
<head>
<title>单列网页布局</title>
</head>
<body>
<div class="rounded">
```

图 18-8　网页单列布局模式示意图

```
<h2>页头</h2>
<div class="main">
<p>
锄禾日当午，汗滴禾下土<br/>
锄禾日当午，汗滴禾下土</p>
</div>
<div class="footer">
<p></p>
</div>
</div>
</body>
</html>
```

代码中<div>…</div>之间的内容是固定结构的，其作用就是实现一个可以变化宽度的圆角框。在 IE 9.0 浏览器中浏览效果如图 18-9 所示。

step 02 设置圆角框的 CSS 样式。为了实现圆角框效果，加入如下样式代码。

```
<style>
body {
background: #FFF;
font: 14px 宋体；
margin:0;
padding:0;
}

.rounded {
background: url(images/left-top.gif) top left no-repeat;
width:100%;
}
.rounded h2 {
background:url(images/right-top.gif)top right no-repeat;
padding:20px 20px 10px;
margin:0;

}
.rounded .main {
background:url(images/right.gif)top right repeat-y;
padding:10px 20px;
margin:-20px 0 0 0;
}
.rounded .footer {
background:url(images/left-bottom.gif)bottom left no-repeat;
}
.rounded .footer p {
color:red;
text-align:right;
background:url(images/right-bottom.gif) bottom right no-repeat;
display:block;
padding:10px 20px 20px;
margin:-20px 0 0 0;
font:0/0;
}
</style>
```

在代码中定义了整个盒子的样式，如文字大小等，其后的 5 段以.rounded 开头的 CSS 样式都是为实现圆角框进行的设置。这段 CSS 代码在后面的制作中，都不需要调整，直接放置在<style></style>之间即可，在 IE 11.0 浏览器中浏览效果如图 18-10 所示。

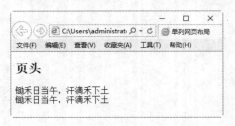
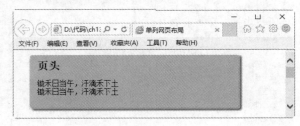

图 18-9　添加网页圆角框　　　　　　图 18-10　设置圆角框的 CSS 样式

step 03　设置网页固定宽度。为该圆角框单独设置一个 id，把针对它的 CSS 样式放到这个 id 的样式定义部分。设置 margin 实现在页面中居中，并用 width 属性确定固定宽度，代码如下。

```
#header {
margin:0 auto;
width:760px;}
```

**注意**　这个宽度不要设置在".rounded"相关的 CSS 样式中，因为该样式会被页面中的各个部分公用，如果设置了固定宽度，其他部分就不能正确显示了。

另外，在 HTML 部分的<div class="rounded">…</div>外面套一个 div，代码如下。

```
<div id="header">
<div class="rounded">
<h2>页头</h2>
<div class="main">
<p>
锄禾日当午，汗滴禾下土<br/>
锄禾日当午，汗滴禾下土</p>
</div>
<div class="footer">
<p></p>
</div>
</div>
</div>
```

在 IE 11.0 浏览器中浏览效果如图 18-11 所示。

step 04　设置其他圆角矩形框。将放置的圆角框再复制出两个，并分别设置 id 为"content"和"footer"，分别代表"内容"和"页脚"。完整的页面框架代码如下。

```
<div id="header">
<div class="rounded">
<h2>页头</h2>
<div class="main">
<p>
锄禾日当午，汗滴禾下土<br/>
锄禾日当午，汗滴禾下土</p>
</div>
```

```
<div class="footer">
<p></p>
</div>
</div>
</div>
<div id="content">
<div class="rounded">
<h2>正文</h2>
<div class="main">
<p>
锄禾日当午，汗滴禾下土<br />
锄禾日当午，汗滴禾下土</p>
</div>
<div class="footer">
<p>
查看详细信息&gt;&gt;
</p>
</div>
</div>
</div>
<div id="pagefooter">
<div class="rounded">
<h2>页脚</h2>
<div class="main">
<p>
锄禾日当午，汗滴禾下土</p>
</div>
<div class="footer">
<p>
</p>
</div>
</div>
</div>
```

修改 CSS 样式代码如下。

```
#header,#pagefooter,#content{
margin:0 auto;
width:760px;}
```

从 CSS 代码中可以看到，3 个 div 的宽度都设置为固定值 760 像素，并且通过设置
margin 的值来实现居中放置，即左右 margin 都设置为 auto。在 IE 11.0 浏览器中浏览效果如
图 18-12 所示。

图 18-11 设置网页固定宽度

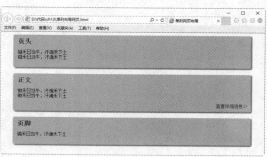

图 18-12 添加其他网页圆角框

### 18.2.2　案例3——网页"1-2-1"型布局模式

网页"1-2-1"型布局模式是网页制作之中最常用的一个模式，模式结构如图 18-13 所示。在布局结构中，增加了一个"side"栏。但是在通常状况下，两个 div 只能竖直排列。为了让 content 和 side 能够水平排列，必须把它们放到另一个 div 中，然后使用浮动或者绝对定位的方法，使 content 和 side 并列起来。

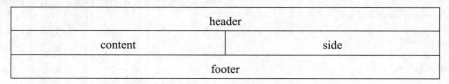

**图 18-13　网页"1-2-1"型布局模式示意图**

制作网页 1-2-1 型布局的操作步骤如下。

step 01　修改网页单列布局的结果代码。这一步用上节完成的结果作为素材，在 HTML 中把 content 部分复制出一个新的，这个新的 id 设置为 side。然后在它们的外面套一个 div，命名为"container"，修改部分的框架代码如下。

```
<div id="container">
<div id="content">
<div class="rounded">
<h2>正文 1</h2>
<div class="main">
<p>
锄禾日当午，汗滴禾下土<br />
锄禾日当午，汗滴禾下土</p>
</div>
<div class="footer">
<p>
查看详细信息&gt;&gt;
</p>
</div>
</div>
</div>
<div id="side">
<div class="rounded">
<h2>正文 2</h2>
<div class="main">
<p>
锄禾日当午，汗滴禾下土<br />
锄禾日当午，汗滴禾下土</p>
</div>
<div class="footer">
<p>
查看详细信息&gt;&gt;
</p>
</div>
</div>
</div>
</div>
```

修改 CSS 样式代码如下。

```
#header,#pagefooter,#container{
margin:0 auto;
width:760px;}
#content{}
#side{}
```

从上述代码中可以看出#container、#header、#pagefooter 并列使用相同的样式,#content、#side 的样式暂时先空着,这时的效果如图 18-14 所示。

step 02 实现正文 1 与正文 2 的并列排列。这里有两种方法来实现,首先使用绝对定位法来实现,具体的代码如下。

```
#header,#pagefooter,#container{
margin:0 auto;
width:760px;}
#container{
position:relative; }
#content{
position:absolute;
top:0;
left:0;
width:500px;
}
#side{
margin:0 0 0 500px;
}
```

在上述代码中,为了使#content 能够使用绝对定位,必须考虑用哪个元素作为它的定位基准。显然应该是 container 这个 div。因此将#container 的 position 属性设置为 relative,使它成为下级元素的绝对定位基准,然后将#content 这个 div 的 position 设置为 absolute,即绝对定位,这样它就脱离了标准流,#side 就会向上移动占据原来#content 所在的位置。将#content 的宽度和#side 的左 margin 设置为相同的数值,就正好可以保证它们并列紧挨着放置,且不会相互重叠。运行结果如图 18-15 所示。

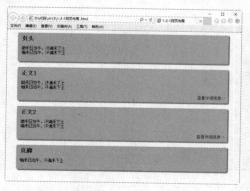

图 18-14  修改网页单列布局样式     图 18-15  使用绝对定位的效果

step 03 实现正文 1 与正文 2 的并列排列,使用浮动法来实现。在 CSS 样式部分,稍作修改，加入如下样式代码。

```
#content{
float:left;
width:500px;
}
#side{
float:left;
width:260px;
}
```

运行结果如图 18-16 所示。

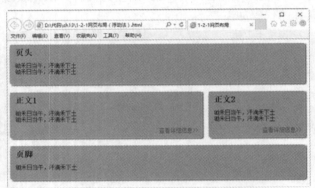

图 18-16　使用浮动定位的效果

 使用浮动法修改正文布局模式非常灵活，例如要想使 side 从页面右边移动到左边，即与 content 交换位置，只需要稍微修改一下 CSS 代码即可实现，代码如下。

```
#content{
float:right;
width:500px;
}
#side{
float:left;
width:260px;
}
```

## 18.2.3　案例4——网页"1-3-1"型布局模式

网页"1-3-1"型布局模式也是网页制作之中最常用的模式，模式结构如图 18-17 所示。

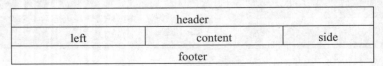

| header | | |
|--------|--------|--------|
| left | content | side |
| footer | | |

图 18-17　网页"1-3-1"型布局模式示意图

这里使用浮动方式来排列横向并排的 3 栏，制作过程与"1-1-1"到"1-2-1"布局转换一样，只要控制好#left、#content、#side 这 3 栏都使用浮动方式，3 列的宽度之和正好等于总宽度即可。具体过程不再详述，制作完之后的代码如下。

```html
<!DOCTYPE html>
<head>
<title>1-3-1 固定宽度布局</title>
<style type="text/css">
body {
background: #FFF;
font:14px 宋体;
margin:0;
padding:0;
}

.rounded {
  background: url(images/left-top.gif)   top left no-repeat;
  width:100%;
  }
.rounded h2 {
  background:url(images/right-top.gif)top right no-repeat;
  padding:20px 20px 10px;
  margin:0;

  }
.rounded .main {
  background: url(images/right.gif) top right repeat-y;
  padding:10px 20px;
  margin:-20px 0 0 0;
     }
.rounded .footer {
  background:url(images/left-bottom.gif)bottom left no-repeat;
  }
.rounded .footer p {
  color:red;
  text-align:right;
  background:url(images/right-bottom.gif) bottom right no-repeat;
  display:block;
  padding:10px 20px 20px;
  margin:-20px 0 0 0;
  font:0/0;
  }
#header,#pagefooter,#container{
 margin:0 auto;
 width:760px;
 }
 #left{
    float:left;
    width:200px;
    }

#content{
    float:left;
    width:300px;
    }
#side{
    float:left;
```

```
    width:260px;
    }

#pagefooter{
    clear:both;
}
</style>
</head>
<body>
 <div id="header">
    <div class="rounded">
        <h2>页头</h2>
        <div class="main">
        <p>
        锄禾日当午，汗滴禾下土<br/>
        锄禾日当午，汗滴禾下土</p>
        </div>
        <div class="footer">
        <p></p>
        </div>
    </div>
</div>

<div id="container">
<div id="left">
    <div class="rounded">
        <h2>正文</h2>
        <div class="main">
        <p>
        锄禾日当午，汗滴禾下土<br />
        锄禾日当午，汗滴禾下土
        </p>

        </div>
        <div class="footer">
        <p>
        查看详细信息&gt;&gt;
        </p>
        </div>
    </div>
</div>
<div id="content">
    <div class="rounded">
        <h2>正文 1</h2>
        <div class="main">
        <p>
        锄禾日当午，汗滴禾下土<br />
        锄禾日当午，汗滴禾下土
        </p>

        </div>
        <div class="footer">
        <p>
        查看详细信息&gt;&gt;
        </p>
        </div>
    </div>
```

```
</div>
<div id="side">
    <div class="rounded">
        <h2>正文 2</h2>
        <div class="main">
        <p>
        锄禾日当午，汗滴禾下土<br />
        锄禾日当午，汗滴禾下土
        </p>
        </div>
        <div class="footer">
        <p>
        查看详细信息&gt;&gt;
        </p>
        </div>
    </div>
</div>
</div>
<div id="pagefooter">
    <div class="rounded">
        <h2>页脚</h2>
        <div class="main">
        <p>
        锄禾日当午，汗滴禾下土
        </p>
        </div>
        <div class="footer">
        <p>

        </p>
        </div>
    </div>
</div>
</body>
</html>
```

在 IE 11.0 浏览器中浏览效果如图 18-18 所示。

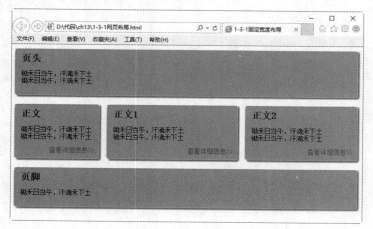

图 18-18　网页 "1-3-1" 型布局模式

# 18.3  大 神 解 惑

小白：如何把多于 3 个的 div 都紧靠页面的侧边？

大神：在实际网页制作中，经常需要解决这样的问题，如何把多于 3 个的 div 都紧靠页面的左侧或者右侧呢？方法很简单，只需要修改几个 div 的 margin 值即可，具体的步骤如下。如果要使它们紧贴浏览器窗口左侧，可以将 margin 设置为"0 auto 0 0"，即只保留右侧的一根"弹簧"，就会把内容挤到最左边了。反之，如果要使它们紧贴浏览器窗口右侧，可以将 margin 设置为"0 0 0 auto"，即只保留左侧的一根"弹簧"，就会把内容挤到最右边了。

小白：IE 浏览器和 Firefox 浏览器，显示浮动布局会出现不同的效果，为什么？

大神：两个相连的 DIV 块，如果一个设置为左浮动，一个设置为右浮动，这时在 Firefox 浏览器中就会出现设置失效的问题。其原因是 IE 浏览器会根据设置来判断浮动，而在 Firefox 浏览器中，如果上一个 float 没有被清除，那么下一个 float 会自动沿用上一个 float 的设置，而不使用自己的 float 设置。

这个问题的解决办法就是，在每一个 DIV 块设置 float 后，在最后加入一句清除浮动的代码 clear:both，这样就会清除前一个浮动的设置了，下一个 float 也就不会再使用上一个浮动设置，从而使用自己所设置的浮动了。

# 18.4  跟我练练手

练习 1：制作一个包含 CSS 定位的网页。

练习 2：制作一个单列布局模式的网页。

练习 3：制作一个 1-2-1 型布局模式的网页。

练习 4：制作一个 1-3-1 型布局模式的网页。

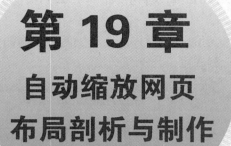

# 第 19 章
## 自动缩放网页
## 布局剖析与制作

　　上一章讲述了固定宽度的布局，本章讲述自动缩放网页布局的制作方法和技巧。变宽度的布局要比固定宽度的布局复杂一些，根本的原因在于宽度不确定，导致很多参数无法确定，必须使用一些技巧来完成。本章将依次讲述解决这些自动缩放布局中遇到的问题。

**本章要点(已掌握的在方框中打钩)**

☐ 掌握自动缩放网页"1-2-1"型布局模式的制作方法
☐ 掌握自动缩放网页"1-3-1"型布局模式的制作方法
☐ 掌握分列布局背景色的使用方法
☐ 掌握单列宽度变化的布局方法
☐ 掌握多列等比例宽度变化的布局方法

# 19.1 自动缩放网页"1-2-1"型布局模式

对于一个"1-2-1"变宽度的布局样式,会产生两种不同的情况:第一是这两列按照一定的比例同时变化;第二是一列固定,另一列变化。

## 19.1.1 案例 1——"1-2-1"等比例变宽布局

对于等比例变宽布局样式,可以在前面制作的固定宽度网页布局样式当中的"1-2-1"浮动法布局的基础上完成本案例。原来的"1-2-1"浮动布局中的宽度都是用像素数值确定的固定宽度,下面就来对它进行改编,使它能够自动调整各个模块的宽度。具体的代码如下。

```
#header,#pagefooter,#container{
margin:0 auto;
width: 768px; /*删除原来的固定宽度*/
width: 85%; } /*改为比例宽度*/
#content{
float:right;
width:500px; /*删除原来的固定宽度*/
width: 66%; } /*改为比例宽度*/
#side{
float:left;
width: 260px; /*删除原来的固定宽度*/
width:33%; } /*改为比例宽度*/
```

在 IE 11.0 浏览器中预览效果如图 19-1 所示。在这个页面中,网页内容的宽度为浏览器窗口宽度的 85%,页面中左侧内容栏的宽度和右侧内容栏的宽度保持 2∶1 的比例,可以看到无论浏览器窗口宽度如何变化,它们都等比例变化。这样就实现了各个 div 的宽度都会等比例适应浏览器窗口。

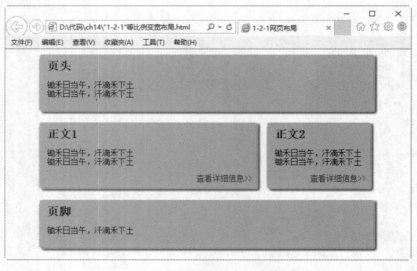

图 19-1 "1-2-1"等比例变宽布局样式

在实际应用中还需要注意以下两点。

（1）确保不要使一列或多个列的宽度太大，以至于其内部的文字行宽太宽，造成阅读困难。

（2）圆角框的最宽宽度的限制，这种方法制作的圆角框如果超过一定宽度就会出现裂缝。

## 19.1.2 案例2——"1-2-1"单列变宽布局

"1-2-1"单列变宽布局样式是常用的网页布局样式，用户可以使用 margin 属性变通地实现单列变宽布局。这里仍然在"1-2-1"浮动法布局的基础上进行修改，修改之后的代码如下。

```
#header,#pagefooter,#container{
margin:0 auto;
width:85%;
min-width:500px;
max-width:800px;
}
#contentWrap{
margin-left:-260px;
float:left;
width:100%;
}
#content{
margin-left:260px;
}
#side{
float:right;
width:260px;
}
#pagefooter{
clear:both;
}
```

在 IE 11.0 浏览器中预览效果如图 19-2 所示。

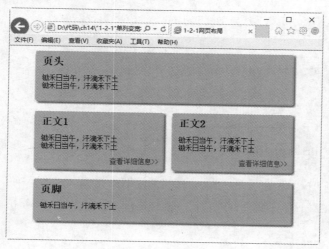

**图 19-2 "1-2-1"单列变宽布局**

## 19.2 自动缩放网页"1-3-1"型布局模式

"1-3-1"布局可以产生很多不同的变化方式,例如:

(1) 三列都按比例来适应宽度。

(2) 一列固定,其他两列按比例适应宽度。

(3) 两列固定,另外一列适应宽度。

对于后两种情况,又可以根据特殊的一列与另外两列的不同位置,产生出多种变化。

### 19.2.1 "1-3-1"三列宽度等比例布局

对于"1-3-1"布局的第一种情况,即三列按固定比例伸缩适应总宽度,和前面介绍的"1-2-1"布局完全一样,只要分配好每一列的百分比就可以了。这里就不再介绍具体的制作过程了。

### 19.2.2 案例3——"1-3-1"单侧列宽度固定的变宽布局

对于一列固定、其他两列按比例适应宽度的情况,可以使用浮动方法进行制作。解决的方法同"1-2-1"单列固定布局一样,这里把活动的两个列看成一个整体,在容器里面再套一个 div,即由原来的一个 wrap 变为两层,分别叫作 outerWrap 和 innerWrap。这样,outerWrap就相当于上面"1-2-1"方法中的 wrap 容器。新增加的 innerWrap 是以标准流方式存在的,宽度会自然伸展,由于设置 200 像素的左侧 margin,因此它的宽度就是总宽度减去 200 像素。innerWrap 里面的 navi 和 content 就会都以这个新宽度为基准。

实现的具体代码如下。

```
<!DOCTYPE html>
<head>
<title>"1-3-1"单侧列宽度固定的变宽布局</title>
<style type="text/css">
body {
background: #FFF;
font: 14px 宋体;
margin:0;
padding:0;
}
.rounded {
  background: url(images/left-top.gif)   top left no-repeat;
  width:100%;
  }
.rounded h2 {
background:url(images/right-top.gif)top right no-repeat;
padding:20px 20px 10px;
margin:0;

  }
```

```
.rounded .main {
  background:url(images/right.gif)top right repeat-y;
  padding:10px 20px;
  margin:-20px 0 0 0;
    }
.rounded .footer {
  background:url(images/left-bottom.gif)bottom left no-repeat;
  }
.rounded .footer p {
  color:red;
  text-align:right;
  background:url(images/right-bottom.gif) bottom right no-repeat;
  display:block;
  padding:10px 20px 20px;
  margin:-20px 0 0 0;
  font:0/0;
  }
#header,#pagefooter,#container{
 margin:0 auto;
 width:85%;
 }
#outerWrap{
 float:left;
 width:100%;
 margin-left:-200px;
}
#innerWrap{
 margin-left:200px;
}
#left{
 float:left;
 width:40%;
}
#content{
 float:right;
 width:59.5%;
}
#content img{
 float:right;
}
#side{
 float:right;
 width:200px;
}
#pagefooter{
 clear:both;
}
</style>
</head>
<body>
<div id="header">
    <div class="rounded">
        <h2>页头</h2>
        <div class="main">
```

```
        <p>
        锄禾日当午，汗滴禾下土</p>
        </div>
        <div class="footer">
        <p></p>
        </div>
    </div>
</div>
<div id="container">
<div id="outerWrap">
<div id="innerWrap">
<div id="left">
    <div class="rounded">
        <h2>正文</h2>
        <div class="main">
        <p>
        锄禾日当午，汗滴禾下土<br/>
        锄禾日当午，汗滴禾下土</p>

        </div>
        <div class="footer">
        <p>
        查看详细信息&gt;&gt;
        </p>
        </div>
    </div>
</div>
<div id="content">
    <div class="rounded">
        <h2>正文 1</h2>
        <div class="main">
          <p>
            锄禾日当午，汗滴禾下土</p>

        </div>
        <div class="footer">
        <p>
        查看详细信息&gt;&gt;
        </p>
        </div>
    </div>
</div>
</div>
</div>
<div id="side">
    <div class="rounded">
        <h2>正文 2</h2>
        <div class="main">
        <p>
        锄禾日当午，汗滴禾下土<br/>
        锄禾日当午，汗滴禾下土</p>
        </div>
        <div class="footer">
        <p>
```

```
        查看详细信息&gt;&gt;
        </p>
        </div>
    </div>
</div>
</div>

<div id="pagefooter">
    <div class="rounded">
        <h2>页脚</h2>
        <div class="main">
        <p>
        锄禾日当午，汗滴禾下土
        </p>
        </div>
        <div class="footer">
        <p>
        </p>
        </div>
    </div>
</div>
</body>
</html>
```

在 IE 11.0 浏览器中进行浏览，当页面收缩时，可以看到如图 19-3 所示的运行结果。

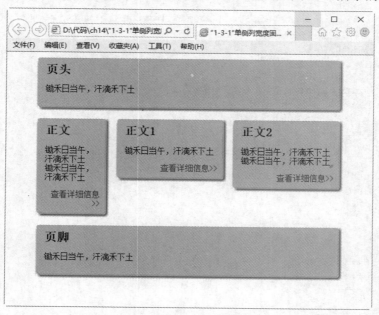

图 19-3 "1-3-1"单侧列宽度固定的变宽布局

## 19.2.3 案例 4——"1-3-1"中间列宽度固定的变宽布局

这种布局的形式是固定列被放在中间，它的左右各有一列，并按比例适应总宽度，这是一种很少见的布局形式。实现"1-3-1"中间列宽度固定的变宽布局的代码如下。

```html
<!DOCTYPE html>
<head>
<title> "1-3-1" 中间列宽度固定的变宽布局</title>
<style type="text/css">
body {
  background:#FFF;
  font: 14px 宋体;
  margin:0;
  padding:0;
}
.rounded {
  background: url(images/left-top.gif)   top left no-repeat;
  width:100%;
  }
.rounded h2 {
  background:url(images/right-top.gif)top right no-repeat;
  padding:20px 20px 10px;
  margin:0;
  }
.rounded .main {
  background: url(images/right.gif) top right repeat-y;
  padding:10px 20px;
  margin:-20px 0 0 0;
      }
.rounded .footer {
  background:url(images/left-bottom.gif)bottom left no-repeat;
  }
.rounded .footer p {
  color:red;
  text-align:right;
  background:url(images/right-bottom.gif) bottom right no-repeat;
  display:block;
  padding:10px 20px 20px;
  margin:-20px 0 0 0;
  font:0/0;
  }
#header,#pagefooter,#container{
 margin:0 auto;
 width:85%;
 }

#naviWrap{
    width:50%;
    float:left;
    margin-left:-150px;
    }

#left{
    margin-left:150px;
    }
#content{
    float:left;
    width:300px;
    }
```

```
#content img{
    float:right;
    }
#sideWrap{
    width:49.9%;
    float:right;
    margin-right:-150px;
}
#side{
    margin-right:150px;
    }
#pagefooter{
    clear:both;
    }

</style>
</head>
<body>
 <div id="header">
    <div class="rounded">
        <h2>页头</h2>
        <div class="main">
        <p>
        锄禾日当午，汗滴禾下土</p>
        </div>
        <div class="footer">
        <p></p>
        </div>
    </div>
</div>
<div id="container">
<div id="naviWrap">
<div id="left">
    <div class="rounded">
        <h2>正文</h2>
        <div class="main">
        <p>
        锄禾日当午，汗滴禾下土</p>

        </div>
        <div class="footer">
        <p>
        查看详细信息&gt;&gt;
        </p>
        </div>
    </div>
</div>
</div>
<div id="content">
    <div class="rounded">
        <h2>正文 1</h2>
        <div class="main">
          <p>
        锄禾日当午，汗滴禾下土</p>
```

```
        </div>
        <div class="footer">
        <p>
        查看详细信息&gt;&gt;
        </p>
        </div>
    </div>
</div>
<div id="sideWrap">
<div id="side">
    <div class="rounded">
        <h2>正文 2</h2>
        <div class="main">
        <p>
        锄禾日当午，汗滴禾下土
        </p>
        </div>
        <div class="footer">
        <p>
        查看详细信息&gt;&gt;
        </p>
        </div>
    </div>
</div>
</div>
</div>
<div id="pagefooter">
    <div class="rounded">
        <h2>页脚</h2>
        <div class="main">
        <p>
        锄禾日当午，汗滴禾下土
        </p>
        </div>
        <div class="footer">
        <p>
        </p>
        </div>
    </div>
</div>
</body>
</html>
```

　　在 IE 11.0 浏览器中浏览效果如图 19-4 所示。在上述代码中，页面中间列的宽度是 300 像素，两边列等宽(不等宽的道理是一样的)，即总宽度减去 300 像素后剩余宽度的 50%，制作的关键是如何实现 "(100%-300px)/2" 的宽度。现在需要在 left 和 side 两个 div 外面分别套一层 div，把它们 "包裹" 起来，依靠嵌套的两个 div，实现相对宽度和绝对宽度的结合。

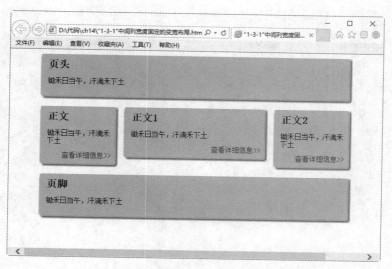

图 19-4 "1-3-1"中间列宽度固定的变宽布局

## 19.2.4 案例 5——"1-3-1"双侧列宽度固定的变宽布局

3 列中的左右两列宽度固定，中间列宽度自适应变宽布局实际应用很广泛，下面还是通过浮动定位进行了解。其关键思想就是把 3 列的布局看作是嵌套的两列布局，利用 margin 的负值来实现 3 列浮动。实现"1-3-1"双侧列宽度固定的变宽布局代码如下。

```
<!DOCTYPE html>
<head>
<title>"1-3-1"双侧列宽度固定的变宽布局</title>
<style type="text/css">
body {
    background:#FFF;
    font:14px 宋体;
    margin:0;
    padding:0;
}
.rounded {
  background: url(images/left-top.gif)   top left no-repeat;
  width:100%;
  }
.rounded h2 {
  background:url(images/right-top.gif)top right no-repeat;
  padding:20px 20px 10px;
  margin:0;

  }
.rounded .main {
  background:url(images/right.gif)top right repeat-y;
  padding:10px 20px;
  margin:-20px 0 0 0;
     }
.rounded .footer {
```

```
    background: url(images/left-bottom.gif) bottom left no-repeat;
  }
.rounded .footer p {
 color:red;
 text-align:right;
 background:url(images/right-bottom.gif) bottom right no-repeat;
 display:block;
 padding:10px 20px 20px;
 margin:-20px 0 0 0;
 font:0/0;
  }
#header,#pagefooter,#container{
 margin:0 auto;
 width:85%;
 }
#side{
    width:200px;
    float:right;
    }
#outerWrap{
    width:100%;
    float:left;
    margin-left:-200px;
}
#innerWrap{
    margin-left:200px;
    }
#left{
    width:150px;
    float:left;
}
#contentWrap{
    width:100%;
    float:right;
    margin-right:-150px;
}
#content{
    margin-right:150px;
    }
#content img{
    float:right;
    }
#pagefooter{
    clear:both;
}
</style>
</head>
<body>
 <div id="header">
    <div class="rounded">
        <h2>页头</h2>
        <div class="main">
        <p>
        锄禾日当午，汗滴禾下土</p>
```

```
        </div>
        <div class="footer">
        <p></p>
        </div>
    </div>
</div>
<div id="container">
<div id="outerWrap">
<div id="innerWrap">
<div id="left">
    <div class="rounded">
        <h2>正文</h2>
        <div class="main">
        <p>锄禾日当午，汗滴禾下土</p>

        </div>
        <div class="footer">
        <p>
        查看详细信息&gt;&gt;
        </p>
        </div>
    </div>
</div>
<div id="contentWrap">
<div id="content">
    <div class="rounded">
        <h2>正文 1</h2>
        <div class="main">
        <p>
        锄禾日当午，汗滴禾下土</p>

        </div>
        <div class="footer">
        <p>
        查看详细信息&gt;&gt;
        </p>
        </div>
    </div>
</div>
</div><!-- end of contetnwrap-->
</div><!-- end of inwrap-->
</div><!-- end of outwrap-->
<div id="side">
    <div class="rounded">
        <h2>正文 2</h2>
        <div class="main">
        <p>锄禾日当午，汗滴禾下土</p>
        </div>
        <div class="footer">
        <p>
        查看详细信息&gt;&gt;
        </p>
        </div>
    </div>
```

```
</div>
</div>
<div id="pagefooter">
    <div class="rounded">
        <h2>页脚</h2>
        <div class="main">
        <p>
        锄禾日当午，汗滴禾下土
        </p>
        </div>
        <div class="footer">
        <p>
        </p>
        </div>
    </div>
</div>
</body>
</html>
```

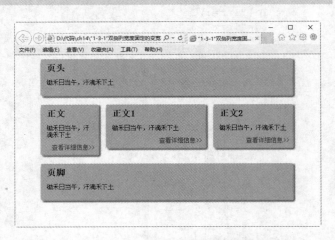

图 19-5 "1-3-1"双侧列宽度固定的变宽布局

在 IE 11.0 浏览器中浏览效果如图 19-5 所示。在上述代码中，先把左边和中间两列看作一组活动列，而右边的一列作为固定列，使用前面的"改进浮动"法就可以实现。然后，再把两列各自当作独立的列，左侧列为固定列，再次使用"改进浮动"法，就可以最终完成整个布局。

## 19.2.5 案例6——"1-3-1"中列和左侧列宽度固定的变宽布局

这种布局的中间列和它一侧的列是固定宽度，另一侧列宽度自适应。这种布局很简单，同样使用改进浮动法来实现。由于两个固定宽度列是相邻的，因此就不用使用两次改进浮动法了，只需要改进一次就可以做到。实现"1-3-1"中列和左侧列宽度固定的变宽布局代码如下。

```
<!DOCTYPE html>
<head>
<title>1-3-1 中列和左侧列宽度固定的变宽布局</title>
<style type="text/css">
body {
    background:#FFF;
    font:14px 宋体;
    margin:0;
    padding:0;
}
.rounded {
  background: url(images/left-top.gif)  top left no-repeat;
  width:100%;
  }
.rounded h2 {
  background: url(images/right-top.gif) top right no-repeat;
```

```
    padding:20px 20px 10px;
    margin:0;
    }
.rounded .main {
    background:url(images/right.gif)top right repeat-y;
    padding:10px 20px;
    margin:-20px 0 0 0;
    }
.rounded .footer {
    background:url(images/left-bottom.gif)bottom left no-repeat;
    }
.rounded .footer p {
    color:red;
    text-align:right;
    background:url(images/right-bottom.gif) bottom right no-repeat;
    display:block;
    padding:10px 20px 20px;
    margin:-20px 0 0 0;
    font:0/0;
    }
#header,#pagefooter,#container{
 margin:0 auto;
 width:85%;
 }

#left{
    float:left;
    width:150px;
    }
#content{
    float:left;
    width:250px;
    }
#content img{
    float:right;
    }
#sideWrap{
    float:right;
    width:100%;
    margin-right:-400px;
    }
#side{
    margin-right:400px;
    }
#pagefooter{
    clear:both;
}
</style>
</head>
<body>
 <div id="header">
    <div class="rounded">
        <h2>页头</h2>
        <div class="main">
```

```
                <p>
                锄禾日当午，汗滴禾下土</p>
                </div>
                <div class="footer">
                <p></p>
                </div>
        </div>
</div>
<div id="container">
<div id="left">
        <div class="rounded">
                <h2>正文</h2>
                <div class="main">
                <p>
                锄禾日当午，汗滴禾下土</p>

                </div>
                <div class="footer">
                <p>
                查看详细信息&gt;&gt;
                </p>
                </div>
        </div>
</div>
<div id="content">
        <div class="rounded">
                <h2>正文 1</h2>
                <div class="main">
                <p>
                锄禾日当午，汗滴禾下土</p>

                </div>
                <div class="footer">
                <p>
                查看详细信息&gt;&gt;
                </p>
                </div>
        </div>
</div>
<div id="sideWrap">
<div id="side">
        <div class="rounded">
                <h2>正文 2</h2>
                <div class="main">
                <p>
                锄禾日当午，汗滴禾下土</p>
                </div>
                <div class="footer">
                <p>
                查看详细信息&gt;&gt;
                </p>
                </div>
        </div>
</div>
```

```
    </div>
    </div>
<div id="pagefooter">
    <div class="rounded">
        <h2>页脚</h2>
        <div class="main">
        <p>
        锄禾日当午，汗滴禾下土
        </p>
        </div>
        <div class="footer">
        <p>
        </p>
        </div>
    </div>
</div>
</body>
</html>
```

在 IE 11.0 浏览器中浏览效果如图 19-6 所示。在代码中把左侧的 left 和 content 列的宽度分别固定为 150 像素和 250 像素，右侧的 side 列宽度变化。那么 side 列的宽度就等于"100%-150px-250px"。因此根据改进浮动法，在 side 列的外面再套一个 sideWrap 列，使 sideWrap 的宽度为 100%，并通过设置负的 margin，使它向右平移 400 像素。然后再对 side 列设置正的 margin，限制右边界，这样就可以实现希望的效果了。

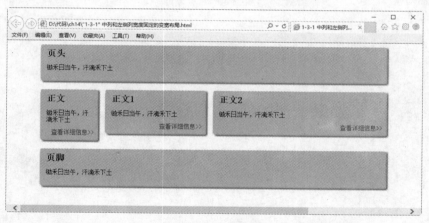

图 19-6 "1-3-1"中列和左侧列宽度固定的变宽布局

## 19.3 分列布局背景色的使用

在前面的各种布局案例中都没有设置背景色，然而在很多页面布局中，对各列的背景色是有要求的，例如希望每一列都有各自的背景色。

### 19.3.1　案例 7——设置固定宽度布局的列背景色

这里用 19.2 节中的"1-3-1"网页布局.html 作为框架基础，直接修改其 CSS 样式表就可以了，具体的 CSS 代码如下。

```
body{
font:19px 宋体;
margin:0;
}
#header,#pagefooter {
background:#CF0;
width:760px;
margin:0 auto;
}
h2{
margin:0;
padding:20px;
}
p{
padding:20px;
text-indent:2em;
margin:0;
}
#container {
position:relative;
width:760px;
margin:0 auto;
background:url(images/19-7.gif);
}
#left {
width:200px;
position:absolute;
left: 0px;
top: 0px;
}
#content {
right:0px;
top:0px;
margin-right:200px;
margin-left:200px;
}
#side {
width:200px;
position:absolute;
right:0px;
top:0px;
}
```

在 IE 11.0 浏览器中浏览效果如图 19-7 所示。在上述代码中，left、content、side 没有使用背景色，是因为各列的背景色只能覆盖到其内容的下端，而不能使每一列的背景色都一直扩展到最下端，因为每个 div 只负责自己的高度，根本不管它旁边的列有多高，要使并列的各列的高度相同是很困难的，通过给 container 设定一个宽度为 760px 的背景，这个背景图按样式中的 left、content、side 宽度进行颜色制作，变相实现给三列加背景的功能。

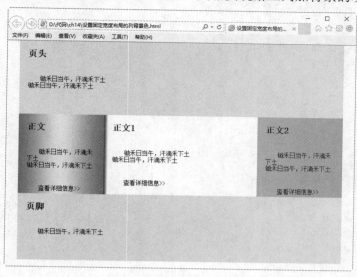

**图 19-7　设置固定宽度布局的列背景色**

## 19.3.2　案例 8——设置特殊宽度变化布局的列背景色

宽度变化的布局分栏背景色因为列宽不确定，无法在图像处理软件中制作这个背景图，那么应该怎么办呢？由于这种变化组合有很多，以如下情况进行举例说明。

(1) 两侧列宽度固定，中间列变化的布局。

(2) 3 列的总宽度为 100%，也就是说两侧不露出 body 的背景色。

(3) 中间列最高。

这种情况下，中间列的高度最高，可以设置自己的背景色，左侧使用 container 来设置背景图像，利用 body 来实现右侧栏的背景，CSS 样式代码如下。

```
body{
font:14px 宋体;
margin:0;
background-color:blue;
}
#header,#pagefooter {
background:#CF0;
width:100%;
margin:0 auto;
}
h2{
margin:0;
padding:20px;
}
p{
padding:20px;
text-indent:2em;
margin:0;
```

```
}
#container {
width:100%;
margin:0 auto;
background:url(images/background-left.gif) repeat-y top left;
position:relative;
}
#left {
width:200px;
position:absolute;
left:0px;
top:0px;
}
#content {
right:0px;
top:0px;
margin-right:200px;
margin-left:200px;
background-color:#F00;
}
#side {
width:200px;
position:absolute;
right:0px;
top:0px;
}
```

在 IE 11.0 浏览器中浏览效果如图 19-8 所示。

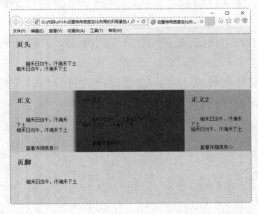

图 19-8  设置特殊宽度变化布局的列背景色

# 19.4  综合案例 1——单列宽度变化布局

上面例子虽然实现了分栏的不同背景色，但是它的限制条件太多了。有没有更通用一些的方法呢？

仍然假设布局是中间活动，两侧列宽度固定的布局。由于 container 只能设置一个背景图像，因此可以在 container 里面再套一层 div，这样两层容器就可以各设置一个背景图像，一个左对齐，一个右对齐，各自竖直方向平铺。由于左右两列都是固定宽度，因此所有图像的宽度分别等于左右两列的宽度就可以了。其代码如下。

```
body{
font:14px 宋体;
margin:0;
}
#header,#pagefooter {
background:#CF0;
width:85%;
margin:0 auto;
}
h2{
margin:0;
padding:20px;
}
p{
padding:20px;
text-indent:2em;
margin:0;
}
#container {
width:85%;
margin:0 auto;
background:url(images/background-right.gif) repeat-y top right;
position:relative;
}
#innerContainer {
background:url(images/background-left.gif) repeat-y top left;
}
#left {
width:200px;
position:absolute;
left:0px;
top:0px;
}
#content {
right:0px;
top:0px;
margin-right:200px;
margin-left:200px;
background-color:#9F0;
}
#side {
width:200px;
position:absolute;
right:0px;
top:0px;
}
```

在 IE 11.0 浏览器中浏览效果如图 19-9 所示。在代码中 3 列总宽度为浏览器窗口宽度的 85%，左右列各 200 像素，中间列自适应。header、footer 和 container 的宽度改为 85%，然后在 container 里面套一个 innerContainer，这样用 container 设置 side 背景，innerContainer 设置 left 背景，content 设置自己的背景。

# 19.5 综合案例 2——多列等比例宽度变化布局

对于 3 列按比例同时变化的布局，上面的方法就无能为力了，这时仍然使用制作背景图的方法。假设 3 列按照 1∶2∶1 的比例同时变化，也就是左、中、右 3 列所占的比例分别为 25%、50% 和 25%。先制作一个足够宽的背景图像，背景图像同样按照 1∶2∶1 的比例设置 3 列的颜色。其代码如下。

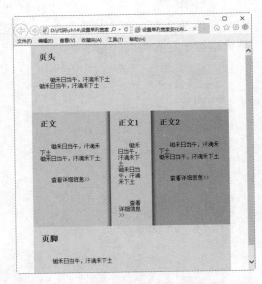

**图 19-9 设置单列宽度变化布局的列背景色**

```html
<!DOCTYPE html>
<head>
<title>设置多列等比例宽度变化布局的列背景</title>
<style type="text/css">
body{
font:14px 宋体;
margin:0;
    }
#header,#pagefooter {
background:#CF0;
width:85%;
margin:0 auto;
    }
h2{
margin:0;
padding:20px;
    }
p{
padding:20px;
text-indent:2em;
margin:0;
    }
#container {
width:85%;
margin:0 auto;
background:url(images/19-10.gif) repeat-y  25% top;
position:relative;
    }

#innerContainer {
background:url(images/19-10.gif) repeat-y  75% top;
    }
```

```
#left {
width:25%;
position:absolute;
left:0px;
top:0px;
}
#content {
right:0px;
top:0px;
margin-right:25%;
margin-left:25%;
    }
#side {
width:25%;
position:absolute;
right:0px;
top:0px;
    }
</style>
</head>
<body>
 <div id="header">
        <h2>页头</h2>
        <p>
        锄禾日当午，汗滴禾下土</p>
</div>
<div id="container">
<div id="innerContainer">
    <div id="left">
            <h2>正文</h2>
    <p>
        锄禾日当午，汗滴禾下土
        </p>
    </div>
    <div id="content">
        <h2>正文 1</h2>
        <p>
        锄禾日当午，汗滴禾下土
        </p>
    </div>
    <div id="side">
        <h2>正文 2</h2>
        <p>
        锄禾日当午，汗滴禾下土
        </p>
    </div>
</div>
</div>
<div id="pagefooter">
        <h2>页脚</h2>
        <p>
        锄禾日当午，汗滴禾下土
        </p>
</div>
</body>
</html>
```

网站开发案例课堂

在 IE 11.0 浏览器中浏览效果如图 19-10 所示。

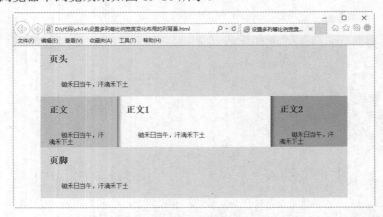

图 19-10　设置多列等比例宽度变化布局的列背景

# 19.6　大 神 解 惑

小白：自动缩放网页布局中，网页框架百分比的关系是什么？

大神：初学者往往对这个问题感到困惑，以 19.1.1 节中样式做个说明，container 等外层 div 的宽度设置为 85%是相对浏览器窗口而言的比例；而后面 content 和 side 这两个内层 div 的比例是相对于外层 div 而言的。这里分别设置为 66%和 33%，二者相加为 99%，而不是 100%，这是为了避免由于舍入误差造成总宽度大于它们的容器的宽度，而使某个 div 被挤到下一行中。如果希望精确，写成 100%也可以。

小白：DIV 层高度设置好，还是不设置好？

大神：在 IE 浏览器中，如果设置了高度值，但是内容很多，会超出所设置的高度，这时浏览器就会自己撑开高度，以达到显示全部内容的效果，不受所设置的高度值限制。而在 Firefox 浏览器中，如果固定了高度的值，那么容器的高度就会被固定住，就算内容过多，它也不会撑开，也会显示全部内容，但是如果容器下面还有内容的话，那么这一块就会与下一块内容重叠。

这个问题的解决办法就是，不要设置高度的值，这样浏览器就会根据内容自动判断高度，也不会出现内容重叠的问题。

# 19.7　跟我练练手

练习 1：制作一个包含 "1-2-1" 等比例变宽布局的网页。

练习 2：制作一个包含 "1-3-1" 单侧列宽度固定的变宽布局的网页。

练习 3：制作一个包含设置固定宽度布局的列背景色的网页。

练习 4：制作一个包含多列等比例宽度变化布局的网页。

练习 5：制作一个包含 "1-2-1" 单列变宽布局的网页。

# 第 20 章
## 创建响应式页面

弹性盒子是 CSS3 的一种新的布局模式。CSS3 弹性盒子是一种当页面需要适应不同的屏幕大小以及设备类型时确保元素拥有恰当的行为的布局方式。引入弹性盒布局模型的目的是，提供一种更加有效的方式来对一个容器中的子元素进行排列、对齐和分配空白空间，从而创建响应式页面。

**本章要点(已掌握的在方框中打钩)**

☐ 了解弹性盒子的基本概念
☐ 掌握使用弹性盒子的方法
☐ 掌握设置弹性子元素位置的方法
☐ 掌握设置弹性子元素横向对齐的方法
☐ 掌握设置弹性子元素纵向对齐的方法
☐ 掌握设置弹性子元素换行方式的方法
☐ 掌握使用弹性盒子创建响应式页面的方法

# 20.1  了解弹性盒子

弹性盒子由弹性容器(Flex container)和弹性子元素(Flex item)组成。弹性容器通过设置 display 属性的值为 flex 或 inline-flex，将其定义为弹性容器。弹性容器内包含了一个或多个弹性子元素。弹性子元素通常在弹性盒子内一行显示。默认情况每个容器只有一行。

> 注意　弹性盒子只定义了弹性子元素如何在弹性容器内布局，并不控制弹性子元素的外观样式。

在 CSS3 中，弹性盒子中的属性含义如下。

(1)  display：指定 HTML 元素盒子类型。

(2)  flex-direction：指定弹性容器中子元素的排列方式。

(3)  justify-content：设置弹性盒子的子元素在主轴(横轴)方向上的对齐方式。

(4)  align-items：设置弹性盒子的子元素在侧轴(纵轴)方向上的对齐方式。

(5)  flex-wrap：设置弹性盒子的子元素超出父容器时是否换行。

(6)  align-content：修改 flex-wrap 属性的行为，类似 align-items，但不是设置子元素对齐，而是设置行对齐。

(7)  flex-flow：flex-direction 和 flex-wrap 的简写。

(8)  order：设置弹性盒子的子元素排列顺序。

(9)  align-self：在弹性子元素上使用。覆盖容器的 align-items 属性。

(10) flex：设置弹性盒子的子元素分配空间的方式。

CSS3 中这些弹性盒子的属性在浏览器中的支持情况如表 20-1 所示。

表 20-1　常见浏览器对弹性盒子属性的支持情况

| 名　称 | 图　标 | 支持情况 |
| --- | --- | --- |
| Chrome 浏览器 |  | 29.0 及以上版本支持弹性盒子 |
| IE 浏览器 |  | 11.0 及以上版本支持弹性盒子 |
| Mozilla Firefox 浏览器 |  | 22.0 及以上版本支持弹性盒子 |
| Opera 浏览器 |  | 12.0 及以上版本支持弹性盒子 |
| Safari 浏览器 |  | 6.1 及以上版本支持弹性盒子 |

# 20.2  案例 1——使用弹性盒子

默认情况下，弹性盒子中的弹性子元素在一行内显示，并且从左到右排列。

【例 20.1】使用弹性盒子(案例文件：ch20\20.1.html)

```
<!DOCTYPE html>
<html>
<head>
```

```
<style>
.flex-container {
    display:-webkit-flex;
    display:flex;
    width:400px;
    height:300px;
    background-color:#FFB5B5;
}

.flex-item {
    background-color:cornflowerblue;
    width:100px;
    height:100px;
    margin:10px;
}
</style>
</head>
<body>
<div class="flex-container">
  <div class="flex-item">第 1 个弹性子元素</div>
  <div class="flex-item">第 2 个弹性子元素</div>
  <div class="flex-item">第 3 个弹性子元素</div>
</div>
</body>
</html>
```

在 IE 11.0 浏览器中浏览效果如图 20-1 所示。

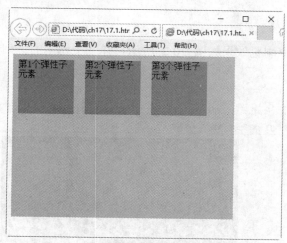

图 20-1 弹性盒子

如果用户想改变弹性子元素的排列方式，可以通过设置 direction 属性来实现。例如下面设置弹性子元素的排列方式为 rtl(right-to-left)。

【例 20.2】修改弹性子元素的排列方式(案例文件：ch20\20.2.html)

```
<!DOCTYPE html>
<html>
<head>
<title>修改弹性子元素的排列方式</title>
```

```
<style>
body {
    direction: rtl;
}

.flex-container {
    display:-webkit-flex;
    display:flex;
    width:400px;
    height:300px;
    background-color:#FFB5B5;
}

.flex-item {
    background-color:cornflowerblue;
    width:100px;
    height:100px;
    margin:10px;
}
</style>
</head>
<body>
<div class="flex-container">
  <div class="flex-item">第 1 个弹性子元素</div>
    <div class="flex-item">第 2 个弹性子元素</div>
    <div class="flex-item">第 3 个弹性子元素</div>
</div>
</body>
</html>
```

在 IE 11.0 浏览器中浏览效果如图 20-2 所示。弹性子元素的排列方式发生了改变，页面布局也跟着改变了。

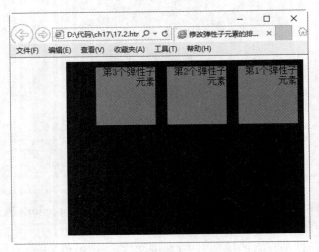

图 20-2　弹性子元素从右向左排列

## 20.3 案例2——设置弹性子元素的位置

如果想具体设置每个弹性子元素在父容器中的位置，可以使用 flex-direction 属性，语法规则如下。

```
flex-direction: row | row-reverse | column | column-reverse
```

各个参数的含义如下。

(1) row：横向从左到右排列(左对齐)，默认的排列方式。

(2) row-reverse：反转横向排列(右对齐)，从后往前排，最后一项排在最前面。

(3) column：纵向排列。

(4) column-reverse：反转纵向排列，从后往前排，最后一项排在最上面。

下面以反转纵向排列 column-reverse 的使用方法为例进行讲解。

【例 20.3】设置弹性子元素的位置(案例文件：ch20\20.3.html)

```
<!DOCTYPE html>
<html>
<head>
<title>设置弹性子元素的位置</title>
<style>
.flex-container {
    display: -webkit-flex;
    display: flex;
    -webkit-flex-direction: column-reverse;
    flex-direction: column-reverse;
    width: 400px;
    height: 300px;
    background-color: #FFB5B5;
}
.flex-item {
    background-color: cornflowerblue;
    width: 100px;
    height: 100px;
    margin: 10px;
}
</style>
</head>
<body>
<div class="flex-container">
  <div class="flex-item">第 1 个弹性子元素</div>
  <div class="flex-item">第 2 个弹性子元素</div>
  <div class="flex-item">第 3 个弹性子元素</div>
</div>
</body>
</html>
```

在 IE 11.0 浏览器中浏览效果如图 20-3 所示。弹性子元素的排列方式为纵向反转排列。

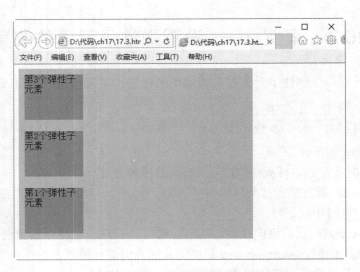

图 20-3　弹性子元素纵向反转排列

# 20.4　案例 3——设置弹性子元素的横向对齐方式

在 CSS3 中，justify-content 属性用于设置横向对齐方式，即将弹性子元素沿着弹性容器的主轴线对齐。语法格式如下。

```
justify-content: flex-start | flex-end | center | space-between | space-around
```

各个参数的含义如下。

(1)　flex-start：弹性子元素向行头紧挨着填充。这是默认值。

(2)　flex-end：弹性子元素向行尾紧挨着填充。

(3)　center：弹性子元素居中紧挨着填充。

(4)　space-between：弹性子元素平均分布在该行上。

(5)　space-around：弹性子元素平均分布在该行上，两边留有一半的间隔空间。

下面通过案例分别讲解这几种对齐方式的设置方法和区别。

【例 20.4】设置 flex-start 对齐方式(案例文件：ch20\20.4.html)

```
<!DOCTYPE html>
<html>
<head>
<title> flex-start 对齐方式</title>
<style>
.flex-container {
    display: -webkit-flex;
    display: flex;
    -webkit-justify-content: flex-start;
    justify-content: flex-start;
    width: 400px;
    height: 300px;
```

```
    background-color: #FFB5B5;
}
.flex-item {
    background-color: cornflowerblue;
    width: 100px;
    height: 100px;
    margin: 10px;
}
</style>
</head>
<body>
<div class="flex-container">
  <div class="flex-item">第 1 个弹性子元素</div>
  <div class="flex-item">第 2 个弹性子元素</div>
  <div class="flex-item">第 3 个弹性子元素</div>
</div>
</body>
</html>
```

在 IE 11.0 浏览器中浏览效果如图 20-4 所示。

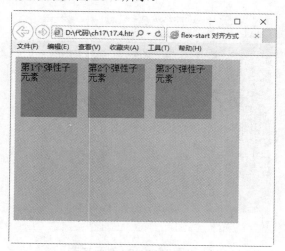

图 20-4　flex-start 对齐方式

【例 20.5】设置 flex-end 对齐方式(案例文件：ch20\20.5.html)

```
<!DOCTYPE html>
<html>
<head>
<title> flex-end 对齐方式</title>
<style>
.flex-container {
    display: -webkit-flex;
    display: flex;
    -webkit-justify-content: flex-end;
    justify-content: flex-end;
    width: 400px;
    height: 300px;
    background-color: #FFB5B5;
```

```
}
.flex-item {
    background-color: cornflowerblue;
    width: 100px;
    height: 100px;
    margin: 10px;
}
</style>
</head>
<body>
<div class="flex-container">
  <div class="flex-item">第 1 个弹性子元素</div>
  <div class="flex-item">第 2 个弹性子元素</div>
  <div class="flex-item">第 3 个弹性子元素</div>
</div>
</body>
</html>
```

在 IE 11.0 浏览器中浏览效果如图 20-5 所示。

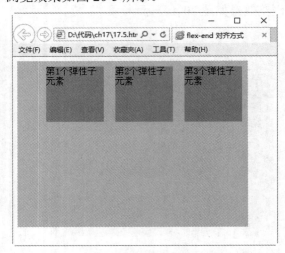

图 20-5　flex-end 对齐方式

【例 20.6】设置 center 对齐方式(案例文件：ch20\20.6.html)

```
<!DOCTYPE html>
<html>
<head>
<title> center 对齐方式</title>
<style>
.flex-container {
    display: -webkit-flex;
    display: flex;
    -webkit-justify-content: center;
    justify-content: center;
    width: 600px;
    height: 300px;
    background-color: #FFB5B5;
}
```

```
.flex-item {
    background-color: cornflowerblue;
    width: 100px;
    height: 100px;
    margin: 10px;
}
</style>
</head>
<body>
<div class="flex-container">
  <div class="flex-item">第 1 个弹性子元素</div>
  <div class="flex-item">第 2 个弹性子元素</div>
  <div class="flex-item">第 3 个弹性子元素</div>
</div>
</body>
</html>
```

在 IE 11.0 浏览器中浏览效果如图 20-6 所示。

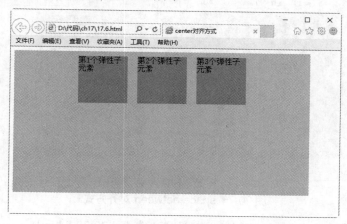

图 20-6　center 对齐方式

【例 20.7】设置 space-between 对齐方式(案例文件：ch20\20.7.html)

```
<!DOCTYPE html>
<html>
<head>
<title>space-between 对齐方式</title>
<style>
.flex-container {
    display: -webkit-flex;
    display: flex;
    -webkit-justify-content: space-between;
    justify-content: space-between;
    width: 600px;
    height: 300px;
    background-color: #FFB5B5;
}
.flex-item {
    background-color: cornflowerblue;
    width: 100px;
```

```
    height: 100px;
    margin: 10px;
}
</style>
</head>
<body>
<div class="flex-container">
  <div class="flex-item">第 1 个弹性子元素</div>
  <div class="flex-item">第 2 个弹性子元素</div>
  <div class="flex-item">第 3 个弹性子元素</div>
</div>
</body>
</html>
```

在 IE 11.0 浏览器中浏览效果如图 20-7 所示。

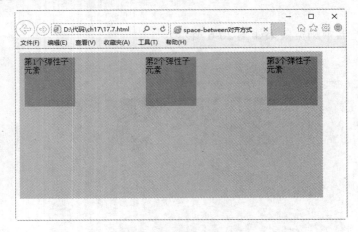

图 20-7　space-between 对齐方式

【例 20.8】设置 space-around 对齐方式(案例文件：ch20\20.8.html)

```
<!DOCTYPE html>
<html>
<head>
<title>space-around 对齐方式</title>
<style>
.flex-container {
    display: -webkit-flex;
    display: flex;
    -webkit-justify-content: space-around;
    justify-content: space-around;
    width: 600px;
    height: 300px;
    background-color: #FFB5B5;
}
.flex-item {
    background-color: cornflowerblue;
    width: 100px;
    height: 100px;
    margin: 10px;
}
```

```
</style>
</head>
<body>
<div class="flex-container">
  <div class="flex-item">第 1 个弹性子元素</div>
  <div class="flex-item">第 2 个弹性子元素</div>
  <div class="flex-item">第 3 个弹性子元素</div>
</div>
</body>
</html>
```

在 IE 11.0 浏览器中浏览效果如图 20-8 所示。

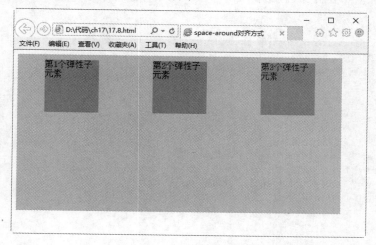

图 20-8　space-around 对齐方式

## 20.5　案例 4——设置弹性子元素的纵向对齐方式

在 CSS3 中，align-items 属性用于设置纵向对齐方式，即将弹性子元素沿着弹性容器的纵轴线对齐。语法格式如下。

```
align-items: flex-start | flex-end | center | baseline | stretch
```

各个参数的含义如下。

(1) flex-start：弹性子元素沿着纵轴起始位置的边界填充。

(2) flex-end：弹性子元素沿着纵轴结束位置的边界填充。

(3) center：弹性子元素在该行的纵轴居中填充。

(4) baseline：弹性子元素将与基线对齐。

(5) stretch：如果设置纵轴大小的属性值为"auto"，则 stretch 值会使弹性子元素边距的尺寸尽可能接近所在行的尺寸。

由于设置方法与上一节类似，这里只介绍 stretch 的使用方法，其他的类似。

【例 20.9】设置 stretch 对齐方式(案例文件：ch20\20.9.html)

```
<!DOCTYPE html>
```

```
<html>
<head>
<title> stretch 对齐方式</title>
<style>
.flex-container {
    display: -webkit-flex;
    display: flex;
    -webkit-align-items: stretch;
    align-items: stretch;
    width: 400px;
    height: 300px;
    background-color: #FFB5B5;
}
.flex-item {
    background-color: cornflowerblue;
    width: 100px;
    margin: 10px;
}
</style>
</head>
<body>
<div class="flex-container">
  <div class="flex-item">第 1 个弹性子元素</div>
  <div class="flex-item">第 2 个弹性子元素</div>
  <div class="flex-item">第 3 个弹性子元素</div>
</div>
</body>
</html>
```

在 IE 11.0 浏览器中浏览效果如图 20-9 所示。

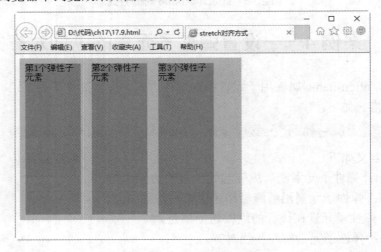

图 20-9　stretch 对齐方式

## 20.6　案例 5——设置弹性子元素的换行方式

flex-wrap 属性用于指定弹性盒子中子元素的换行方式。语法格式如下。

```
flex-wrap: nowrap| wrap | wrap-reverse
```

各个参数的含义如下。

(1) nowrap：默认换行方式。弹性容器为单行。该情况下弹性子元素可能会溢出容器。

(2) wrap：弹性容器为多行。该情况下弹性子元素溢出的部分会被放置到新行，子元素内部会发生断行。

(3) wrap-reverse：反转 wrap 排列。

【例 20.10】设置 nowrap 换行方式(案例文件：ch20\20.10.html)

```html
<!DOCTYPE html>
<html>
<head>
<title>nowrap 换行方式</title>
<style>
.flex-container {
    display: -webkit-flex;
    display: flex;
    -webkit-flex-wrap: nowrap;
    flex-wrap: nowrap;
    width: 250px;
    height: 250px;
    background-color: #FFB5B5;
}
.flex-item {
    background-color: cornflowerblue;
    width: 100px;
    height: 100px;
    margin: 10px;
}
</style>
</head>
<body>
<div class="flex-container">
  <div class="flex-item">风萧萧兮易水寒，壮士一去兮不复还。</div>
  <div class="flex-item">探虎穴兮入蛟宫，仰天呼气兮成白虹。</div>
  <div class="flex-item">借问酒家何处有？牧童遥指杏花村。</div>
</div>
</body>
</html>
```

图 20-10　nowrap 换行方式

在 IE 11.0 浏览器中浏览效果如图 20-10 所示。

【例 20.11】设置 wrap 换行方式(案例文件：ch20\20.11.html)

```html
<!DOCTYPE html>
<html>
<head>
<title> wrap 换行方式</title>
<style>
.flex-container {
    display: -webkit-flex;
```

```
    display: flex;
    -webkit-flex-wrap: wrap;
    flex-wrap: wrap;
    width: 250px;
    height: 250px;
    background-color: #FFB5B5;
}
.flex-item {
    background-color: cornflowerblue;
    width: 100px;
    height: 100px;
    margin: 10px;
}
</style>
</head>
<body>
<div class="flex-container">
  <div class="flex-item">风萧萧兮易水寒，壮士一去兮不复还。</div>
  <div class="flex-item">探虎穴兮入蛟宫，仰天呼气兮成白虹。</div>
  <div class="flex-item">借问酒家何处有？牧童遥指杏花村。</div>
</div>
</body>
</html>
```

在 IE 11.0 浏览器中浏览效果如图 20-11 所示。

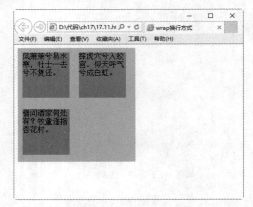

图 20-11   wrap 换行方式

【例 20.12】设置 wrap-reverse 换行方式(案例文件：ch20\20.12.html)

```
<!DOCTYPE html>
<html>
<head>
<title> wrap-reverse 换行方式</title>
<style>
.flex-container {
    display: -webkit-flex;
    display: flex;
    -webkit-flex-wrap: wrap-reverse;
    flex-wrap: wrap-reverse;
    width: 250px;
```

```
    height: 250px;
    background-color: #FFB5B5;
}
.flex-item {
    background-color: cornflowerblue;
    width: 100px;
    height: 100px;
    margin: 10px;
}
</style>
</head>
<body>
<div class="flex-container">
  <div class="flex-item">风萧萧兮易水寒，壮士一去兮不复还。</div>
  <div class="flex-item">探虎穴兮入蛟宫，仰天呼气兮成白虹。</div>
  <div class="flex-item">借问酒家何处有？牧童遥指杏花村。</div>
</div>
</body>
</html>
```

在 IE 11.0 浏览器中浏览效果如图 20-12 所示。

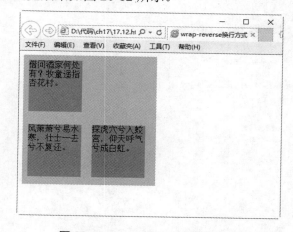

图 20-12 wrap-reverse 换行方式

## 20.7 综合案例——使用弹性盒子创建响应式页面

使用 CSS3 中的弹性盒子可以创建响应式页面。所谓响应式页面，就是能够智能地根据用户行为以及使用的设备环境(系统平台、屏幕尺寸、屏幕定向等)进行相对应的布局的网页。下面通过一个案例来学习如何使用弹性盒子创建响应式页面。

【例 20.13】创建响应式页面(案例文件：ch20\20.13.html)

```
<!DOCTYPE html>
<html>
<head>
<style>
.flex-container {
  display: -webkit-flex;
```

393

```
    display: flex;
    -webkit-flex-flow: row wrap;
    flex-flow: row wrap;
    font-weight: bold;
    text-align: center;
}

.flex-container> * {
    padding: 10px;
    flex: 1 100%;
}

.main {
    text-align: left;
    background: cornflowerblue;
}

.header {background: coral;}
.footer {background: lightgreen;}
.aside1 {background: moccasin;}
.aside2 {background: violet;}

@media all and (min-width: 600px) {
    .aside { flex: 1 auto; }
}

@media all and (min-width: 800px) {
    .main   { flex: 3 0px; }
    .aside1 { order: 1; }
    .main   { order: 2; }
    .aside2 { order: 3; }
    .footer { order: 4; }
}
</style>
</head>
<body>

<div class="flex-container">
  <header class="header">经典古诗词</header>
  <article class="main">
    <p>皑如山上雪，皎若云间月。闻君有两意，故来相决绝。今日斗酒会，明旦沟水头。躞蹀御沟
上，沟水东西流。凄凄复凄凄，嫁娶不须啼。愿得一心人，白头不相离。竹竿何袅袅，鱼尾何簁簁！
男儿重意气，何用钱刀为！</p>
  </article>
  <aside class="aside aside1">唐诗</aside>
  <aside class="aside aside2">宋词</aside>
  <footer class="footer">查看更多</footer>
</div>

</body>
</html>
```

在 IE 11.0 浏览器中浏览效果如图 20-13 所示。拖曳 IE 浏览器的右边框，增加浏览器的宽
度，效果如图 20-14 所示。继续增加浏览器的宽度，效果如图 20-15 所示。可见该网页是响应

式页面。

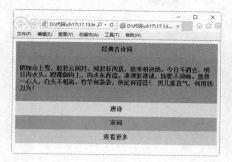

图 20-13　程序运行结果

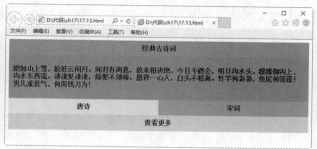

图 20-14　增加浏览器的宽度

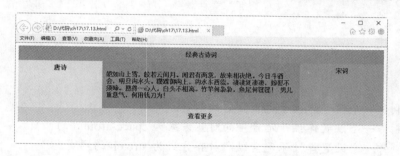

图 20-15　再次增加浏览器的宽度

# 20.8　大　神　解　惑

**小白：** 如何设置弹性盒子中各个行的对齐方式？

**大神：** 使用 align-content 属性可以设置各个行的对齐方式。语法规则如下。

```
align-content: flex-start | flex-end | center | space-between | space-
around | stretch
```

上述各个参数的含义如下。

(1)　stretch：默认值。各行将会伸展以占用剩余的空间。

(2)　flex-start：各行向弹性盒容器的起始位置堆叠。

(3)　flex-end：各行向弹性盒容器的结束位置堆叠。

(4)　center：各行向弹性盒容器的中间位置堆叠。

(5)　space-between：各行在弹性盒容器中平均分布。

(6)　space-around：各行在弹性盒容器中平均分布，两端保留子元素与子元素之间间距大小一半的距离。

**小白：** 如何实现第一个弹性子元素占用 2/4 的空间，其他两个各占 1/4 的空间？

**大神：** flex 属性用于指定弹性子元素分配空间的方法。实现上述要求的代码如下。

```
.flex-item {
    background-color: cornflowerblue;
    margin: 10px;
```

```
}

.item1 {
    -webkit-flex: 2;
    flex: 2;
}

.item2 {
    -webkit-flex: 1;
    flex: 1;
}

.item3 {
    -webkit-flex: 1;
    flex: 1;
}
```

# 20.9　跟我练练手

练习 1：制作一个设置弹性子元素位置的网页。

练习 2：制作一个设置弹性子元素横向对齐方式为 space-around 的网页。

练习 3：制作一个设置弹性子元素纵向对齐方式为 stretch 的网页。

练习 4：制作一个设置弹性子元素换行方式为 wrap-reverse 的网页。

练习 5：使用弹性盒子制作一个响应式的网页。

# 第 V 篇

## 项目案例实战

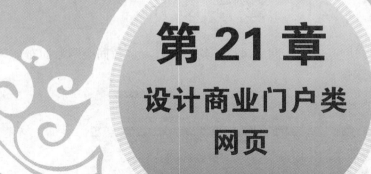

# 第 21 章
## 设计商业门户类网页

　　商业门户类网页类型较多，结合行业不同，所设计的网页风格差异很大。本章将以一个时尚家居企业为例，完成商业门户网站的制作。通过商业门户网站的展示与制作，做到 DIV+CSS 综合运用，掌握整体网站的设计流程与注意事项，为完成其他行业的同类网站打下基础。

**本章要点(已掌握的在方框中打钩)**

☐ 了解商业门户网站的整体设计方法

☐ 掌握商业门户网站主要模块的设计方法

☐ 掌握商业门户网站的调整方法

# 21.1 整 体 设 计

本案例是一个商业门户网站首页，网站风格简约，符合大多数同类网站的布局风格。如图 21-1 所示为本实例的效果图。

图 21-1　网页效果图

## 21.1.1　颜色应用分析

该案例作为商业门户网站，在进行设计时需要考虑其整体风格，注意网站主色调与整体色彩搭配问题。

(1) 网站主色调：企业的形象塑造是非常重要的，所以在设计网页时要使网页的主色调符合企业的行业特征。本实例中企业为时尚家居，所以整体要体现温馨舒适的主色调，再者当前提倡绿色环保，所以网页主色调采用了以绿色为主的色彩风格。

(2) 整体色彩搭配：主色调定好后，整体色彩搭配就要围绕主色调调整。其中以深绿、浅绿渐变的色彩为主。中间主题使用浅绿到米白的渐变，头部和尾部多用深绿，以体现上下层次结构。

## 21.1.2　架构布局分析

网页整体架构采用的是传统的上中下结构，即网页头部、网页主体和网页底部，如图 21-2 所示。网页主体部分又分为纵排的三栏——左侧、中间和右侧，中间为主要内容。

对网页中间主体又做了细致划分，分为左右两栏。在实现整个网页布局结构时，使用了\<div\>标记，具体布局划分代码如下。

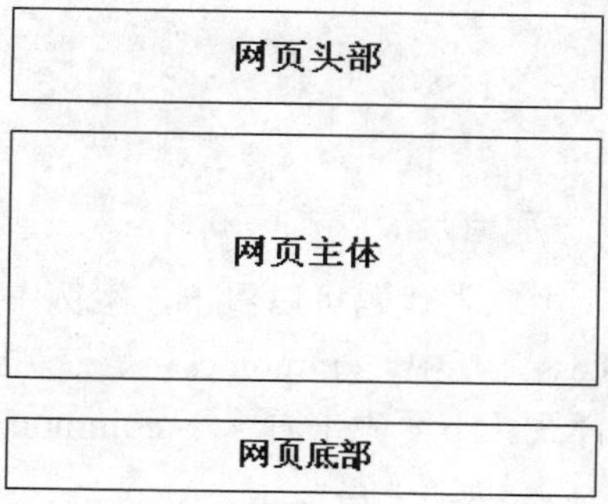

```
/*网页头部*/
<div class="content border_bottom">
</div>
/*网页导航栏*/
<div class="content dgreen-bg">
    <div class="content">
    </div>
</div>
/*网页banner*/
<div class="content" id="top-adv"><img src="img/top-adv.gif" alt="" />
</div>
/*中间主体*/
<div class="content">
    /*主体左侧*/
    <div id="left-nav-bar" class="bg_white">
    </div>
    /*主体右侧*/
     <div id="right-cnt">
     </div>
</div>
/*网页底部*/
<div id="about">
    <div class="content">
    </div>
</div>
```

| 网页头部 |
|---|
| 网页主体 |
| 网页底部 |

图 21-2 网页架构

网页整体结构布局由以上\<div\>标记控制，并对应设置了 CSS 样式。

## 21.2 主要模块设计

整个网页的架构是由一个个模块构成的，在上一节中已经介绍了这些模块，下面就来详细介绍这些模块的实现方法。

### 21.2.1 网页整体样式插入

网页设计中需要使用 CSS 样式表控制整体样式，所以网站可以使用以下代码结构实现页面代码框架和 CSS 样式的插入。

```
<!DOCTYPE html>
<html>
<head>
<meta http-equiv="content-type" content="text/html; charset=gb2312" />
<title>时尚家居网店首页</title>
<link href="css/common.css" rel="stylesheet" type="text/css" />
<link href="css/layout.css" rel="stylesheet" type="text/css" />
<link href="css/red.css" rel="stylesheet" type="text/css" />
```

```
<script language="javascript" type="text/javascript"></script></head>
<body>
...
</body>
</html>
```

由以上代码可以看出，案例中使用了三个 CSS 样式表，分别是 common.css、layout.css 和 red.css。其中 common.css 是控制网页整体效果的通用样式，另外两个用于控制特定模块内容的样式。下面先来看一下 common.css 样式表中的样式内容。

### 1. 网页全局样式

```css
*{
   margin:0;
   padding:0;
}

body{
   text-align:center;
   font:normal 12px "宋体", Verdana, Arial, Helvetica, sans-serif;
}
div,span,p,ul,li,dt,dd,h1,h2,h3,h4,h5,h5,h7{
   text-align:left;
}
img{border:none;}
.clear{
   font-size:1px;
   width:1px;
   height:1px;
   visibility:hidden;
   clear:both;
}
ul,li{
   list-style-type:none;
}
```

### 2. 网页链接样式

```css
a,a:link,a:visited{
   color:#000;
   text-decoration:none;
}
a:hover{
   color:#BC2931;
   text-decoration:underline;
}
.cdred,a.cdred:link,a.cdred:visited{color:#C80000;}
.cwhite,a.cwhite:link,a.cwhite:visited{color:#FFF;background-
color:transparent;}
.cgray,a.cgray:link,a.cgray:visited{color:#6B6B6B;}
.cblue,a.cblue:link,a.cblue:visited{color:#1F3A87;}
.cred,a.cred:link,a.cred:visited{color:#FF0000;}
.margin-r24px{
   margin-right:24px;
}
```

### 3. 网页字体样式

```
/*字体大小*/
.f12px{ font-size:12px;}
.f14px{ font-size:14px;}

/* 字体颜色 */
.fgreen{color:green;}
.fred{color:#FF0000;}
.fdred{color:#bc2931;}
.fdblue{color:#344E71;}
.fdblue-1{color:#1c2f57;}
.fgray{color:#999;}
.fblack{color:#000;}
```

### 4. 其他样式属性

```
.txt-left{text-align:left;}
.txt-center{text-align:center;}
.left{ text-align:center;}
.right{ float:right;}
.hidden {display:none;}
.unline,.unline a{text-decoration:none;}
.noborder{border:none;  }
.nobg{background:none;}
```

## 21.2.2　网页局部样式

　　layout.css 和 red.css 样式表用于控制网页中特定内容的样式，每一个网页元素都可能有独立的样式内容，这些样式内容都需要设定自己独有的名称，在样式表中设置完成后，要在网页代码中使用 class 或者 id 属性调用。

### 1. layout.css 样式表

```
#container {
    MARGIN: 0px auto; WIDTH: 878px;
}
.content {
    MARGIN: 0px  auto; WIDTH: 878px;
}
.border_bottom {
    POSITION: relative;
}
.border_bottom3 {
    MARGIN-BOTTOM: 5px;
}
#logo {
    FLOAT: left; MARGIN: 23px 0px 10px 18px; WIDTH: 200px; HEIGHT: 75px;
}
#adv_txt {
    FLOAT: left; MARGIN: 75px 0px 0px 5px; WIDTH: 639px; HEIGHT: 49px;
```

```
}
#sub_nav {
    RIGHT: 12px; FLOAT: right; WIDTH: 202px; POSITION: absolute; TOP: 0px;
HEIGHT: 26px;
}
#sub_nav LI {
    PADDING-RIGHT: 5px; MARGIN-TOP: 1px; DISPLAY: inline; PADDING-LEFT: 5px;
FLOAT: left; PADDING-BOTTOM: 5px; WIDTH: 57px; PADDING-TOP: 5px; HEIGHT:
12px; TEXT-ALIGN: center;
}
#sub_nav LI.nobg {
    BACKGROUND: none transparent scroll repeat 0% 0%; WIDTH: 58px;
}
#main_nav {
    DISPLAY: inline; FLOAT: left; MARGIN-LEFT: 10px; WIDTH: 878px; HEIGHT: auto;
}
#main_nav LI {
    PADDING-RIGHT: 10px; DISPLAY: block; PADDING-LEFT: 12px; FLOAT: left;
PADDING-BOTTOM: 10px; FONT: bold 14px "",sans-serif; WIDTH: 65px; PADDING-
TOP: 10px; HEIGHT: 14px;
}
#main_nav LI.nobg {
    BACKGROUND: none transparent scroll repeat 0% 0%;
}
#main_nav LI SPAN {
    FONT-SIZE: 11px; FONT-FAMILY: Arial,sans-serif;
}
#topad {
    WIDTH: 876px; HEIGHT: 65px;
    BACKGROUND:#fff;
    TEXT-ALIGN:center;
    PADDING-TOP:3px;
}
#top-adv {
    WIDTH: 876px; HEIGHT: 181px;
}
#top-adv IMG {
    WIDTH: 876px; HEIGHT: 181px;
}
#top-contact-info {
    FONT-SIZE: 12px; MARGIN: 0px auto 1px; WIDTH: 190px; LINE-HEIGHT: 150%;
PADDING-TOP: 55px; HEIGHT: 76px;
}
#left-nav-bar {
    PADDING-RIGHT: 5px; PADDING-LEFT: 5px; FLOAT: left; PADDING-BOTTOM: 5px;
WIDTH: 210px; PADDING-TOP: 5px;
}
#left-nav-bar H2 {
    PADDING-RIGHT: 0px; PADDING-LEFT: 20px; PADDING-BOTTOM: 10px; FONT:
bold 15px "",sans-serif; PADDING-TOP: 10px; LETTER-SPACING: 1px; HEIGHT:
```

```
15px;
}
#left-nav-bar UL {
    MARGIN: 0px; WIDTH: 210px
}
#left-nav-bar UL LI {
    PADDING-RIGHT: 0px; PADDING-LEFT: 10px; PADDING-BOTTOM: 3px; WIDTH:
200px; PADDING-TOP: 5px; HEIGHT: 12px;
}
#left-nav-bar H3 {
    PADDING-RIGHT: 0px; PADDING-LEFT: 0px; PADDING-BOTTOM: 5px; MARGIN:
25px 0px; FONT: 19px "",sans-serif; PADDING-TOP: 5px; LETTER-SPACING: 2px;
HEIGHT: 28px; TEXT-ALIGN: center;
}
#hits {
    PADDING-RIGHT: 0px; DISPLAY: block; PADDING-LEFT: 0px; PADDING-BOTTOM:
10px; MARGIN: 0px auto; FONT: bold 12px "",sans-serif; WIDTH: 100%;
PADDING-TOP: 10px; HEIGHT: 12px; TEXT-ALIGN: center;
}
#right-cnt {
    FLOAT: right; WIDTH: 652px;
}
#right-cnt P {
    FONT-SIZE: 14px; MARGIN: 0px auto 24px; WIDTH: 96%; LINE-HEIGHT: 150%;
}
P#location {
    PADDING-RIGHT: 0px; PADDING-LEFT: 5px; FONT-WEIGHT: bold; PADDING-
BOTTOM: 6px; MARGIN: 0px auto; WIDTH: 647px; TEXT-INDENT: 0px; PADDING-TOP:
6px
}
.pages {
    PADDING-RIGHT: 10px; PADDING-LEFT: 10px; PADDING-BOTTOM: 6px; MARGIN:
0px auto; WIDTH: 632px; PADDING-TOP: 6px; HEIGHT: 14px;
}
.pages H2 {
    PADDING-LEFT: 10px; FLOAT: left; FONT: bold 14px "",sans-serif; WIDTH:
100px; LETTER-SPACING: 1px; HEIGHT: 14px;
}
.pages SPAN {
    FONT-WEIGHT: bold; FLOAT: left; WIDTH: 480px; HEIGHT: 12px; TEXT-ALIGN: left;
}
.pages SPAN#p_nav {
    FLOAT: right; FONT: 12px "",sans-serif; WIDTH: 340px; HEIGHT: 12px;
TEXT-ALIGN: right;
}
.pages DIV#more {
    FONT-WEIGHT: bold; FONT-SIZE: 10px; FLOAT: right; WIDTH: 36px; FONT-
FAMILY: Arial,sans-serif;
}
#tags {
```

```
    PADDING-RIGHT: 0px; DISPLAY: block; PADDING-LEFT: 15px; PADDING-BOTTOM:
5px; MARGIN: 0px auto; WIDTH: 637px; TEXT-INDENT: 0px; PADDING-TOP: 5px;
HEIGHT: 12px;
}
#products-list {
    FLOAT: left; WIDTH: 652px;
}
#products-list LI {
    FLOAT: left; MARGIN: 5px 0px; WIDTH: 326px; HEIGHT: 120px;
}
#products-list LI IMG {
    FLOAT: left; WIDTH: 160px; HEIGHT: 120px;
}
#products-list LI H3 {
    PADDING-RIGHT: 0px; PADDING-LEFT: 6px; FLOAT: right; PADDING-BOTTOM:
5px; FONT: bold 12px "",sans-serif; WIDTH: 150px; PADDING-TOP: 5px; LETTER-
SPACING: 1px;
}
#products-list LI UL {
    FLOAT: right; WIDTH: 161px;
}
#products-list LI UL LI {
    PADDING-RIGHT: 0px; DISPLAY: inline; PADDING-LEFT: 5px; FLOAT: left;
PADDING-BOTTOM: 5px; WIDTH: 151px; MARGIN-RIGHT: 5px; PADDING-TOP: 5px;
HEIGHT: 12px;
}
#products-list LI UL LI SPAN {
    FONT: bold 12px "",sans-serif; MARGIN-LEFT: 20px; COLOR: #c80000;
}
DIV.col_center {
    PADDING-RIGHT: 5px; MARGIN-TOP: 5px; DISPLAY: inline; PADDING-LEFT: 5px;
FLOAT: left; MARGIN-BOTTOM: 10px; PADDING-BOTTOM: 5px; OVERFLOW: hidden;
WIDTH: 310px; PADDING-TOP: 5px; HEIGHT: 183px;
}
DIV.right {
    FLOAT: right;
}
DIV.noborder {
    BORDER-TOP-STYLE: none; BORDER-RIGHT-STYLE: none; BORDER-LEFT-STYLE:
none; BORDER-BOTTOM-STYLE: none;
}
.sub-title {
    PADDING-RIGHT: 0px; PADDING-LEFT: 0px; PADDING-BOTTOM: 6px; MARGIN: 0px
auto; WIDTH: 292px; PADDING-TOP: 6px; HEIGHT: 14px;
}
.sub-title H2 {
    PADDING-LEFT: 15px; FLOAT: left; FONT: bold 14px "",sans-serif; LETTER-
SPACING: 1px;
}
.sub-title SPAN {
```

```
        DISPLAY: inline; FLOAT: right; FONT: bold 12px Arial,sans-serif;
PADDING-TOP: 1px;
}
DIV.col_center P {
        PADDING-RIGHT: 5px; PADDING-LEFT: 5px; PADDING-BOTTOM: 5px; MARGIN: 0px
auto; OVERFLOW: hidden; WIDTH: 272px; TEXT-INDENT: 24px; LINE-HEIGHT: 150%;
PADDING-TOP: 5px; HEIGHT: 128px;
}
DIV.col_center UL {
        FLOAT: left; WIDTH: 302px;
}
DIV.col_center UL LI {
        PADDING-RIGHT: 0px; DISPLAY: inline; PADDING-LEFT: 10px; FLOAT: left;
PADDING-BOTTOM: 4px; MARGIN-LEFT: 5px; OVERFLOW: hidden; WIDTH: 282px;
PADDING-TOP: 5px; HEIGHT: 12px;
}
DIV.col_center UL LI A {
        COLOR: #686868;
}
#m_adv {
        MARGIN: 0px auto 15px; WIDTH: 652px; HEIGHT: 151px; TEXT-ALIGN: center;
}
#m_adv IMG {
        WIDTH: 652px; HEIGHT: 151px;
}
#right-list {
        MIN-HEIGHT: 600px; FLOAT: left; MARGIN-BOTTOM: 5px; WIDTH: 652px;
}
#right-list LI {
        PADDING-RIGHT: 0px; DISPLAY: inline; PADDING-LEFT: 12px; FLOAT: left;
PADDING-BOTTOM: 10px; MARGIN-LEFT: 15px; WIDTH: 610px; PADDING-TOP: 9px;
}
#copyright {
        PADDING-RIGHT: 0px; PADDING-LEFT: 0px; PADDING-BOTTOM: 15px; MARGIN:
0px auto; WIDTH: 878px; LINE-HEIGHT: 150%; PADDING-TOP: 15px; TEXT-ALIGN:
center;
}
```

## 2. red.css 样式表

```
body{
  color:#000;
  background:#FDFDEE url(../img/bg1.gif) 0 0 repeat-x;
}
#container{
  background:transparent url(../img/dot-bg.jpg) 0 0 repeat-x;
  color:#000;
}
.border_bottom3{
  border-bottom:3px solid #CDCDCD;
}
```

```
#sub_nav{
  background-color:#1D4009;
}
#sub_nav li{
  background:transparent url(../img/white-lt.gif) 100% 5px no-repeat;
  color:#FFF;
}
#sub_nav li a:link{
  color:#FFF;
}
#sub_nav li a:visited{
  color:#FFF;
}
#sub_nav li a:hover{
  color:#FFF;
}
.dgreen-bg{
  background-color:#1C3F09;
  width:100%;
  height:34px;
  border-bottom:20px solid #B6B683;
  border-top:3px solid #85B512;
}
#main_nav li{
  color:#FFF;
  background:transparent url(../img/lt2.gif) 0 10px no-repeat;
}
#main_nav li a:link{
  color:#FFF;
}
#main_nav li a:visited{
  color:#FFF;
}
#main_nav li a:hover{
  color:#FFF;
}
#top-adv{
  border:1px solid #B6B683;
  border-bottom:4px solid #B6B683;
}
#top-contact-info{
  color:#565615;
  background:transparent url(../img/contact-bg.gif) 0 2px no-repeat;
}
#left-nav-bar{
  background:#E7E7D6 url(../img/left.gif) 0 0 repeat-x;
}
#left-nav-bar h2{
  color:#3E650C;
  background:transparent url(../img/green-tab.gif) 8px 12px no-repeat;
```

```css
    letter-spacing:1px;
    border-bottom:1px solid #ABABAB;
}
#left-nav-bar ul li{
    background:transparent url(../img/black-dot.jpg) 3px 9px no-repeat;
}
#left-nav-bar h3{
    border-top:1px solid #D8CECD;
    border-bottom:1px solid #D8CECD;
    color:#6E1920;
}
#right-cnt p{
    color:#4D4D4D;
}
.pages{
    background-color:#B6B683;
    border-bottom:3px solid #4D4D37;
}
.pages h2{
    color:#3F4808;
    background:url(../img/coffee-tab.gif) 1px 1px no-repeat;
}
#tags{
    background-color:#F6F6F6;
}
#products-list li ul li{
    border-top:1px dashed #000;
    color:#6F6F6F;
}
#products-list li ul li span{
    color:#C80000;
}
div.col_center{
    border:1px solid #B6B683;
    background:transparent url(../img/c-bg.gif) 100% 100% no-repeat;
}
.sub-title h2{
    background:transparent url(../img/green-tab.gif) 6px 1px no-repeat;
    color:#3E650C;
}
div.col_center p#intro{
    color:#426A0C;
}
div.col_center ul li{
    background:transparent url(../img/black-dot.jpg) 3px 8px no-repeat;
}
div.col_center ul li a:link{
    color:#426A0C;
}
div.col_center ul li a:visited{
```

```
  color:#426A0C;
}
div.col_center ul li a:hover{
  color:#426A0C;
}
#right-list li{
  background:transparent url(../img/black-dot.jpg) 5px 16px no-repeat;
  border-bottom:1px solid #CECECE;
}
#about{
  background-color:#1C3F09;
  width:100%;
  padding:10px 0 10px 0;
  height:14px;
  border-top:3px solid #85B512;
  text-align:left;
  color:#FFF;
}
#about a:link{
  color:#FFF;
}
#about a:visited{
  color:#FFF;
}
#about a:hover{
  color:#FFF;
}
```

## 21.2.3 顶部模块样式代码分析

网页顶部需要有网页 Logo、导航栏和一些快捷链接，如设为首页、加入收藏和联系我们。如图 21-3 所示为网页顶部模块的样式。在制作时为了突出网页特色，可以将 Logo 制作成 gif 动图，使网页更加具有活力。

图 21-3　网页顶部模块

网页顶部模块的实现代码如下。

```
/*网页 Logo 与快捷链接*/
<div class="content border_bottom">
    <ul id="sub_nav">
        <li><a href="#">设为首页</a></li>
        <li><a href="#">加入收藏</a></li>
        <li class="nobg"><a href="#">联系我们</a></li>
    </ul>
```

```
            <img src="img/logo.gif" alt="时尚家居" name="logo" width="200"
height="75" id="logo" />
            <img src="img/adv-txt.gif" alt="" name="adv_txt" width="644"
height="50" id="adv_txt" />
            <br class="clear" />
</div>

/*导航栏*/
<div class="content dgreen-bg">
    <div class="content">
    <ul id="main nav">
        <li class="nobg"><a href="#">网店首页</a></li>
        <li><a href="#">公司介绍</a></li>
        <li><a href="#">资质认证</a></li>
        <li><a href="#">产品展示</a></li>
        <li><a href="#">视频网店</a></li>
        <li><a href="#">招商信息</a></li>
        <li><a href="#">招聘信息</a></li>
        <li><a href="#">促销活动</a></li>
        <li><a href="#">企业资讯</a></li>
        <li><a href="#">联系我们</a></li>
    </ul><br class="clear" />
    </div>
</div>
```

## 21.2.4  中间主体代码分析

中间主体可以分为上下结构的两部分，一部分是主体 banner；另一部分就是主体内容。下面来分别实现。

### 1. 实现主体 banner

主体 banner 只是插入的一张图片，其效果如图 21-4 所示。

图 21-4  网页主体 Banner

banner 模块的实现代码如下。

```
<div class="content" id="top-adv"><img src="img/top-adv.gif" alt="" />
</div>
```

### 2. 主体内容实现

网页主体内容较多，整体可以分为左右两栏，左侧栏目实现较简单，右侧栏目又由多个小模块构成，其展示效果如图 21-5 所示。

图 21-5　网页主体内容

实现中间主体的代码如下。

```
/*左侧栏目内容*/
<div class="content">
    <div id="left-nav-bar" class="bg_white">
        <p id="top-contact-info">
        联系人：张经理<br />
        联系电话：0371-60000000<br />
        手机：16666666666<br />
        E-mail:shishangjiaju@163.com<br>
        地址：黄淮路 120 号经贸大厦
        </p>
        <br>
        <h2>招商信息</h2>
        <ul>
            <li>新款上市，诚邀加盟商家入驻<a href="#"></a></li>
            <li>新款上市，诚邀加盟商家入驻<a href="#"></a></li>
            <li>新款上市，诚邀加盟商家入驻<a href="#"></a></li>
            <li>新款上市，诚邀加盟商家入驻<a href="#"></a></li>
        </ul>
        <h2>企业资讯</h2>
        <ul>
            <li><a href="#">新款上市，诚邀加盟商家入驻</a></li>
            <li><a href="#">新款上市，诚邀加盟商家入驻</a></li>
            <li><a href="#">新款上市，诚邀加盟商家入驻</a></li>
            <li><a href="#">新款上市，诚邀加盟商家入驻</a></li>
        </ul>
        <h3><a href="#"><img src="img/sq-txt.gif" width="143" height="28" />
```

```
</a></h3>
        <h3><a href="#"><img src="img/log-txt.gif" width="120"
height="27" /></a></h3>
        <h3><a href="#"><img src="img/loglt-txt.gif" width="143"
height="27" /></a></h3>
        <span id="hits">现在已经有[35468254]次点击</span>
  </div>
/*右侧栏目内容*/
  <div id="right-cnt">
      <div class="col_center">
        <div class="sub-title"><h2>促销活动</h2><span><a href="#"
class="cblue">more</a> </span><br class="clear" />
        </div>
        <ul>
          <li><a href="#">岁末大放送，新款家居全新推出，欢迎新老客户惠顾</a></li>
          <li><a href="#">岁末大放送，新款家居全新推出，欢迎新老客户惠顾</a></li>
          <li><a href="#">岁末大放送，新款家居全新推出，欢迎新老客户惠顾</a></li>
          <li><a href="#">岁末大放送，新款家居全新推出，欢迎新老客户惠顾</a></li>
          <li><a href="#">岁末大放送，新款家居全新推出，欢迎新老客户惠顾</a></li>
          <li><a href="#">岁末大放送，新款家居全新推出，欢迎新老客户惠顾</a></li>
          <li><a href="#">岁末大放送，新款家居全新推出，欢迎新老客户惠顾</a></li>
        </ul>
      </div>
      <div class="col_center right">
       <div class="sub-title"><h2>公司简介</h2><span><a href="#"
       class="cblue">more</a> </span><br class="clear" /></div>
        <p id="intro">
          时尚家居主要以家居产品为主。从事家具、装潢、装饰等产品。公司以多元化的方式，
          致力提供完美、时尚、自然、绿色的家居生活。以人为本、以品质为先是时尚家居人的
          服务理念原则...[<a href="#" class="cgray">详细</a>]              </p>
      </div><br class="clear" />
      <div id="m_adv"><img src="img/m-adv.gif" width="630" height="146" ></div>

      <div class="pages"><h2>产品展示</h2>
       <span>产品分类: 家具 | 家纺 | 家饰 | 摆件 | 墙体 | 地板 | 门窗 | 桌柜 | 电器</span>
       <div id="more"><a href="#" class="cblue">more</a></div>
       <br class="clear" /></div>
       <ul id="products-list">
         <li>
         <img src="img/product1.jpg" alt=" " width="326" height="119" />
         <h3>产品展示</h3>
         <ul>
            <li>规格: 迷你墙体装饰书架</li>
            <li>产地: 江西南昌</li>
            <li>价格: 200 <span>[<a href="#" class="cdred">详细
            </a>]</span></li>
         </ul>
         </li>
         <li>
         <img src="img/product2.jpg" alt=" " width="326" height="119" />
         <h3>产品展示</h3>
         <ul>
```

```
                    <li>规格：茶艺装饰台</li>
                    <li>产地：江西南昌</li>
                    <li>价格：800 <span>[<a href="#" class="cdred">详细
                    </a>]</span></li>
                </ul>
                </li>
                <li>
                <img src="img/product3.jpg" alt=" " width="326" height="119" />
                <h3>产品展示</h3>
                <ul>
                    <li>规格：壁挂电视装饰墙</li>
                    <li>产地：江西南昌</li>
                    <li>价格：5200 <span>[<a href="#" class="cdred">详细
                    </a>]</span></li>
                </ul>
                </li>
                <li>
                <img src="img/product4.jpg" alt=" " width="326" height="119" />
                <h3>产品展示</h3>
                <ul>
                    <li>规格：时尚家居客厅套装</li>
                    <li>产地：江西南昌</li>
                    <li>价格：100000 <span>[<a href="#" class="cdred">详细
                    </a>]</span></li>
                </ul>
                </li>
            </ul><br class="clear" />
    </div>
    <br class="clear" />
</div>
```

## 21.2.5　底部模块分析

网站底部设计较简单，包括一些快捷链接和版权声明信息，具体效果如图 21-6 所示。

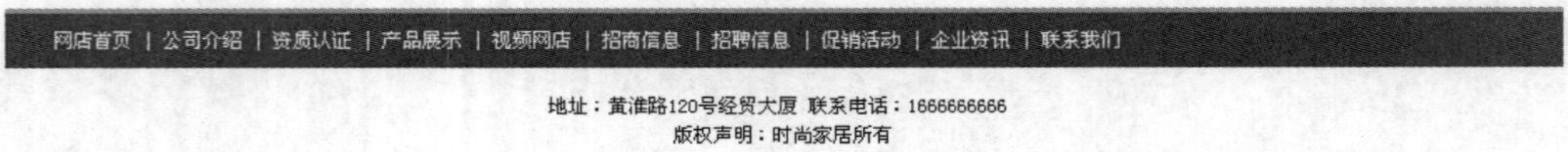

网店首页 ｜ 公司介绍 ｜ 资质认证 ｜ 产品展示 ｜ 视频网店 ｜ 招商信息 ｜ 招聘信息 ｜ 促销活动 ｜ 企业资讯 ｜ 联系我们

地址：黄淮路120号经贸大厦 联系电话：1666666666
版权声明：时尚家居所有

**图 21-6　网页底部内容**

网站底部的实现代码如下。

```
/*快捷链接*/
<div id="about">
    <div class="content">
        <a href="#">网店首页</a> | <a href="#">公司介绍</a> | <a href="#">资
质认证</a> | <a href="#">产品展示</a> | <a href="#">视频网店</a> | <a
href="#">招商信息</a> | <a href="#">招聘信息</a> | <a href="#">促销活动</a> |
<a href="#">企业资讯</a> | <a href="#">联系我们</a>
    </div>
</div>
```

```
/*版权声明*/
<p id="copyright">地址：黄淮路120号经贸大厦    联系电话：1666666666 <br>版权声
明：时尚家居所有</p>
```

# 21.3 网站调整

网站设计完成后，如果需要完善或者修改，可以对其中的框架代码以及样式代码进行调整。下面简单介绍几项内容的调整方法。

## 21.3.1 部分内容调整

下面以修改网页背景为例介绍网页调整方法。在 red.css 文件中修改 body 标记样式。

```
body{
  color:#000;
  background:#FDFDEE url(../img/bg1.gif) 0 0 repeat-x;
}
```

将其中的 background 属性删除，网页的背景就会变成 color:#000，即为白色。

网页中的内容修改比较简单，只要换上对应的图片和文字即可。比较麻烦的是对象样式的更换，需要先找到要调整的对象，然后再找到控制该对象的样式，找到对应的样式表进行修改即可。有的时候修改完样式表，可能使部分网页布局错乱，这时需要单独对特定区域做代码调整。

## 21.3.2 模块调整

可以根据需求对网页中的模块进行调整，在调整时需要注意，如果需要调整的模块尺寸发生了变化，要先设计好调整后的确切尺寸，尺寸修改正确后才能够确保调整后的模块是可以正常显示的，否则很容易发生错乱。另外，调整时需要注意模块的内边距、外边距和 float 属性值，否则框架模块很容易出现错乱。

下面尝试互换以下两个模块的位置。即将如图 21-7 所示的模块调整到如图 21-8 所示模块的下方。

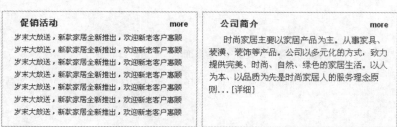

图 21-7　促销活动与公司简介模块

**图 21-8　产品展示模块**

以上两个模块只是上下位置发生了变化，其尺寸宽度相当，所以只需要互换其对应代码位置即可。修改后网页主体右侧代码如下。

```html
<div id="right-cnt">
    <div class="pages"><h2>产品展示</h2>
        <span>产品分类: 家具 | 家纺 | 家饰 | 摆件 | 墙体 | 地板 | 门窗 | 桌柜 | 电器</span>
        <div id="more"><a href="#" class="cblue">more</a></div>
        <br class="clear" /></div>
     <ul id="products-list">
        <li>
        <img src="img/product1.jpg" alt=" " width="326" height="119" />
        <h3>产品展示</h3>
        <ul>
            <li>规格: 迷你墙体装饰书架</li>
            <li>产地: 江西南昌</li>
            <li>价格: 200 <span>[<a href="#" class="cdred">详细
            </a>]</span></li>
        </ul>
        </li>
        <li>
        <img src="img/product2.jpg" alt=" " width="326" height="119" />
        <h3>产品展示</h3>
        <ul>
            <li>规格: 茶艺装饰台</li>
            <li>产地: 江西南昌</li>
            <li>价格: 800 <span>[<a href="#" class="cdred">详细
            </a>]</span></li>
        </ul>
        </li>
        <li>
        <img src="img/product3.jpg" alt=" " width="326" height="119" />
        <h3>产品展示</h3>
        <ul>
            <li>规格: 壁挂电视装饰墙</li>
            <li>产地: 江西南昌</li>
            <li>价格: 5200 <span>[<a href="#" class="cdred">详细
            </a>]</span></li>
        </ul>
        </li>
        <li>
        <img src="img/product4.jpg" alt=" " width="326" height="119" />
        <h3>产品展示</h3>
        <ul>
            <li>规格: 时尚家居客厅套装</li>
            <li>产地: 江西南昌</li>
```

```
                <li>价格: 100000 <span>[<a href="#" class="cdred">详细
                </a>]</span></li>
            </ul>
            </li>
        </ul><br class="clear" />
        <div id="m adv"><img src="img/m-adv.gif" width="630" height="146" ></div>
        <div class="col center">
            <div class="sub-title"><h2>促销活动</h2><span><a href="#" class=
            "cblue">more</a></span><br class="clear" />
            </div>
            <ul>
                <li><a href="#">岁末大放送，新款家居全新推出，欢迎新老客户惠顾</a></li>
                <li><a href="#">岁末大放送，新款家居全新推出，欢迎新老客户惠顾</a></li>
                <li><a href="#">岁末大放送，新款家居全新推出，欢迎新老客户惠顾</a></li>
                <li><a href="#">岁末大放送，新款家居全新推出，欢迎新老客户惠顾</a></li>
                <li><a href="#">岁末大放送，新款家居全新推出，欢迎新老客户惠顾</a></li>
                <li><a href="#">岁末大放送，新款家居全新推出，欢迎新老客户惠顾</a></li>
                <li><a href="#">岁末大放送，新款家居全新推出，欢迎新老客户惠顾</a></li>
            </ul>
        </div>
        <div class="col center right">
            <div class="sub-title"><h2>公司简介</h2><span><a href="#"
            class="cblue">more</a> </span><br class="clear" /></div>
                <p id="intro">
                时尚家居主要以家居产品为主。从事家具、装潢、装饰等产品。公司以多元化的方式，
                致力提供完美、时尚、自然、绿色的家居生活。以人为本、以品质为先是时尚家居人的
                服务理念原则...[<a href="#" class="cgray">详细</a>]                </p>
        </div><br class="clear" />
    </div>
    <br class="clear" />
</div>
```

## 21.3.3 调整后预览测试

通过以上调整，网页最终效果如图 21-9 所示。

图 21-9 网页最终效果

# 第 22 章
## 设计图像影音类
## 网页

　　图像影音类网页类型较多，结合内容不同，所设计的网页风格差异很大。通过本章的学习，读者能够掌握图像影音类网页的制作技巧与方法。

**本章要点(已掌握的在方框中打钩)**

☐ 了解图像影音类网页的整体设计方法

☐ 掌握图像影音类网页主要模块的设计方法

☐ 掌握图像影音类网页的调整方法

# 22.1 整 体 设 计

现在人们的生活节奏加快，上网不仅仅是为了学习、查找资料，而且需要看图像影音等。设计图像影音类网站需要注意不仅仅要有提供的信息内容，而且要有丰富的色调，吸引眼球的标题。

本实例演示的是电影网的制作，完成后的效果如图 22-1 所示。

图 22-1 网页预览效果

## 22.1.1 颜色应用分析

在本例网页中背景设定为"color:#4b4b4b;"，这个浅灰色的色调，不会与内容冲突，使内容不那么刺眼。

设计图像影音类网站要注重图文混排的效果，实践证明，对于只有文字的页面用户停留的时间相对较短，如果完全是图片，又不能概括信息的内容，用户看着不明白，所以使用图文混排的方式是比较恰当的。另外，图像影音类网站要注意使用会员注册功能，这样可以积累一些忠实的用户群体，有利于网站的可持续发展。

## 22.1.2 架构布局分析

本实例采用了"1-(1+3)-1"布局结构，具体排版架构如图 22-2 所示。

在实现整个网页布局结构时，使用了<div>标记，具体布局划分代码如下。

### 1. 网站顶部模块框架代码

```
<div class="header">
<div class="loginbar">
</div>
<div class="clear"></div>
<div class="blank20"></div>
<div class="logo_search">
</div>
<div class="clear"></div>
<div class="blank15"></div>
<div class="main_nav">
</div>
<div class="sub_nav"></div>
</div>
<div class="blank10"></div>
```

### 2. 网站 banner 框架代码

```
<div class="AD2">
</div>
<div class="blank10"></div>
<div class="clear"></div>
```

### 3. 网站主体内容框架代码

```
<div class="content3">
<div class="con3_left">
</div>
<div class="con3_center">
</div>
<div class="con3_right"></div>
…
</div>
<div class="clear"></div>
<div class="blank10"></div>
```

### 4. 网站底部框架代码

```
<div class="copyright">
</div>
```

需要注意的是，本实例框架代码中多次出现<div class="clear"></div>和<div class="blank15"></div>，其意义是分隔上下层内容，使页面布局有层次感，不至于拥挤。

图 22-2　网页架构

## 22.2 主要模块设计

整个网页的实现是由一个个模块构成的，在上一节中已经介绍了这些模块，下面就来详细介绍这些模块的实现方法。

### 22.2.1 样式代码分析

为了使整个页面的样式统一且好控制，需要制作样式表。样式表可以直接插入网页代码中，本实例的样式表内容如下。

#### 1. 通用样式

网页主体和常用标记样式如下所示。

```css
/*重置样式*/
body{font: 12px/1 "宋体",Tahoma, Helvetica, Arial, sans-serif;
color:#4b4b4b;margin:0 auto;}
body,h1,h2,h3,h4,h5,h6,hr,p,blockquote,dl,dt,dd,ul,ol,li,pre,fieldset,
lengend,select,button,form,input,label,textarea,th,td{margin:0;padding:0;
border:0;}
img{ vertical-align:bottom;display:block;}
.left{float:left;}
.right{float:right;}
.clear{clear:both;}
```

#### 2. 超链接样式

为了体现超链接内容，可以为其指定选择前后的链接样式，代码如下所示。

```css
a{color:#4b4b4b;text-decoration:none;}
a:hover{color:#C20200;text-decoration: underline;}
```

#### 3. 普通标记样式

除了常用的标记之外，还有一些普通的标记，其样式如下所示。

```css
ul,ol {list-style:none;}
button,input,select,textarea{font:12px/1 "宋体",
Tahoma,Helvetica,Arial,sans-serif;color:#4b4b4b;}
h1,h2,h3,h4,h5,h6 {font-size:12px;}
address,cite,dfn,em,var {font-style:normal;}
code,kbd,pre,samp,tt {font-family:"Courier New",Courier,monospace;}
small {font-size:12px;}
abbr[title],acronym[title]{border-bottom:1px dotted; cursor:help;}
legend {color:#000;}
fieldset,input {border:none; vertical-align:middle}
button,input,select,textarea {font-size:100%;}
hr{border:none;height:1px;}

.lan{color:#274990}
.red{color:#FF0000}
```

```
.blank6 {clear:both;height:6px;overflow:hidden;display:block; margin:0 auto;}
.blank10{clear:both;height:10px;overflow:hidden;display:block;margin:0 auto;}
.blank15{clear:both;height:15px;overflow:hidden;display:block;margin:0 auto;}
.blank20{clear:both;height:20px;overflow:hidden;display:block;margin:0 auto;}
```

### 4. 网页头部组件样式

```
/* header */
.header{width:960px;margin:0 auto;}
/* login */
.loginbar{width:960px; height:32px; background-color:#f2f2f2;border-
bottom:1px solid #DDD; }
.header_form{width:500px;line-height:22px;float:left;}
.login_input{width:110px;border:1px solid #DDD; height:18px;line-
height:18px; padding-left:3px;padding-top:3px;}
.login_right{width:180px; height:22px;}
.loginbar ul{float:right;width:180px;height:20px;}
.loginbar li{width:75px; float:right;text-align:right;line-height:20px;}
.icon1{background:url(images/sprite.gif) no-repeat 0 -20px; display:block;
padding-right:10px;}
.icon2{background:url(images/sprite.gif) no-repeat 0px 0px; display:block;
padding-right:10px;}
```

### 5. 网页 Logo、搜索组件样式

```
/* logo_search */
.header_top{width:960px; height:32px; background-color:#F2F2F2;border-
bottom:1px solid #D9D9D9;}
.logo_search{width:960px; height:51px;}
.logo{width:131px; height:51px;}

.search{width:700px;height:51px;
background:url(images/home.search.bj_03.png) no-repeat;}
.search_left{width:700px;}
.search_form{width:700px; height:26px; margin-top:14px;}
.select_box{ width:74px; height:24px; line-height:24px;
background:url(images/home_search_ss_03.gif) no-repeat; position:relative;
cursor:pointer;}
.searchSelect{ margin-left:15px; display:inline;width:72px;
position:relative;}
.select_box span.search_site {width:72px; height:24px;padding-
left:10px;display:inline;line-height:22px;*line-height:20px;
overflow:hidden;}
.select_box .select_list { width:72px; background:#fff; border:1px solid
#B4B4B4; position:absolute; top:24px; left:0px; display:none;}
.select_box .select_list a{ display:block; height:24px; text-indent:5px;
width:72px;}
.select_box .select_list a.active{ background:#666; width:72px; color:#fff;
text-decoration:none;}

.search_btn{ width:59px; height:26px; margin-left:20px; font-size:14px;
color:#fff;background:url(images/sprite.gif) no-repeat 0px -50px;
cursor:pointer;}
.search_span{line-height:26px; margin-left:20px;}
.search select{ margin-left:15px;}
```

```
.search_input{ width:238px; height:20px; border:1px solid #ADADAD; margin-
left:15px; line-height:20px; padding-left:5px;}
```

### 6. 网页导航组件样式

```
/* main_nav */
.main_nav{width:960px; height:40px; line-height:40px;
background:url(images/sprite.gif) repeat-x 0 -160px;color:#fff; text-
align:center;}
.main_nav ul{ width:830px; height:20px; margin:0 auto}
.main_nav ul li{ width:90px; height:40px;float:left;display:block;font-
weight:bold; font-size:14px;line-height:40px;}
.main_nav ul li.line{ width:2px; height:40px;
background:url(images/sprite.gif) no-repeat -96px 10px;}
.main_nav a{ color:#FFF;text-decoration:none;}
.main_nav a:hover{ color:#00fcff; text-decoration:none;
background:url(images/nav_ahover.png) no-repeat 0
7px;_background:url(images/nav_ahover.png) no-repeat 0 8px;display:block;}
.sub_nav{width:960px; height:43px;background:url(images/sprite.gif)
repeat-x 0 -210px; color:#FFFFFF;}
.sub_nav span{width:960px; height:26px; line-height:26px;margin:0 0 0 10px;}
.sub_nav span a{ color:#FFFFFF; text-decoration:none;}
.sub_nav span a:hover{color:#FF3; text-decoration:none; }
```

### 7. 其他模块样式

```
/*content3*/
.content3{width:960px;height:422px;margin:0 auto;}
.con3_left{width:241px;float:left;}
.con3_left_bg{height:34px;width:241px;background:url(images/sprite.gif)
repeat-x 0 -300px;}
.con3_left_tl{ margin-bottom:10px; width:241px;height:30px;color:#FFF;font-
size:14px;font-weight:bold; line-height:30px; display:block;
background:url(images/sprite.gif) no-repeat 0 -80px;}
.con3_left_more{ width:30px;font-size:12px;color:#4b4b4b;line-height:32px;
font-weight:normal;}
.con3_left{width:241px;height:422px;float:left;}
.con3_left_pic{width:221px; height:187px; background:#f4f4f4; padding:10px
10px 0px 10px;}
.con3_left_pic ul{}
.con3_left_pic ul li{ width:94px; height:134px;}
.con3_left_pic ul li span{ float:left; display:block; text-align:center;
height:30px;line-height:16px; margin-top:5px;}
.con3_left_lt{ width:240px; height:150px;}
.con3_left_lt ul{}
.con3_left_lt ul li{ text-indent:25px;height:26px; line-height:26px;
display:block; background:url(images/sprite.gif) no-repeat -76px -45px;}
.con3_center{width:498px;height:422px;float:left; margin-left:10px;}
.con3_center_top{width:498px; height:34px; background:url(images/sprite.gif)
repeat-x 0 -300px; margin-bottom:15px;}
.con3_center_title{ width:98px; height:30px;color:#FFF;font-size:14px;
text-align:center; font-weight:bold; line-height:30px;
display:block;background:url(images/sprite.gif) no-repeat 0 -120px; }
.con3_center_more{ line-height:32px; width:50px; text-align:center;
```

```
display:block;}
.con3_center_sp_top{width:498px;}
.con3_center_sp_pic{width:498px;}
.con3_center_sp_pic ul{width:498px;float:left;display:block;}
.con3_center_sp_pic ul li{width:92px; float:left;background:#ccc;margin-
right:30px;display:block;padding:5px 5px 0 5px;}
.con3_center_sp_pic ul li span{line-height:14px; margin-top:3px;
display:block; text-align:center;}
.con3_center_sp_pic ul li.no{ margin-right:0px;}
.con3_right{width:201px;float:left;margin-left:10px;}
.con3_right dl{}
.con3_right dt{width:83px;height:62px; display:block; float:right;}
.con3_right dd{ width:110px; height:72px; display:block; line-height:22px;}
.con3_right dd span{ font-weight:bold; color:#002DA3}
.con3_right dl dt a img{ padding:2px; border:1px solid #ccc}
.con3_right dl dt a:hover img{ padding:2px;border:1px solid #002DA3;}
.con3_center_sp_lt{ width:498px;}
.con3_center_sp_lt ul{ margin-right:32px; float:left}
.con3_center_sp_lt ul li{ width:100px; display:block;line-height:22px;
background:url(images/sprite.gif) no-repeat -76px -47px; text-align:center}
.con3_center_sp_lt ul.no{ margin-right:0px;}
/*AD2*/

.AD2{width:960px;height:90px; margin: 0 auto;}


/*copyright*/
.copyright{width:960px; height:128px; margin:0 auto;}
.copyright_tl{ background:url(images/surpis.gif) repeat-x 0 -370px;
height:30px; line-height:30px; text-indent:10px;font-size:14px; font-
weight:bold; color:#FFF;}
.copyright_ct{ width:960px; padding-top:10px; background:#f4f4f4;}
.copyright_ct ul{ margin-left:8px;}
.copyright_ct ul li{ float:left; margin-right:5px; display:block;}
.copyright_ct ul li.no_right{ margin-right:0px;}
.copyright_ct span{ text-align:center; line-height:30px; display:block;
width:960px;}
.copyright_ct p{ text-align:center; display:block; line-height:24px;}
.copyright_ct ul li a img{border:1px;solid #a5a5a5; }
.copyright_ct ul li a:hover img{border:1px;solid #03C;}
```

## 22.2.2 顶部模块样式代码分析

网页顶部需要有网页 Logo、导航栏和一些快捷链接。如图 22-3 所示为网页顶部模块的样式。

**图 22-3 网页顶部模块样式**

网页顶部模块的实现代码如下。

```html
<div class="header">
  <div class="loginbar">
    <div class="blank6"></div>
    <form class="header form" action="" method="get">
        用户名：
      <input name="text" type="text" class="login input"
onfocus="if(value=='会员') {value=''}" onblur="if
(value=='') {value='会员'}" value="会员"  />
        
      密码：
      <input name="text2" type="password" class="login input"
        onfocus="if(value=='密码') {value=''}" onblur="if
        (value=='') {value='密码'}" value="密码" maxlength="6" />
      <a href="#">用户注册</a>  <a href="#">忘记密码？</a>
    </form>
    <ul class="right">
      <li class="icon2"><a id="site addFav" href="#" onclick=
      "addFav('http://http://www.shanzhsusjcom/')">收藏本站</a></li>
      <li class="icon1"><a id="site setHome" href="#" onclick=
      "setHome(this,'http://www.shanzhsusjcom/')">设为首页</a></li>
    </ul>
  </div>
  <div class="clear"></div>
  <div class="blank20"></div>
  <div class="logo search">
    <div class="logo left"><a href="index.html"><img src=
    "images/home.logo 03.png" width="131" height="50" border="0" alt="图片
    说明"/></a></div>
    <div class="search right">
      <form class="search form" action="" method="post">
        <div class="searchSelect left">
          <div id="select area" class="select box"> <span id="selected"
          class="search site">电影</span>
          <div id="select main" class="select list"> <a title="专辑">专辑
          </a><a title="博客">博客</a><a title="视频">视频</a> </div>
          </div>
        </div>
        <input name="Input" type="text"  class="search input left"
          onfocus="if(value=='输入关键字') {value=''}" onblur="if
          (value=='') {value='输入关键字'}" value="输入关键字"/>
        <input name="搜索" type="button" class="search btn left" value=""/>
        <span class="search span">热点搜索：<a href="#">排行榜</a> | <a href=
          "#">最新视频</a> | <a href="#">最热视频</a></span>
      </form>
      <!--自定义样式下拉框js begin-->

      <!--自定义样式下拉框js end-->
    </div>
  </div>
  <div class="clear"></div>
  <div class="blank15"> </div>
  <div class="main nav">
    <ul>
      <li><a href="list.html">点播影院</a></li>
      <li class="line"></li>
```

```
    <li><a href="list.html">电影资讯</a></li>
    <li class="line"></li>
    <li><a href="list.html">排行榜</a></li>
    <li class="line"></li>
    <li><a href="list.html">图库</a></li>
    <li class="line"></li>
    <li><a href="list.html">视频</a></li>
    <li class="line"></li>
    <li><a href="list.html">专题</a></li>

  </ul>
 </div>
 <div class="sub nav">
  <div class="blank10"></div>
  <span><a href="#">品牌栏目</a> | <a href="#">流金岁月</a> | <a href="#">中
国电影报道</a> | <a href="#">佳片有约</a> | <a href="#">爱电影</a> | <a href=
"#">光影星播客</a> | <a href="#">资讯快车</a> | <a href="#">世界电影之旅</a>
 | <a href="#">首映</a> | <a href="#">爱上电影网</a> | <a href="#">音乐之声
</a> | <a href="#">光影周刊</a> | <a href="#">梦工场</a></span>
 </div>
 <div class="clear"></div>
</div>
```

## 22.2.3　网站主体模块代码分析

中间主体可以分为上下结构的两部分，一部分是主体 banner；另一部分就是主体内容。
主体内容又可分为左、中、右三个模块，效果如图 22-4 所示。

图 22-4　网页主体模块

实现中间主体的代码如下。

```
<div class="AD2"><img src="images/AD_03_03.gif" alt="ad" width="960"
height="90"/></div>
<div class="blank10"></div>
<div class="clear"></div>
<div class="content3">
 <div class="con3_left">
  <div class="con3_left_bg">
```

```html
    <div class="con3_left_tl"> <span class="title left">预告片</span>
      <div class="con3_left_more right"><a href="#">更多</a></div>
    </div>
  </div>
  <div class="con3_left_pic">
    <ul class="left">
      <li><a href="#"><img src="images/yugao_pic_01.gif" width="94" height=
        "134" border="0" alt="图片说明"/></a><span><a href="#">《 特工绍特 》
        预告片</a></span></li>
    </ul>
    <ul>
      <li class="right"><a href="#"><img src="images/yugao_pic_03.gif"
        width="94" height="134" border="0" alt="图片说明"/></a><span><a
        href="#">《暮色2：新月》首曝MV</a></span></li>
    </ul>
  </div>
  <div class="clear"></div>
  <div class="blank10"></div>
  <div class="con3_left_lt">
    <ul>
      <li><span class="right">先行版预</span>《爱丽丝梦游奇境》</li>
      <li><span class="right">先行版预</span>《爱丽丝梦游奇境》</li>
      <li><span class="right">先行版预</span>《爱丽丝梦游奇境》</li>
      <li><span class="right">先行版预</span>《爱丽丝梦游奇境》</li>
      <li><span class="right">先行版预</span>《爱丽丝梦游奇境》</li>
      <li><span class="right">先行版预</span>《爱丽丝梦游奇境》</li>
      <li><span class="right">先行版预</span>《爱丽丝梦游奇境》</li>
    </ul>
  </div>
</div>
<div class="con3_center">
  <div class="con3_center_top left"> <span class="con3_center_title
    left">点播影院</span> <span class="con3_center_more right"><a href="#">
    更多</a></span></div>
  <div class="con3_center_sp_top left">
    <div class="con3_center_sp_pic left">
      <ul>
        <li><img src="images/dianbo_pic_06.gif" width="92" height="134"
          alt="图片说明"/><span><a href="#">《巫山云雨》</a></span></li>
        <li><img src="images/dianbo_pic_08.gif" width="92" height="134"
          alt="图片说明" /><span><a href="#">《巫山云雨》</a></span></li>
        <li><img src="images/dianbo_pic_14.gif" width="92" height="134"
          alt="图片说明" /><span><a href="#">《巫山云雨》</a></span></li>
        <li class="no"><img src="images/dianbo_pic_15.gif" width="92" height=
          "134" alt="图片说明"/><span><a href="#">《巫山云雨》</a></span></li>
      </ul>
      <div class="clear"></div>
      <div class="blank15"></div>
    </div>
    <div class="con3_center_sp_pic">
      <ul class="con3_center_sp_pic_br">
        <li><img src="images/dianbo_pic_02.gif" width="92" height="134" alt=
```

```
        "图片说明"/><span><a href="#">《巫山云雨》</a></span></li>
        <li><img src="images/dianbo_pic_04.gif" width="92" height="134"
        alt="图片说明" /><span><a href="#">《巫山云雨》</a></span></li>
        <li><img src="images/dianbo_pic_16.gif" width="92" height="134"
        alt="图片说明"/><span><a href="#">《巫山云雨》</a></span></li>
        <li class="no"><img src="images/dianbo_pic_17.gif" width="92"
        height="134" alt="图片说明" /><span><a href="#">《巫山云雨》</a></span></li>
      </ul>
      <div class="clear"></div>
      <div class="blank6"></div>
    </div>
  </div>
  <div class="con3_center_sp_lt left">
    <ul>
      <li>  <a href="#">《非常完美》</a></li>
      <li> <a href="#">PK.COM.CN</a></li>
    </ul>
    <ul>
      <li>  <a href="#">《非常完美》</a></li>
      <li> <a href="#">PK.COM.CN</a></li>
    </ul>
    <ul>
      <li>  <a href="#">《非常完美》</a></li>
      <li> <a href="#">PK.COM.CN</a></li>
    </ul>
    <ul class="no">
      <li>  <a href="#">《非常完美》</a></li>
      <li> <a href="#">PK.COM.CN</a></li>
    </ul>
  </div>
</div>
<div class="con3_right">
  <dl>
    <dt><a href="#"><img src="images/sider_pic_02.gif" alt="sider_pic"
    width="83" height="62" border="0" /></a></dt>
    <dd class="left"><span>[自拍]</span><a href="#">《鲜花》展现唯美中的温馨乞
    讨女孩自尊心受伤害</a></dd>
  </dl>
  <div class="blank10"></div>
</div>
<div class="con3_right">
  <dl>
    <dt><a href="#"><img src="images/sider_pic_04.gif" alt="sider_pic"
    width="83" height="62" border="0" /></a></dt>
    <dd class="left"><span>[自拍]</span><a href="#">《鲜花》展现唯美中的温馨乞
    讨女孩自尊心受伤害</a></dd>
  </dl>
  <div class="clear"></div>
  <div class="blank10"></div>
</div>
<div class="con3_right">
  <dl>
```

```
    <dt><a href="#"><img src="images/sider_pic_06.gif" alt="sider_pic"
    width="83" height="62" border="0" /></a></dt>
    <dd class="left"><span>[自拍]</span><a href="#">《鲜花》展现唯美中的温馨乞
    讨女孩自尊心受伤害</a></dd>
  </dl>
  <div class="clear"></div>
  <div class="blank10"></div>
</div>
<div class="con3_right">
  <dl>
    <dt><a href="#"><img src="images/sider_pic_08.gif" alt="sider_pic"
    width="83" height="62" border="0" /></a></dt>
    <dd class="left"><span>[自拍]</span><a href="#">《鲜花》展现唯美中的温馨乞
    讨女孩自尊心受伤害</a></dd>
  </dl>
  <div class="clear"></div>
  <div class="blank10"></div>
</div>
<div class="con3_right">
  <dl>
    <dt><a href="#"><img src="images/sider_pic_10.gif" alt="图片说明"
    width="83" height="62" border="0" /></a></dt>
    <dd class="left"><span>[自拍]</span><a href="#">《鲜花》展现唯美中的温馨乞
    讨女孩自尊心受伤害</a></dd>
  </dl>
  <div class="clear"></div>
  <div class="blank10"></div>
</div>
</div>
<div class="clear"></div>
<div class="blank10"></div>
```

## 22.2.4　底部模块分析

网站底部设计较简单，包括一些快捷链接和版权声明信息，具体效果如图 22-5 所示。

图 22-5　网页底部模块

网站底部的实现代码如下。

```
<div class="copyright">
  <div class="copyright_tl">合作媒体(排名不分先后)</div>
  <div class="copyright_ct">
    <ul>
      <li><a href="#"><img src="images/home_copy_03.gif" width="88"
      height="31" border="0" alt="图片说明" /></a></li>
      <li><a href="#"><img src="images/home_copy_05.gif" width="88"
```

```
height="31" border="0" alt="图片说明"/></a></li>
<li><a href="#"><img src="images/home_copy_07.gif" width="88"
height="31" border="0" alt="图片说明"/></a></li>
<li><a href="#"><img src="images/home_copy_09.gif" width="88"
height="31" border="0" alt="图片说明"/></a></li>
<li><a href="#"><img src="images/home_copy_11.gif" width="88"
height="31" border="0" alt="图片说明"/></a></li>
<li><a href="#"><img src="images/home_copy_13.gif" width="88"
height="31" border="0" alt="图片说明"/></a></li>
<li><a href="#"><img src="images/home_copy_15.gif" width="88"
height="31" border="0" alt="图片说明" /></a></li>
<li><a href="#"><img src="images/home_copy_03.gif" width="88"
height="31" border="0" alt="图片说明"/></a></li>
<li><a href="#"><img src="images/home_copy_17.gif" width="88"
height="31" border="0" alt="图片说明"/></a></li>
<li class="no_right"><a href="#"><img src="images/home_copy_19.gif"
width="88" height="31" border="0" alt="图片说明" /></a></li>
</ul>
<span><a href="#">关于我们</a> | <a href="#">网站地图</a> | <a href="#">诚
聘英才</a> | <a href="#">站长信箱</a> | <a href="#">版权声明</a> | <a
href="#">联系我们</a> |节目制作中心 版权所有 </span>

</div>
</div>
```

# 22.3　网　站　调　整

网站设计完成后，如果需要完善或者修改，可以对其中的框架代码以及样式代码进行调整。下面简单介绍几项内容的调整方法。

## 22.3.1　部分内容调整

网页中的内容修改比较简单，只要换上对应的图片和文字即可。比较麻烦的是对象样式的更换，需要先找到要调整的对象，然后再找到控制该对象的样式，找到对应的样式表进行修改即可。有的时候修改完样式表，可能使部分网页布局错乱，这时需要单独对特定区域做代码调整。

本实例中可以调整网页中元素的样式，使整个网站风格发生变化。使用 Photoshop 设计图片 sprite2.gif 和 surpis2.gif，将以下代码中 background 属性的值分别指向这两个图片文件。

```
.con3_center_sp_lt_ul_li{ width:100px; display:block;line-height:22px;
background:url(images/sprite2.gif) no-repeat -76px -47px; text-align:center}

.main_nav_ul_li.line{ width:2px; height:40px;
background:url(images/sprite2.gif) no-repeat -96px 10px;}

.con3_left_tl{ margin-bottom:10px; width:241px;height:30px;color:#000;font-size:14px;
font-weight:bold; line-height:30px; display:block;
```

```
background:url(images/sprite2.gif) no-repeat 0 -80px;}

.con3_left_lt ul li{ text-indent:25px;height:26px; line-height:26px;
display:block; background:url(images/sprite2.gif) no-repeat -76px -45px;}

.con4_left_tl{width:217px;height:30px;color:#000;font-size:14px;font-weight:bold;
line-height:30px; display:block;
background:url(images/sprite2.gif) no-repeat 0 -80px;}

.copyright_tl{ background:url(images/surpis2.gif) repeat-x 0 -370px; height:30px;
 line-height:30px; text-indent:10px;font-size:14px; font-weight:bold; color:#FFF;}
```

## 22.3.2　模块调整

本实例为影视网，可以继续增加、完善模块内容，下面为网页增加如下模块内容。

```
<div class="content4">
  <div class="con4_left">
    <div class="con4_left_bg">
      <div class="con4_left_tl"> <span class="title left">观影指南 </span>
        <div class="con4_left_more right"><a href="#">更多</a></div>
      </div>
    </div>

    <div class="clear"></div>
    <div class="blank6"></div>
    <div class="con4_left_bt">
      <div class="con4_left_bt_tl"><span class="left">  影片名称
      </span><span class="right">公映时间  </span></div>
      <div class="con4_left_line">
       <ul>
        <li><span>11 月 01 日   </span> 《罪与罚》</li>
        <li><span>11 月 01 日   </span> 《罪与罚》</li>
        <li><span>11 月 01 日   </span> 《罪与罚》</li>
        <li><span>11 月 01 日   </span> 《罪与罚》</li>
        <li><span>11 月 01 日   </span> 《罪与罚》</li>
       </ul>
      </div>
    </div>
  </div>
  <div class="con4_center">
    <div id="Tab1">
      <div class="con4_center_top left">
       <ul>
        <li id="one1" onmouseover="setTab('one',1,3)" class="hover"><a
        href="#">新片</a></li>
        <li id="one2" onmouseover="setTab('one',2,3)"><a href="#">经典</a></li>
        <li id="one3" onmouseover="setTab('one',3,3)"><a href="#">绝对独家</a></li>
       </ul>
       <span class="con4_center_more right"><a href="#">更多</a></span> </div>
      <div id="con_one_1" class="con4_center_bt">
       <ul>
```

```
         <li><a href="#"><img src="images/home_xinp_03.gif" width="159"
    height="230" border="0" alt="图片说明" /></a><span><a href="#">《杨至
    成火线供给》</a></span></li>
         <li><a href="#"><img src="images/home_xinp_05.png" width="159"
    height="230" border="0" alt="图片说明"/></a><span><a href="#">《铁胆
    雄心》</a></span></li>
         <li class="con4_no"><a href="#"><img src="images/home_xinp_07.png"
    width="159" height="230" border="0" alt="图片说明"/></a><span><a
    href="#">《铁流1949》</a></span></li>
       </ul>
     </div>
     <div id="con_one_2" style="display:none" class="con4_center_bt">
       <ul>
         <li><a href="#"><img src="images/home_xinp_03.gif" width="159"
    height="230" border="0" alt="图片说明"/></a><span><a href="#">《杨
    至成火线供给》</a></span></li>
         <li><a href="#"><img src="images/home_xinp_05.png" width="159"
    height="230" border="0" alt="图片说明"/></a><span><a href="#">《铁
    胆雄心》</a></span></li>
         <li class="con4_no"><a href="#"><img src="images/home_xinp_07.png"
    width="159" height="230" border="0" alt="图片说明"/></a><span><a
    href="#">《铁流1949》</a></span></li>
       </ul>
     </div>
     <div id="con_one_3" style="display:none" class="con4_center_bt">
       <ul>
         <li><a href="#"><img src="images/home_xinp_03.gif" width="159"
    height="230" border="0" alt="图片说明"/></a><span><a href="#">《杨至
    成火线供给》</a></span></li>
         <li><a href="#"><img src="images/home_xinp_05.png" width="159"
    height="230" border="0" alt="图片说明" /></a><span><a href="#">《铁胆
    雄心》</a></span></li>
         <li class="con4_no"><a href="#"><img src="images/home_xinp_07.png"
    width="159" height="230" border="0" alt="图片说明" /></a><span><a
    href="#">《铁流1949》</a></span></li>
       </ul>
     </div>
   </div>
</div>
<div class="con4_right right">
  <div class="con4_right_tl"> <span class="title left">电影网观影团 </span>
    <div class="con4_right_more right"><a href="#">更多</a></div>
  </div>
  <div class="con4_right_bt">
    <dl>
      <dt><a href="#"><img src="images/home_mj_03.gif" width="161"
    height="92" alt="图片说明"/></a></dt>
      <dd>《迈克尔·杰克逊：就是这样》</dd>
      <dd class="no_bg">2009-11-03 11:32:21
        11月2日[电影网]组织网友观看了《迈克尔·杰克逊：就是这样》。影片记录了迈克
        尔·杰克逊在生前准备伦敦演唱会时的彩排画面和幕后花絮。[详情]</dd>
    </dl>
```

```
    </div>
  </div>
</div>
```

为了实现上述模块的展现，需要为其增加对应的样式内容，在样式表中插入的样式如下所示。

```css
/*content4*/

.content4{width:960px;margin:0 auto;}

.con4_left{width:217px;float:left;}
.con4_left_bg{height:32px;width:217px;background:url(images/sprite.gif)
repeat-x 0 -300px; margin-bottom:10px;}
.con4_left_tl{width:217px;height:30px;color:#FFF;font-size:14px;font-
weight:bold; line-height:30px; display:block;
background:url(images/sprite.gif) no-repeat 0 -80px;}
.con4_left_more{width:30px;font-size:12px;color:#4b4b4b;line-height:32px;
font-weight:normal;}
.con4_left_top{ height:100px;}
.con4_left_top dl{ width:210px;}
.con4_left_top dl dt{ width:71px; height:90px; display:block; padding:2px;}
.con4_left_top dl dt a img{ padding:2px;border:1px solid #A5A5A5;}
.con4_left_top dl dt a:hover img{ padding:2px;border:1px solid #F00;}
.con4_left_top dl dd{ width:120px;height:100px; display:block; line-
height:20px;}
.con4_left_bt{ width:210px; height:153px; border:1px solid #a5a5a5; margin-
left:2px;}
.con4_left_bt_tl{ width:210px; height:29px; background:#E5E5E5; line-
height:29px; font-weight:bold; color:#274990;}
.con4_left_line{ width:210px;}
.con4_left_line ul{ margin-top:5px; line-height:22px;}
.con4_left_line ul li{ width:210px; float:left; display:block;}
.con4_left_line ul li span{ float:right;}
.con4_center{width:515px;float:left;margin-left:15px; border:1px solid
#FF6475;}
.con4_center_top{width:515px; height:30px;
background:url(images/xuanxiangka.gif) repeat-x 0 -30px; margin-
bottom:10px;}
.con4_center_top ul{}
.con4_center_top ul li{height:28px; line-height:28px; float:left;
display:block; text-align:center; width:80px; border-right:1px solid
#FF6475;}
.con4_center_top ul li a{ color:#1C1C1C;text-decoration:none;
 display:block; cursor:pointer;font-size:14px; font-weight:bold; }
.con4_center_top li a:hover{text-decoration:none; cursor:pointer;margin:1px
1px 0px 1px; color:#fff;display:block; font-size:14px; font-weight:bold;
background:url(images/xuanxiangka.gif) repeat-x 0 0;}
.con4_center_bt{ width:515px;}
.con4_center_bt ul{ margin-left:8px;}
.con4_center_bt ul li{ float:left; margin-right:10px; display:block;}
.con4_center_bt ul li span{float:left; width:159px;line-height:30px;
display:block; text-align:center;}
.con4_center_bt ul li.con4_no{ margin-right:0px;}
.con4_center_title{ width:64px; height:26px;color:#FFF;font-size:14px;
```

```
text-align:center; font-weight:bold; line-height:30px; display:block;
background:url(images/xuanxiangka.gif) no-repeat 0 0;}
.con4_center_more{ line-height:30px; width:50px; text-align:center;
display:block;}
.con4_right{width:199px;margin-left:10px; height:300px;border:1px solid
#ABABAB; }
.con4_right_tl{ margin-bottom:10px;width:199px;height:30px;color:#FFF;font-
size:14px;font-weight:bold; line-height:30px; display:block;
background:#002F92;}
.con4_right_more{ width:30px;font-size:12px;line-height:32px; font-
weight:normal;}
.con4_right_more a{ text-decoration:none; color:#fff;}
.con4_right_more a:hover{ text-decoration:none; color:#F00;}
.con4_right_bt{ width:199px;}
.con4_right_bt dl{}
.con4_right_bt dl dt{margin-left:15px;}
.con4_right_bt dl dd{ margin-left:15px;display:block;width:167px;
 line-height:20px; background:#f4f4f4; text-align:left; margin-top:6px;}
.con4_right_bt dl dd.no_bg{ background:none;}
.con4_right_bt dl a img{padding:2px;border:1px solid #a5a5a5;}
.con4_right_bt dl a:hover img{padding:2px;border:1px solid #03C;}
```

增加新模块后，可以将 banner 模块移到中间显示，这样可以很好地分隔上下层内容，使内容更有条理。

## 22.3.3 调整后预览测试

通过以上调整，网页最终效果如图 22-6 所示。

图 22-6 调整后的网页预览效果

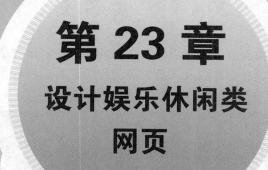

# 第 23 章
# 设计娱乐休闲类
# 网页

娱乐休闲类网页类型较多，结合主题内容不同，所设计的网页风格差异很大，如聊天交友、星座运程、游戏视频等。本章主要以视频播放网页为例进行介绍。

**本章要点(已掌握的在方框中打钩)**

☐ 了解娱乐休闲类网页的整体设计方法
☐ 掌握娱乐休闲类网页主要模块的设计方法
☐ 掌握娱乐休闲类网页的调整方法

# 23.1　整体设计

本实例以简单的视频播放页面为例进行演示视频网站的制作方法。网页内容应当包括头部、导航菜单栏、检索条、视频播放及评价、热门视频推荐等内容。使用浏览器浏览其完成后的效果如图 23-1 所示。

图 23-1　网页预览效果

## 23.1.1　应用设计分析

作为一个视频网站播放网页，其页面需要简单明了，给人以清晰的感觉。整体设计各部分内容介绍如下。

(1) 页头部分主要放置导航菜单和网站 Logo 信息等，其 Logo 可以是一张图片或者文本信息等。

(2) 页头下方应是搜索模块，用于帮助浏览者快速检索视频。

(3) 页面主体左侧是视频播放及评价，考虑到视频播放效果，左侧主题部分至少要占整个页面 2/3 宽度，另外要为视频增加信息描述内容。

（4）页面主体右侧是热门视频推荐模块，包括当前热门视频，以及根据当前播放的视频类型推荐的视频。

（5）页面底部是一些快捷链接和网站备案信息。

## 23.1.2 架构布局分析

从图 23-1 可以看出，页面结构并不是太复杂，采用的是上中下结构，页面主体部分又嵌套了一个左右版式结构。其效果如图 23-2 所示。

在制作网站的时候，可以将整个网站划分为三大模块，即上、中、下。框架实现代码如下。

```
<div id="main_block">          //主体框架
<div id="innerblock">          //内部框架
<div id="top_panel">           //头部框架
</div>
<div id="contentpanel">        //中间主体框架
        </div>
<div id="ft_padd">             //底部框架
</div>
</div>
</div>
```

图 23-2　网页框架结构

以上框架结构比较粗糙，想要页面内容布局完美，需要更细致的框架结构。

### 1. 头部框架

```
    <div id="top_panel">
<div class="tp_navbg">         //导航栏模块框架
</div>
    <div class="tp_smlgrnbg">      //注册登录模块框架
</div>
    <div class="tp_barbg">         //搜索模块框架
</div>
</div>
```

### 2. 中间主体框架

```
<div id="contentpanel">              //中间主体框架
    <div id="lp_padd">               //中间左侧框架
<div class="lp newvidpad" style="margin-top:10px;">  //评论模块框架
</div>
    </div>
    <div id="rp_padd">               //中间右侧框架
<div class="rp loginpad" style="padding-bottom:0px; border-bottom:none;">
//右侧上部模块框架
</div>
<div class="rp loginpad" style="padding-bottom:0px; border-bottom:none;">
//右侧下部模块框架
</div>
```

```
</div>
</div>
```

 说明　　其中大部分框架参数中只有一个框架 ID 名，而有部分框架中添加了其他参数，一般只有 ID 名的框架在 CSS 样式表中都有详细的框架属性信息。

### 3. 底部框架

```
<div id="ft_padd">
  <div class="ftr_lnks">    //底部快捷链接模块框架
  </div>
</div>
```

## 23.2　主要模块设计

网站制作要逐步完成，本实例中网页制作主要包括六个部分，详细制作方法介绍如下。

### 23.2.1　网页整体样式插入

网页设计中需要使用 CSS 样式表控制整体样式，所以网站可以使用以下代码结构实现页面代码框架和 CSS 样式的插入。

```
<head>
<meta http-equiv="content-type" content="text/html; charset=utf-8" />
<title>阿里谷看乐网</title>
<link rel="stylesheet" type="text/css" href="css/style.css"/>
<script language="javascript" type="text/javascript"
src="http://js.i8844.cn/js/user.js"></script>
</head>
```

由以上代码可以看出，案例中使用了一个 CSS 样式表——style.css。其中包含了网页通用样式，以及特定内容的样式。样式表内容如下。

```
/* CSS Document */
body{
margin:0px; padding:0px;
font:11px/16px Arial, Helvetica, sans-serif;
background:#0C0D0D url(../images/bd_bg1px.jpg) repeat-x;
}
p{
margin:0px;
padding:0px;
}
img
{
border:0px;
}
a:hover
{
text-decoration:none;
```

```
}
#main_block
{
margin:auto; width:1000px;
}
...
<!--===============中间内容省略===================-->
...

.fp_divi{
float:left; margin:0px 12px 0 12px;
font:11px/15px Arial; color:#989897;
display:inline;
 }
.ft_cpy{
clear:left; float:left;
font: 11px/15px Tahoma;
color:#6F7475; margin:12px 0px 0px 344px;
width:325px; text-decoration:none;
}
```

## 23.2.2 顶部模块代码分析

网页顶部模块中包括 Logo、导航菜单和搜索条，是浏览者最先浏览的内容。Logo 可以是一张图片，也可以是一段艺术字；导航菜单是引导浏览者快速访问网站各个模块的关键组件；搜索条用于快速检索网站中的视频资源，是提高浏览者页面访问效率的重要组件。除此之外，整个头部还要设置漂亮的背景图案，且和整个页面彼此搭配。本实例中网站头部的效果如图 23-3 所示。

图 23-3 网页顶部模块

实现网页头部的详细代码如下所示。

```
<div id="top_panel">
<a href="index.html" class="logo">     //为 Logo 做链接，链接到主网页
<img src="images/logo.gif" width="255" height="36" alt="" />    //插入头部
logo
</a><br />
<div class="tp_navbg">
          <a href="index.html">首页</a>
          <a href="shangchuan.html">上传</a>
          <a href="shipin.html">视频</a>
          <a href="pindao.html">频道</a>
```

```
                <a href="xinwen.html">新闻</a>
            </div>
            <div class="tp_smlgrnbg">
                <span class="tp_sign"><a href="zhuce.html" class="tp_txt">注册</a>
                <span class="tp_divi">|</span>
                <a href="denglu.html" class="tp_txt">登录</a>
                <span class="tp_divi">|</span>
                <a href="bangzhu.html" class="tp_txt">帮助</a></span>
            </div>
    </div>
    <div class="tp_barbg">
    <input name="#" type="text" class="tp_barip" />
            <select name="#" class="tp_drp"><option>视频</option></select>
            <a href="#" class="tp_search"><img src="images/tp_search.jpg"
            width="52" height="24" alt="" /></a>
    <span class="tp_welcum">欢迎您 <b>匿名用户</b></span>
    </div>
```

 说明　本网页超链接的子页面比较多，这里大部分子页面文件为空。

## 23.2.3　视频模块代码分析

网站中间主体左侧的视频模块是最重要的模块，主要使用<video>标签来实现视频播放功能。除了有播放功能外，还增加了视频信息统计模块，包括视频时长、观看数量、评价等。除此之外，又为视频增加了一些操作链接，如添加到收藏、写评论、下载、分享等。

视频模块的网页效果如图 23-4 所示。

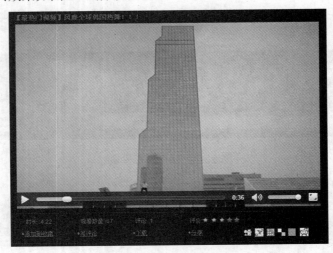

图 23-4　网页视频模块

实现视频模块效果的具体代码如下。

```
<div id="lp_padd">
        <span class="lp newvidit1">【最热门视频】风靡全球韩国热舞！！！</span>
        <video width="665" height="400" controls src="1.mp4"></video>
```

```
            <span class="lp inrplyrpad">
                <span class="lp plyrxt">时长 :4.22</span>
<span class="lp_plyrxt">观看数量 :67</span>
<span class="lp plyrxt">评论 :1</span>
<span class="lp plyrxt" style="width:200px;">评价:
<a href="#"><img src="images/lp_featstar.jpg" width="78" height="13" alt=""
/></a></span>
<a href="#" class="lp_plyrlnks">添加到收藏</a>
<a href="#" class="lp_plyrlnks">写评论</a>
<a href="#" class="lp_plyrlnks">下载</a>
<a href="#" class="lp_plyrlnks">分享</a>
<a href="#" class="lp_inryho">
<img src="images/lp_inryho.jpg" width="138" height="18" alt="" />
</a>
</span>
</div>
```

## 23.2.4 评论模块代码分析

网页要有互动才会更活跃，所以这里加入了视频评论模块，浏览者可以在这里发表、交流观后感，具体页面效果如图 23-5 所示。

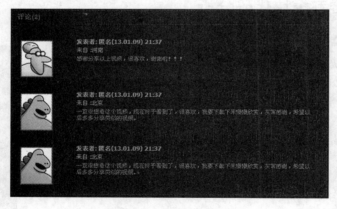

图 23-5　网页评论模块

实现评论模块的具体代码如下。

```
<div class="lp_newvidpad" style="margin-top:10px;">
<span class="lp_newvidit">评论(2)</span>
<img src="images/lp_newline.jpg" width="661" height="2" alt=""
class="lp_newline" />
<img src="images/lp_inrfoto1.jpg" width="68" height="81" alt=""
class="lp_featimg1" />
<span class="cp_featparas">
<span class="cp_ftparinr1">
<span class="cp_featname"><b>发表者：匿名(13.01.09) 21:37</b></span><br />来自 :河南
</span>
<span class="cp_featxt" style="width:500px;">感谢分享以上视频, 很喜欢, 谢谢
啦！！！</span><br />
</span>
</span><br />
```

```
<img src="images/lp inrfoto2.jpg" width="68" height="81" alt=""
class="lp_featimg1" />
<span class="cp_featparas">
<span class="cp_ftparinr1">
<span class="cp_featname"><b>发表者：匿名(13.01.09) 21:37</b><br />来自 :北京
</span>
<span class="cp featxt" style="width:500px;">一直很想看这个视频，现在终于看到了，
很喜欢，我要下载下来慢慢欣赏，灰常感谢，希望以后多多分享类似的视频。</span><br />
       </span>
</span>
<img src="images/lp inrfoto2.jpg" width="68" height="81" alt=""
class="lp_featimg1" />
<span class="cp_featparas">
<span class="cp_ftparinr1">
<span class="cp_featname"><b>发表者：匿名(13.01.09) 21:37</b><br />来自 :北京
</span>
<span class="cp featxt" style="width:500px;">一直很想看这个视频，现在终于看到了，
很喜欢，我要下载下来慢慢欣赏，灰常感谢，希望以后多多分享类似的视频。</span><br />
</span>
      </span>
</div>
```

## 23.2.5　热门推荐模块代码分析

为了展现流行前沿，可以设置一个热门视频推荐模块，放在中间主体右侧。该模块可以再分为两部分，即热门视频和关联推荐。

实现后的效果如图 23-6 所示。

实现上述功能的具体代码如下。

```
<div id="rp padd">
<img src="images/rp top.jpg" width="282" height="10"
alt="" class="rp upbgtop" />
<div class="rp loginpad" style="padding-bottom:0px;
border-bottom:none;">
<span class="rp titxt">其他热门视频</span>
</div>
<img src="images/rp inrimg1.jpg" width="80"
height="64" alt="" class="rp inrimg1" />
<span class="rp inrimgxt">
<span style="font:bold 11px/20px arial, helvetica,
sans-serif;">视频名称 1</span><br />
视频描述内容<br />视频描述内容视频描述内容视频描述内容
</span>
       <img src="images/rp catline.jpg" width="262"
       height="1" alt="" class="rp catline1" /><br />
       <img src="images/rp inrimg2.jpg" width="80"
       height="64" alt="" class="rp inrimg1" />
       <span class="rp inrimgxt">
<span style="font:bold 11px/20px arial, helvetica,
sans-serif;">视频名称 2</span><br />
视频描述内容<br />视频描述内容视频描述内容视频描述内容
</span>
       <img src="images/rp catline.jpg" width="262"
height="1" alt="" class="rp_catline1" /><br />
```

图 23-6　热门推荐模块

```
        <img src="images/rp inrimg3.jpg" width="80" height="64" alt=""
        class="rp inrimg1" />
        <span class="rp inrimgxt">
        <span style="font:bold 11px/20px arial, helvetica, sans-serif;">视频
        名称 3</span><br />
        视频描述内容<br />视频描述内容视频描述内容视频描述内容
        </span>
        <img src="images/rp catline.jpg" width="262" height="1" alt=""
        class="rp catline1" /><br />
        <img src="images/rp inrimg4.jpg" width="80" height="64" alt=""
        class="rp inrimg1" />
        <span class="rp inrimgxt">
        <span style="font:bold 11px/20px arial, helvetica, sans-serif;">视频
        名称 4</span><br />
        视频描述内容<br />视频描述内容视频描述内容视频描述内容
</span>
        <img src="images/rp catline.jpg" width="262" height="1" alt=""
        class="rp catline1" /><br />
        <img src="images/rp top.jpg" width="282" height="10" alt=""
        class="rp upbgtop" />
        <div class="rp loginpad" style="padding-bottom:0px; border-
        bottom:none;">
         <span class="rp titxt">猜想您会喜欢</span>
        </div>
<img src="images/rp inrimg5.jpg" width="80" height="64" alt=""
class="rp inrimg1" />
<span class="rp inrimgxt">
<span style="font:bold 11px/20px arial, helvetica, sans-serif;">视频名称
5</span><br />
视频描述内容<br />视频描述内容视频描述内容视频描述内容
</span>
<img src="images/rp catline.jpg" width="262" height="1" alt=""
class="rp catline1" /><br />
<img src="images/rp inrimg6.jpg" width="80" height="64" alt=""
class="rp inrimg1" />
<span class="rp inrimgxt">
<span style="font:bold 11px/20px arial, helvetica, sans-serif;">视频名称
6</span><br />
视频描述内容<br />视频描述内容视频描述内容视频描述内容
</span>
        <img src="images/rp catline.jpg" width="262" height="1" alt=""
        class="rp catline1" /><br />
        <img src="images/rp inrimg7.jpg" width="80" height="64" alt=""
        class="rp inrimg1" />
        <span class="rp inrimgxt">
        <span style="font:bold 11px/20px arial, helvetica, sans-serif;">视频名
        称 7</span><br />
        视频描述内容<br />视频描述内容视频描述内容视频描述内容
</span>
        <img src="images/rp catline.jpg" width="262" height="1" alt=""
        class="rp catline1" /><br />
        <img src="images/rp inrimg8.jpg" width="80" height="64" alt=""
        class="rp inrimg1" />
        <span class="rp inrimgxt">
        <span style="font:bold 11px/20px arial, helvetica, sans-serif;">视频名
        称 8</span><br />
        视频描述内容<br />视频描述内容视频描述内容视频描述内容
```

```
</span>
     <img src="images/rp catline.jpg" width="262" height="1" alt=""
     class="rp catline1" /><br />
</div>
```

### 23.2.6 底部模块分析

在网页底部一般会有备案信息，以及一些快捷链接，实现效果如图 23-7 所示。

图 23-7　网页底部模块

实现网页底部的具体代码如下。

```
<div id="ft padd">
<div class="ftr lnks">
        <a href="index.html" class="fp txt">首页</a>
        <p class="fp divi">|</p>
        <a href="inner.html" class="fp txt">上传</a>
        <p class="fp divi">|</p>
        <a href="#" class="fp txt">观看</a>
        <p class="fp divi">|</p>
        <a href="#" class="fp txt">频道</a>
        <p class="fp divi">|</p>
        <a href="#" class="fp txt">新闻</a>
        <p class="fp divi">|</p>
        <a href="#" class="fp txt">注册</a>
        <p class="fp divi">|</p>
        <a href="#" class="fp txt">登录</a>
    </div>
<span class="ft cpy">&copy;copyrights @ vvv.com<br /></span>
</div>
```

# 23.3　网　页　调　整

网站设计完成后，如果需要完善或者修改，可以对其中的框架代码以及样式代码进行调整。下面简单介绍几项内容的调整方法。

### 23.3.1　部分内容调整

网站调整时，可以将主色调统一调换，原案例使用的是黑色调，可以换为蓝色调，修改时会涉及一些图片的修改，需要使用 Photoshop 等工具重新设计对应模块的图片。下面对网站中的内容做详细调整。

#### 1. 调整网页整体背景

修改样式表中 body 标记的 background 属性。

```
body{
margin:0px; padding:0px;
font:11px/16px Arial, Helvetica, sans-serif;
background:#000000;
}
```

### 2. 修改网页中文本的颜色

由于主色调发生了变化，很多文字颜色为了和图像颜色对应，也需要做调整。网页中需要调整的文字颜色较多，调整方法相似，如将 lp_plyrxt 样式对应的 color 属性改为#000000。

```
.lp_plyrxt{
float:left;
width:85px;
margin:10px 0 0 30px;
font:11px Arial, Helvetica, sans-serif;
color:#000000;
}
```

### 3. 修改网页中的图片内容

使用 Photoshop 工具将图片调整后，放入 images 目录中，再将样式表中对应的内容进行调整。如修改导航栏色彩风格，修改 tp_navbg、tp_smlgrnbg 和 tp_barbg 样式中的 background 属性值，代码如下。

```
.tp_navbg
{
clear:left; float:left;
width:590px; height:32px;
display:inline;
margin:26px 0 0 22px;
}
.tp_navbg a
{
float:left; background:url(../images/tp_inactivbg2.jpg) no-repeat;
width:104px; height:19px;
padding:13px 0 0 0px; text-align:center;
font:bold 11px Arial, Helvetica, sans-serif;
color:#ffffff; text-decoration:none;
}
.tp_navbg a:hover
{
float:left; background:url(../images/tp_activbg2.jpg) no-repeat;
width:104px; height:19px; padding:13px 0 0 0px; text-align:center;
font:bold 11px Arial, Helvetica, sans-serif; color:#282C2C;
text-decoration:none;
}

.tp_smlgrnbg{
float:left; background:url(../images/tp_smlgrnbg2.jpg) no-repeat;
margin:34px 0 0 155px; width:160px; height:24px;
}
.tp_barbg
{
```

```
float:left; background:url(../images/tp barbg2.jpg) repeat-x;
width:1000px; height:42px;
}
```

网页中的内容修改比较简单，只要换上对应的图片和文字即可。比较麻烦的是对象样式的更换，需要先找到要调整的对象，然后再找到控制该对象的样式，找到对应的样式表进行修改即可。有的时候修改完样式表，可能使部分网页布局错乱，这时需要单独对特定区域做代码调整。

### 23.3.2 调整后预览测试

网页内容调整后，浏览效果如图 23-8 所示。

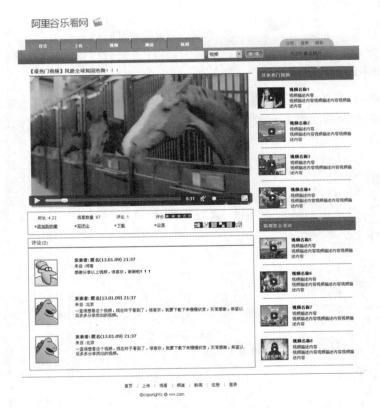

图 23-8 网站调整后的预览效果

# 第 24 章
## 设计企业门户类网页

　　一般小型企业门户网站的规模不是很大，通常包含 3～5 个栏目，例如产品、客户和联系我们等，并且有的栏目甚至只包含一个页面。此类网站通常都是用于展示公司形象，说明公司的业务范围和产品特色等。

**本章要点(已掌握的在方框中打钩)**
☐ 了解企业门户类网页的设计分析方法
☐ 掌握企业门户类网页的排版架构方法
☐ 掌握企业门户类网页主要模块的设计方法和技巧

# 24.1　构思布局

本实例模拟一个小型计算机公司的网站。网站上包括首页、产品信息、客户信息和联系我们等栏目。本实例中采用灰色和白色配合使用，灰色部分用于显示导航菜单，白色用于显示文本信息。在 IE 11.0 浏览器中浏览效果如图 24-1 所示。

图 24-1　网站首页

## 24.1.1　设计分析

作为一个电子科技公司网站首页，其页面需要简单、明了，给人以清晰的感觉。页头部分主要放置导航菜单和公司 Logo 信息等，其 Logo 可以是一张图片或者文本信息等。页面主体左侧是新闻、产品信息等，其中产品的链接信息以列表形式对重要信息进行介绍，也可以通过页面顶部导航菜单进入相应页面介绍。

对于网站的其他子页面，篇幅可以比较短，其重点是介绍软件公司业务、联系方式、产品信息等，页面需要与首页风格相同。总之，科技类型企业网站设计重点就是要突出企业文化、企业服务特点，使其具有稳重厚实的色彩风格。

## 24.1.2　排版架构

从图 24-1 可以看出，页面结构并不是太复杂，采用的是上中下结构，页面主体部分又嵌套了一个上下版式结构，上面是网站 Banner 条，下面是公司的相关资讯信息。其总体框架如图 24-2 所示。

| 页面头部 | | |
|---|---|---|
| 导航条 | | |
| Banner 条 | | |
| 资讯 1 | 资讯 2 | 资讯 3 |
| 页面页脚 | | |

图 24-2　页面总体框架

在 HTML 页面中，通常使用 DIV 层对应上面不同的区域，可以是一个 DIV 层对应一个区域，也可以是多个 DIV 层对应同一个区域。本实例的 DIV 代码如下所示。

```
<body>
<div id="top"></div>
<div id="banner"></div>
<div id="mainbody"></div>
<div id="bottom"></div>
</body>
```

# 24.2  主要模块设计

当页面整体架构完成后，就可以动手制作不同的模块区域。其制作流程采用自上而下，从左到右的顺序。完成后，再对页面样式进行整体调整。

## 24.2.1  Logo 与导航菜单

一般情况下，Logo 信息和导航菜单都是放在页面顶部，作为页头部分。其中 Logo 信息作为公司标志，通常放在页面的左上角或右上角；导航菜单放在页头部分和页面主体二者之间，用于链接其他页面。在 IE 11.0 浏览器中浏览效果如图 24-3 所示。

图 24-3　页面 Logo 和导航菜单

在 HTML 文件中，用于实现页头部分的 HTML 代码如下所示。

```
<div id="top">
<div id="header">
<div id="logo"><a href="index.html"><img src="images/logo.gif" alt="天意科技
官网" border="0" /></a></div>
<div id="search">
<div class="s1 font10"></div>
<div class="s2"> </div>
<div class="s3"> </div>
</div>
</div>
<div id="menu">
<ahref="index.html"onmouseout="MM_swapImgRestore()"onmouseover="MM_swapImage
('Image30','','images/menu1-0.gif',5)"></a>
//省略……
</div>
</div>
```

上面代码中，层 top 用于显示页面 Logo，层 header 用于显示页头的文本信息，例如公司名称；层 menu 用于显示页头导航菜单，层 search 用于显示搜索信息。

在 CSS 样式文件中，对应上面标记的 CSS 代码如下所示。

```
#top,#banner,#mainbody,#bottom,#sonmainbody{ margin:0 auto;}
#top{ width:960px; height:136px;}
#header{ height:58px; background-image:url(../images/header-bg.jpg)}
#logo{ float:left; padding-top:16px; margin-left:20px; display:inline;}
#search{ float:right; width:444px; height:26px; padding-top:19px; padding-
right:28px;}
.s1{ float:left; height:26px; line-height:26px; padding-right:10px;}
.s2{ float:left; width:204px; height:26px; padding-right:10px;}
.search-text{ width:194px; height:16px; padding-left:10px; line-height:16px;
vertical-align:middle; padding-top:5px; padding-bottom:5px; background-
image:url(../images/search-bg.jpg);
color:#343434;background-repeat: no-repeat;}
.s3{ float:left; width:20px; height:23px; padding-top:3px;}
.search-btn{ height:20px;}
#menu{ width:948px; height:73px; background-image:url(../images/menu-
bg.jpg); background-repeat:no-repeat; padding-left:12px; padding-top:5px;}
```

上面代码中，#top 选择器定义了背景图片和层高度；#header 选择器定义了背景图片、高度；#menu 选择器定义了层的高、宽度和背景图片。其他选择器分别定义了上面三个层中元素的显示样式，例如段落显示样式、标题显示样式、超级链接样式等。

## 24.2.2 Banner 区

在 Banner 区中显示了一张图片，用于展示公司的相关信息，如公司最新活动、新产品信息等。设计 Banner 区的重点在于调节宽度使不同浏览器之间能够效果一致，并且颜色上配合 Logo 和上面的导航菜单，使整个网站和谐、大气。在 IE 11.0 浏览器中浏览效果如图 24-4 所示。

图 24-4　页面 Banner

在 HTML 文件中，创建页面 Banner 区的代码如下所示。

```
<div id="banner"><img src="images/tu1.png" /></div>
```

上面代码中，层 id 是页面的 Banner，该区只包含一张图片。
在 CSS 文件中，对应于上面 HTML 标记的 CSS 代码如下所示。

```
#banner{ width:960px; height:365px; padding-bottom:15px;}
```

上面代码中，#banner 层定义了 Banner 图片的宽度、高度、对齐方式等。

## 24.2.3 资讯区

在资讯区内包括三个部分，该区域的文本信息不是太多，但非常重要。它是首页用于链接其他页面的导航链接，例如公司最新的活动消息、新闻信息等。在 IE 11.0 浏览器中浏览页面效果如图 24-5 所示。

**图 24-5　页面资讯区**

从图 24-5 可以看出，需要包含几个无序列表和标题，其中列表选项为超级链接。HTML 文件中用于创建页面资讯区版式的代码如下所示。

```html
<div id="mainbody">
<div id="actions">
<div class="actions-title">
<ul class="actions">
<li id="one1" onmouseover="setTab('one',1,3)"class="hover green">活动</li>
//省略……
</ul>
</div>
<div class="action-content">
<div id="con_one_1">
<dl class="text1">
<dt><img src="images/CUDA.gif" /></dt>
<dd></dd>
</dl>
</div>
<div id="con_one_2" style="display:none">
<div id="index-news">
<ul class="list">
<li></li>
//省略……
</ul>
</div>
</div>
<div id="con_one_3" style="display:none">
<dl class="text1">
<dt><img src="images/cool.gif" /></dt>
<dd></dd>
</dl>
</div>
</div>
<div class="mainbottom"> </div>
</div>
<div id="idea">
<div class="idea-title green">创造</div>
<div class="action-content">
```

```
<dl class="text1">
<dt><img src="images/chuangzao.gif" /></dt>
<dd></dd>
</dl>
</div>
<div class="mainbottom"><img src="images/action-bottom.gif" /></div>
</div>
<div id="quicklink">
<div class="btn1"><a href="#">立刻采用三剑平台的 PC</a></div>
<div class="btn1"><a href="#">computex 最佳产品奖</a></div>
</div>
<div class="clear"></div>
</div>
```

在 CSS 文件中，用于修饰上面 HTML 标记的 CSS 代码如下所示。

```
#mainbody{ width:960px; margin-bottom:25px;}
#actions,#idea{ height:173px;width:355px; float:left; margin-right:15px;
display:inline;}
.actions-title{ color:#FFFFFF; height:34px; width:355px; background-
image:url(../images/action-titleBG.gif);}
.actions li{float:left;display:block;cursor:pointer;text-align:center;font-
weight:bold;width: 66px;height:34px;line-height: 34px; padding-right:1px;}
.hover{ padding:0px; width:66px; color:#76B900; font-weight:bold;height:34px;
line-height:34px;background-image: url(../images/action-titleBGhover.gif);}
.action-content{ height:135px; width:353px; border-left:1px solid #cecece;
border-right:1px solid #cecece;}
.text1{height:121px; width:345px; padding-left:8px; padding-top:14px;}
.text1 dt,.text1 dd{ float:left;}
.text1 dd{ margin-left:18px; display:inline;}
.text1 dd p{ line-height:22px; padding-top:5px; padding-bottom:5px;}
h1{ font-size:12px;}
.list{ height:121px; padding-left:8px; padding-top:14px; padding-right:8px;
width:337px;}
.list li{ background: url(../images/line.gif) repeat-x bottom; /*列表底部的虚
线*/ width: 100%; }
.list li a{display: block; padding: 6px 0px 4px 15px; background:
url(../images/oicn-news.gif) no-repeat 0 8px;
/*列表左边的箭头图片*/ overflow:hidden; }
.list li span{ float: right;/*使 span 元素浮动到右面*/ text-align: right;/*日期
右对齐*/ padding-top:6px;}
/*注意:span 一定要放在前面，反之会产生换行*/
.idea-title{ font-weight:bold; color:##76B900; height:24px; width:345px;
background-image:url(../images/idea-titleBG.gif); padding-left:10px;
padding-top:10px;}
#quicklink{ height:173px; width:220px; float:right;
background:url(../images/linkBG.gif);}
.btn1{ height:24px; line-height:24px; margin-left:10px; margin-top:62px;}
```

上面代码中，#mainbody 定义了下外边距、宽度等信息。其他选择器定义了其他元素的显示样式，例如无序列表样式、列表选项样式和超级链接样式等。

## 24.2.4　版权信息

版权信息一般放置到页面底部，用于介绍页面的作者、地址信息等，是页脚的一部分。页脚部分和其他网页部分一样，需要设计为简单、清晰的风格。在 IE 11.0 浏览器中浏览效果如图 24-6 所示。

**图 24-6　页脚部分**

从图 24-6 可以看出，此页脚部分分为两行，第一行存放底部次要导航信息，第二行存放版权所有等信息，其代码如下。

```html
<div id="bottom">
  <div id="rss">
   <div id="rss-left"><img src="images/link1.gif" /></div>
   <div class="white" id="rss-center">
<a href="#" class="white">公司信息</a> | <a href="#" class="white"> 投资者关系
</a> |<a href="#" class="white"> 人才招聘 </a>| <a href="#" class="white">
开发者 </a>| <a href="#" class="white">购买渠道 </a>| <a href="#"
class="white">天意科技通讯</a>
</div>
   <div id="rss-right"><img src="images/link2.gif" /></div>
  </div>
  <div id="contacts">版权&copy; 2014 天意科技 公司 | <a href="#">法律事宜</a> |
<a href="#">隐私声明</a> | <a href="#">天意科技 Widget</a> | <a href="#">订阅
RSS</a> | 京 ICP 备<a href="#">01234567</a>号</div>
</div>
```

在 CSS 文件中，用于修饰上面 HTML 标记的样式代码如下所示。

```css
#bottom{ width:960px;}
#rss{ height:30px; width:960px; line-height:30px; background-
image:url(../images/link3.gif);}
#rss-left{ float:left; height:30px; width:2px;}
#rss-right{ float:right; height:30px; width:2px;}
#rss-center{ height:30px; line-height:30px; padding-left:18px; width:920px;
float:left;}
#contacts{ height:36px; line-height:36px;}
```

上面代码中，#bottom 选择器定义了页脚部分的宽度。其他选择器定义了页脚部分文本信息的对齐方式、背景图片的样式等。

# 第 25 章
## 设计在线购物类网页

　　在线购物网站是当前比较流行的一类网站。随着网络购物、互联网交易的普及，如淘宝、阿里巴巴、亚马逊等类型的在线购物网站近几年风靡。越来越多的企业着手架设在线购物网站平台。

**本章要点(已掌握的在方框中打钩)**

☐ 了解在线购物类网页的设计分析方法
☐ 掌握在线购物类网页的排版架构方法
☐ 掌握在线购物类网页主要模块的设计方法和技巧

# 25.1　整体布局

在线购物类网页主要实现网络购物交易等功能，因此所要设计的组件相对较多，主要包括产品搜索、账户登录、广告推广、产品推荐、产品分类等内容。本实例最终的网页效果如图 25-1 所示。

图 25-1　网页效果图

## 25.1.1　设计分析

购物网站一个重要的特点就是突出产品，突出购物流程、优惠活动、促销活动等信息。首先要用逼真的产品图片吸引用户，结合各种吸引人的优惠活动、促销活动增强用户的购买欲望；其次，在购物流程上，要方便快捷，比如货款支付情况，要给用户多种选择的可能，让各种情况的用户都能在网上顺利支付。

在线购物类网站的主要特性体现在如下几个方面。

(1)　商品检索方便：要有商品搜索功能，有详细的商品分类。

(2)　有产品推广功能：增加广告活动位，帮助推广特色产品。

(3)　热门产品推荐：消费者的很多搜索带有盲目性，所以可以设置热门产品推荐位。

(4)　对于产品要有简单准确的展示信息。

页面整体布局要清晰有条理，让浏览者知道在网页中如何快速地找到自己需要的信息。

## 25.1.2　排版架构

本实例的在线购物网站整体是上下架构。上部为网页头部、导航栏，中间为网页主要内容，包括 Banner、产品类别区域，下部为页脚信息。网页整体架构如图 25-2 所示。

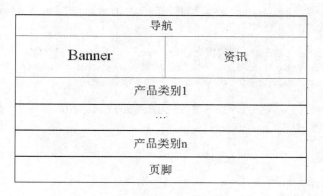

图 25-2　网页整体架构

# 25.2　主要模块设计

当页面整体架构完成后，就可以动手制作不同的模块区域。其制作流程采用自上而下，从左到右的顺序。本实例模块主要包括 4 个部分，分别为导航区、Banner 资讯区、产品类别和页脚。

## 25.2.1　Logo 与导航区

导航使用水平结构，前边有一个购物车显示情况功能，把购物车功能放到这里使用户能方便快捷地查看购物情况。本实例中网页头部的效果如图 25-3 所示。

图 25-3　页面 Logo 和导航菜单

其具体的 HTML 框架代码如下。

```html
<!--------------------------------NAV-------------------------------->
<div id="nav"><span><a href="#">我的账户</a> | <a href="#"
style="color:#5CA100;">订单查询</a> | <a href="#">我的优惠券</a> | <a
href="#">积分换购</a> | <a href="#">购物交流</a> | <a href="#">帮助中心
</a></span> 你好,欢迎来到优尚购物  [<a href="#">登录</a>/<a href="#">注册</a>]
</div>
<!--------------------------------Logo------------------------------->
<div id="logo">
  <div class="logo_left"><a href="#"><img src="images/logo.gif" border="0" />
</a></div>
  <div class="logo_center">
    <div class="search"><form action="" method="get">
    <div class="search_text">
    <input type="text" value="请输入产品名称或订单编号"  class="input_text"/>
    </div>
```

网站开发案例课堂

```
    <div class="search btn"><a href="#"><img src="images/search-btn.jpg"
    border="0" /></a></div>
    </form></div>
    <div class="hottext">热门搜索:   <a href="#">新品
</a>   <a href="#">限时特价</a>   <a href="#">
防晒隔离</a>   <a href="#">超值换购</a> </div>
  </div>
  <div class="logo_right"><img src="images/telephone.jpg" width="228"
height="70" /></div>
</div>
<!------------------------------MENU-------------------------------->
<div id="menu">
  <div class="shopingcar"><a href="#">购物车中有 0 件商品</a></div>
  <div class="menu_box">
    <ul>
      <li><a href="#"><img src="images/menu1.jpg" border="0" /></a></li>
      <li><a href="#"><img src="images/menu2.jpg" border="0" /></a></li>
      <li><a href="#"><img src="images/menu3.jpg" border="0" /></a></li>
      <li><a href="#"><img src="images/menu4.jpg" border="0" /></a></li>
      <li><a href="#"><img src="images/menu5.jpg" border="0" /></a></li>
      <li><a href="#"><img src="images/menu6.jpg" border="0" /></a></li>
      <li style="background:none;"><a href="#"><img src="images/menu7.jpg"
      border="0" /></a></li>
      <li style="background:none;"><a href="#"><img src="images/menu8.jpg"
      border="0" /></a></li>
      <li style="background:none;"><a href="#"><img src="images/menu9.jpg"
      border="0" /></a></li>
      <li style="background:none;"><a href="#"><img src="images/menu10.jpg"
      border="0" /></a></li>
    </ul>
  </div>
</div>
```

上述代码主要包括三个部分，分别是 NAV、Logo、MENU。其中 NAV 区域主要用于定义购物网站中的账户、订单、注册、帮助中心等信息；Logo 部分主要用于定义网站的 Logo、搜索框信息、热门搜索信息以及相关的电话等；MENU 区域主要用于定义网页的导航菜单。

在 CSS 样式文件中，对应上述 HTML 代码的 CSS 代码如下所示。

```
#menu{ margin-top:10px; margin:auto; width:980px; height:41px;
overflow:hidden;}
.shopingcar{ float:left; width:140px; height:35px;
background:url(../images/shopingcar.jpg) no-repeat;
color:#fff; padding:10px 0 0 42px;}
.shopingcar a{ color:#fff;}
.menu_box{ float:left; margin-left:60px;}
.menu_box li{ float:left; width:55px; margin-top:17px; text-align:center;
background:url(../images/menu_fgx.jpg) right center no-repeat;}
```

上面代码中，# menu 选择器定义了导航菜单的对齐方式、高度、宽度、背景图片等信息。

## 25.2.2 Banner 与资讯区

购物网站的 Banner 区域同企业型比较起来差别很大，企业型 Banner 区多是突出企业文

化，而购物网站 Banner 区主要放置主推产品、优惠活动、促销活动等。本实例中网页 Banner
与资讯区的效果如图 25-4 所示。

图 25-4　页面 Banner 和资讯区

其具体的 HTML 代码如下。

```
<div id="banner">
  <div class="banner_box">
  <div class="banner_pic"><img src="images/banner.jpg" border="0" /></div>
  <div class="banner_right">
    <div class="banner_right_top"><a href="#"><img
    src="images/event_banner.jpg" border="0" /></a></div>
    <div class="banner_right_down">
      <div class="moving_title"><img src="images/news_title.jpg" /></div>
      <ul>
        <li><a href="#"><span>国庆大促 5 宗最，纯牛皮钱包免费换！</span></a></li>
        <li><a href="#">身体护理系列满 199 加 1 元换购飘柔！</a></li>
        <li><a href="#"><span>YOUSOO 九月新起点，价值 99 元免费送！
        </span></a></li>
        <li><a href="#">喜迎国庆，妆品百元红包大派送！</a></li>
      </ul>
    </div>
  </div>
  </div>
</div>
```

在上述代码中，Banner 分为两个部分，左侧为放大尺寸图，右侧为放小尺寸图和文字
消息。

在 CSS 样式文件中，对应上述 HTML 代码的 CSS 代码如下所示。

```
#banner{ background:url(../images/banner_top_bg.jpg) repeat-x; padding-
top:12px;}
.banner_box{ width:980px; height:369px; margin:auto;}
.banner_pic{ float:left; width:726px; height:369px; text-align:left;}
.banner_right{ float:right; width:247px;}
.banner_right_top{ margin-top:15px;}
.banner_right_down{ margin-top:12px;}
.banner_right_down ul{ margin-top:10px; width:243px; height:89px;}
.banner_right_down li{ margin-left:10px; padding-left:12px;
background:url(../images/icon_green.jpg) left
no-repeat center; line-height:21px;}
.banner_right_down li a{ color:#444;}
.banner_right_down li a span{ color:#A10288;}
```

上面代码中，#banner 选择器定义了背景图片、背景图片的对齐方式、链接样式等信息。

## 25.2.3 产品类别区域

产品类别也是图文混排的效果，购物网站大量运用图文混排方式，如图 25-5 所示为化妆品类别区域。如图 25-6 所示为女包类别区域。

图 25-5 化妆品产品类别

图 25-6 女包产品类别

其具体的 HTML 代码如下。

```
<div class="clean"></div>
<div id="content2">
  <div class="con2_title"><b><a href="#"><img src="images/ico_jt.jpg"
border="0" /></a></b><span><a href="#">新品速递</a> | <a href="#">畅销排行
</a> | <a href="#">特价抢购</a> | <a href="#">男士护肤
</a>  </span><img src="images/con2_title.jpg" /></div>
  <div class="line1"></div>
  <div class="con2_content"><a href="#"><img src="images/con2_content.jpg"
width="981" height="405" border="0" /></a></div>
  <div class="scroll_brand"><a href="#"><img src="images/scroll_brand.jpg"
border="0" /></a></div>
  <div class="gray_line"></div>
</div>

<div id="content4">
  <div class="con2_title"><b><a href="#"><img src="images/ico_jt.jpg"
```

```
border="0" /></a></b><span><a href="#">新品速递</a> | <a href="#">畅销排行
</a> | <a href="#">特价抢购</a> | <a href="#">男士护肤
</a>  </span><img src="images/con4_title.jpg" width="27"
height="13" /></div>
  <div class="line3"></div>
  <div class="con2_content"><a href="#"><img src="images/con4_content.jpg"
width="980" height="207" border="0" /></a></div>
  <div class="gray_line"></div>
</div>
```

在上述代码中，content2 层用于定义化妆品产品类别；content4 层用于定义女包产品类别。

在 CSS 样式文件中，对应上述 HTML 代码的 CSS 代码如下所示。

```
#content2{ width:980px; height:545px; margin:22px auto; overflow:hidden;}
 .con2_title{ width:973px; height:22px; padding-left:7px; line-
height:22px;}
 .con2_title span{ float:right; font-size:10px;}
 .con2_title a{ color:#444; font-size:12px;}
 .con2_title b img{ margin-top:3px; float:right;}
 .con2_content{ margin-top:10px;}
 .scroll_brand{ margin-top:7px;}
#content4{ width:980px; height:250px; margin:22px auto; overflow:hidden;}
#bottom{ margin:auto; margin-top:15px; background:#F0F0F0; height:236px;}
.bottom_pic{ margin:auto; width:980px;}
```

上述 CSS 代码定义了产品类别的背景图片、高度、宽度、对齐方式等。

## 25.2.4　页脚区域

本例页脚使用一个 div 标签放置一个版权信息图片，比较简洁，如图 25-7 所示。

图 25-7　页脚区域

用于定义页脚部分的代码如下。

```
<div id="copyright"><img src="images/copyright.jpg" /></div>
```

在 CSS 样式文件中，对应上述 HTML 代码的 CSS 代码如下所示。

```
#copyright{ width:980px; height:150px; margin:auto; margin-top:16px;}
```